U0923599

认识你自己

慧　音　编著

广州出版社

图书在版编目（CIP）数据
认识你自己/慧音编著. —广州：广州出版社，2007.1
ISBN 978-7-80731-415-8
Ⅰ. 认… Ⅱ. 慧… Ⅲ. 人生哲学-通俗读物 Ⅳ. B821-49
中国版本图书馆 CIP 数据核字（2007）第 006822 号

书　　名　认识你自己
出版发行　广州出版社
（地址：广州市人民中路同乐路 10 号　邮政编码：510121）
责任编辑　冯少贞
责任校对　程　晓
装帧设计　郑安平
印　　刷　中山大学印刷厂
（地址：广州市新港西路 135 号　邮政编码：510275）
印　　张　13.75
字　　数　331 千
版　　次　2007 年 1 月第 1 版
印　　次　2007 年 1 月第 1 次
书　　号　ISBN 978-7-80731-415-8
定　　价：19.80 元

序

我们的自以为是

人类有个可笑更可悲的问题是：

我们一直自以为是地相信，一直不自觉地习惯地相信：自己非常熟悉自己，非常了解自己的。

但真相是：

我们并不明白、一点也不明白

——自己是什么？

我们都是自己的最陌生的人。

一天又一天，一年又一年，一世又一世我们都与自己擦肩而过。

——咫尺天涯！

为什么？因为我们自己的一天又一天，一年又一年，一世又一世一直都是——分裂的。

我们的灵魂与肉体。

我们的心灵与头脑。

我们的意识与潜意识。

我们的思想与行为……

从来都是而且一直都是分裂的。

因为我们对自己没有——觉知。

因为我们早就根深蒂固地麻木地习惯了分裂，习惯了对立，却把统一丢进了我们自己潜意识的最深处。

我们都拥有许多的自以为是，但是这个“是”是否真正的——

是呢？还是个问号？

我们都自以为了解“爱”。

可我们自以为是的所谓了解，只不过是“爱”这个字眼而已。

爱早已被我们习惯地心知肚明地曲解为占有，无止境的欲望，利用，索取。

爱早就成为了我们欲望的美丽口号。

我们都自以为知道什么是幸福。

可我们自以为是所理解的幸福只不过是我们自以为是地拼命追逐的代表名、利、物质、欲望的那只电兔子而已。

我们全都自以为是文明人。

但是，我们所谓的“文明人”,往往只不过是打着国家、民族、正义、主义的旗号而已。至于是否在行文明之事,则又另当别论了。

我们全都自以为是地认定：凭着人类现代先进的科学、技术，例如“电脑”就可以完完全全地征服一切。

可客观存在的事实却正在以不断的天灾（海啸、地震、禽流感、沙尘暴）人祸（世界各地的恐怖活动、局部战争、艾滋病）反复地警告我们、反复地提醒我们：

——社会、国家、民族是以人为中心的,但自然、世界从来不会也永远都不会以人为中心!!!

我们都自以为是地渴望自由、民主，各自前赴后继地反对自己国家的专制政体，但是，我们的内心深处却根深蒂固地习惯了信奉政治、宗教、社会的种种权威，习惯了任由一代又一代的权威们来扭曲、分裂我们的心智和生活。

与此同时，我们依然习惯地自以为是地认定——自己是在争取自由!

这不可思议的现实是多么荒谬、可悲而又可笑!!!

我们还要继续——自以为是吗？

我们是否应该开始——反省自己？

为什么我们会分裂？

为什么我们会习惯自以为是？

为什么我们会与自己——咫尺天涯？

生活从来都没有也永远都不会有标准答案，但是，我们可以共同探索、各自思考、各自体验……

慧　音

2006年5月19日

目　录

第四章 规律

第五章 方法

第一章　认识你自己

最遥远的国度，

乃是我们的内在。

我们是自己的黑暗大地，

我们是自己的蛮荒。

这是我十几年前读到的，至今我依然清楚地记得当时自己心中那种震撼、迷惘的感觉，可惜，却再也想不起到底是哪一位哲人说的了。

人生最漫长也最短暂的旅程是——走向自己！

我们一直相信，一直自以为是地相信：自己是非常非常非常了解自己的。

但真相是：我们从来就不明白，一点都不明白：

——自己是什么？

这就是问题的症结——强不知以为知！

老子《道德经》七十一章曰："知不知，尚矣；不知知，病也。"(知道自己有所不知，最好；不知道却自以为知道，这就是缺陷。)

我们的自以为是早就已经成为了我们不思量自难忘的习惯了。

一、人生的目的意义

我们从三个方面来讨论：

——根本。

——动机。

——内容。

1. 从根本上说。

人生——没有目的。

人生——没有意义。

人生就是人生。

目的意义之说纯粹是人类自造的问题。

不仅人生的目的意义，人生所谓的许许多多问题都是由此衍生的人类自寻的烦恼。

人生、生命从来都是而且永远都是一个全方位、运动的整体，是根本无法以分裂、静止来解析、量化的。

只可意会，难以言传。

因为我们的潜意识或者说我们的灵魂都是来自我们未生之初已死之后的永恒，它蕴含了我们能够理解的和只能意会的一切。

因为每一个当下都同时是过去、现在、将来三者，这谁能够说得清楚？

所以，老子说："道可道，非常道；名可名，非常名。"（道可以用言语来说明，就不是常道；名可以用言语来表述，就不是常名。）

但是，我们都是凡人，"不为无聊之事，何以遣有生之涯？"（不做一些没意义的事，怎么排遣这漫长的岁月？）我们的思想习惯，行为习惯，文化习惯，社会习惯，民族习惯，教育习惯，传统习惯一直并将继续又继续地习惯地迫使我们自己——自己设题自己解。

我们一直都在习惯地追问：

——人生的目的是什么？

——人生的意义是什么？

但是，为什么要这么问？

为什么不问：

——人生的真相是什么？

——生命的真相是什么？

——自然的真相是什么？

——什么才是老子曰的“无为”？

以上或许是哲学家、逻辑家、教育家不会同意的。

我们还是来做他们习惯了的，同时更是我们自己习惯了的正经事。

从根本上说——人生是循环。

人生是种种形式不同、实质一样的循环，只是因为我们对自身的无知，我们还不能全部了解。

人生往往起点就是终点，终点又是起点。

人生从一无所有开始，逐渐拥有许多，到最后还是得回到一无所有。

人从婴儿时的一片混沌，走向青壮年的明朗清晰，最后又回到老年的混沌一片。

人们从不满足开始追求满足，然后在满足的基础上又发现不满足，再追求满足，得到后又发现不满足。于是，追求追求再追求，周而复始，直到万事皆休之时仍恋恋不舍。

这可从城乡人口的变化、服装的变化上看出。

原始时期，大家都穿着草裙，兽皮。渐渐地，人们发明了麻、布、棉、丝、绸、皮、化纤等用来做衣服，从简朴到繁复甚至奢华，穿来穿去，反反复复，腻了。于是，在文明高度发达的现代，人们却又把满是破洞的乞丐装重新当成了流行时装，

服装又兴起了一股回归大自然的浪潮。其间，长裙、短裙、连衣裙、半身裙，轮番做主角……

一开始，大家都住在乡村，自耕自种自给自足自得其乐。随着城市的兴起，人们开始发现乡村的单调枯燥，于是纷纷涌进城市，生活变得多姿多彩起来，很满足得意了一阵子。久而久之却又觉得城市的嘈杂繁忙紧张了身心，越来越烦躁、焦虑，于是，又向往起了乡村的宁静悠闲，群群团团又纷纷迁向乡村、城郊。

是不是又回到了起点？

为什么会有此现象？世上种种是"一"。

人们却非要"一分为二"。（分为千万）

而这两个"一"又是相辅相成的一体的。

得与失、利与弊、成与败、有与无……构成"一"。

其实，人生本无所谓目的、意义，但人生于世，精神、肉体总得有个归属依托，而人脑又习惯地顽固地相信人生的寄托总在遥远的彼岸，却不自觉：彼岸就是此岸，就是与生俱来的自己，自己本身就是寄托就是人生的目的意义。于是，不得不去远方、去艰难困苦的地方寻找追求各自人生的目的意义。

这就是人的智慧与无奈！

在追求又追求的过程中成败得失，为之喜怒哀乐。

这就是人生。

这就是我们久已习惯得不能再习惯了的人生！

2. 从动机上说。

人生的目的是——幸福。

人生的意义是——追求幸福过程中的感受或幸福的感受。

但是，人各有志。

每个人认为幸福的标准不同，这大致可分为二：

一是，有名有利有权才幸福。

二是，活得有趣才幸福。

此外，有超脱者认为：成道是福。可究竟道为何物？那玄妙之道又究竟有几个人能够领悟？

我们来对比：

两种幸福观对比表

	有名、利、权是幸福	有乐趣是幸福
表现	只为出名的学者。	在治学研究中自得其乐的学者。
	只为名利的政客。	在争取、运用权力时得乐趣的政治家。
	只为赚钱的商人。	在经商过程中获得乐趣的商人。
	为名、利、权而治学、用权、经商也有些趣味，但重视名利，忽视趣味，一心只为名利颠倒神魂。	为趣味而治学、用权、经商，因兴趣而爱，而后有成就，名利随实而至，相对名利，更重视乐趣。
结果	有了还要有，永远不知厌足，因为心里不得满足而空虚苦恼。	因得乐趣而内心充实，满足，旷达，轻松自在。做了自己的主人。
起因	“以物役我者，逆固生憎，顺亦生爱，一毫皆缠缚之端。”（以名、利、权来驾驭自己的人，不顺心时固然感到憎恨，顺利时就会产生爱恋，即便是一些微小的事也会把自己束缚住。）（《菜根谭》）	“以我转物者，得固不喜，失亦不忧，大地尽逍遥之境。”（以自己的本性来操纵一切事物的人，成功了固然不会觉得欢喜，失败了也不会感到忧虑，无限的大地都属于我逍遥的地方。）（《菜根谭》）

当然，现实人生的复杂根本不是某种理论所能涵盖的，而且人生活在社会中谁都难免作些妥协。上述对比只是说明了各人的需要自有自己的主次。

人生的目的意义的动机是幸福。

这动机本身就是错。

首先，幸福从来就不是亦永远都不会是人生的全部。

其次，好与坏、福与祸从来都是亦永远都是两面一体地同在的，就像手心与手背一样永远是相辅相成的整体。

正如老子曰："祸兮、福之所倚；福兮，祸之所伏。"（灾祸啊，幸福依傍在它的旁边；幸福啊，灾祸潜藏在它的里面。）

正如印度诗人泰戈尔所说："好的东西不是独来的，它伴随着所有的东西一起来。"

再次，妄想只要幸福不要灾祸是人性中最大的妄念，也是人类最大的无用功，还是人类最大的、最根深蒂固的、最习惯的、最不自觉的错误观念。

印度诗人泰戈尔又说："如果你为了错过太阳而流泪，那么你也将与群星擦肩而过。"

为什么执著那执著不住的？

为什么不活在当下？

人生真正的目的意义是：

——你自己当下的生命体验。

——真正属于你自己的生命体验。

但是，人性往往习惯地不自觉地把幸福、成功、名利等片面的、部分的东西当成生命的终极目的意义来追求又追求，这就产生了许多问题。

当人们把成功、幸福、名利当做人生的终极目标来追求时，就完全错过了生命的许多精彩片段。（一叶障目）

错误地认为成功之后，得到幸福之后才是真正的生活。

这就是为什么许多人认为生活从未真正开始的原因。

这也是为什么许多人成功之后，得到了幸福之后却走向幻灭的原因。

人们总是习惯地不自觉地生活在将来的幻想和过去的回忆中，唯独没有——现在、当下的生活。

其实，生命从来都是全方位的、运动的。

生命就是当下！

全身心地投入此刻，你就能够：

——体验真实的生命。

——体验真正属于你自己的生命。

3. 从内容说。

人生的目的是——追求自己需要的与享受自己所有的。

人生的意义是——追求自己目标过程中的感受。

问题又来了。

许多人自以为是地把社会潮流当成自己的需要起劲地追求，待得到时方觉理想幻灭；又有许多人习惯地不知足常苦——总是坚持不懈地追求那些自己的不满足，却忘了自己本来就拥有的满足。

谁都知道，只有自己需要的方能使自己满足；谁也都知道知足才能常乐，可为什么还是有许多人明知故犯？

又是不自觉。

人生的许多问题、烦恼都是在人们不自觉的习惯中造成的。

许多问题，如认识自己、自己的需要、自己人生的目的意义，我们都自以为了如指掌，其实是所知甚少。

我们年轻的时候，生活的目的多是为了实现自己的理想——运用自己的才智服务社会以获取自己的所需。

找到相亲相爱的伴侣时，生活的目的又随之多了一重——为与伴侣生活得更幸福。结婚生子之后，又多加上了一层——为了

家庭的舒适，为了孩子的教育、成长，以及为孩子长大以后的立业成家。

到了人生的冬季——年华老大时，生活的目的则成了追求安宁、平稳与天伦之乐。

人的一生基本上都是这样度过的。

由此，我们可以看出，人生的目的意义并不是一成不变的，它会随着我们的年龄、环境、遭遇的变化而变化。因此，我们必然要随顺这些变化，尽可能去调整自己的人生目的。

只有那些拥有宏伟抱负的人，才会始终如一地追求一个目标。这也就是他们所以不平凡的标志了。当然，他们也并非在真空里生活，在现实生活中他们同样必须处理一些小目的的变更，以及牵缠复杂的人际关系。

而对于芸芸众生的平凡者来说，人生就好像一个又一个车站，从一个站到另一个站再到下一个站……最后又回到自己的始发地。

至于各人的人生意义，就得由各人的需要与喜好而定了。

如画家为了画得更好，从而创新自己的绘画技法和风格。

厨师为把菜做得更好，根据人们口味的变化，改良菜式，甚至创新菜式。

公司职员为了提高工作效率，而改变工作方法……

天天一样的生活是枯燥无聊的，只有时常能找到一些不同的感觉去体验的生活，我们才会觉得有意义。例如旅游的乐趣就在于它能带给我们一些不同以往的新鲜感受。

其实，人生的美好与丑恶、乐趣与无聊、充实与空虚都是完完全全呈现在我们面前的相辅相成的整体，是我们自己的注意力方向及感受决定了自己的生活质量。

普遍存在的问题是：许多人不是自己去感受自己的生活，直接从自己的生活中体验自己的生命经历，而是去听从别人、听从潮流所宣传的意义。

听别人说哪里旅游怎么怎么好玩，就迫不及待地去那里旅游，去感受别人所说的趣味；传媒说某某东西怎么怎么好，就赶紧买回来感受一番传媒所说的好处；听别人感叹生活无聊，自己也跟着唏嘘一番……一来二去，不自觉地习惯地成了别人的与传媒的感受器。一旦腻了别人与传媒所说的一切，立刻就淹没在空虚无聊中，全然忽略了自己人生有无意义只在自己的亲身感受与体验，而不在于旁人怎样说。

说人生枯燥乏味的人，无非是戴着失望失意的有色眼镜看待生活，自然全是枯燥、乏味。

说人生丰富多彩的人，那是因为有一颗善感善察的心，随时随地接受着四周美好、有趣的信息，生活自然就丰富多彩了。

人各有志，我们各自的人生目的意义由此各异。

有人志在艺术。

其人生的目的就在于以自己的独特风格认识美、发现美、表现美。

其生命的意义就在于找到、形成、完善这种美的过程当中的情趣。

有人志在享乐。

其人生目的就在于追逐与享用美食、华服、华厦、名车、形形色色的宴会、舞会、玩偶。

其生命的意义就在于变着花样消费。

有人志在当明星。

其人生的目的就在于获取明星的头衔、荣耀。

其生命的意义就在于做明星带来的种种名利、虚荣及享乐。

有人志在权力。

其人生的目的就在于追求一个比一个更高的官职，获取更多更大的名利。

其生命的意义就在于掌握权力与获取利益的好处与荣耀。

有人志在恬静平淡的生活。

其人生的目的就在于获得平静无忧的生活。

其生命的意义就在于恬静平淡生活的种种快乐、慰藉。

有人志在冒险。

其人生的目的就在于排除一个又一个危险的目标，跨越一个又一个难关：攀悬崖、漂急流之类。

其生命的意义就在于冒险过程中的刺激、满足、快乐。

有人志在科学。

其人生的目的就在于解决某个科学领域的种种疑难。

其生命的意义就在于献身于科学的种种甜酸苦辣。

还有人只是为了生存而生活。

其生活的目的就是吃得饱、穿得暖、住得安全。

至于生命的意义，“快乐时，挺有意思，痛苦时，一点意思也没有”。

总之，人面种种，种种各异。每个人都会有自己的活法、自己的感受。在此，我们根本不可能一一详述。

人生的意义，各人各有不同，你必须自己去发现。

就像每个人的爱情，总是自己有自己的经历和解释。有时，你以为找到了人生在你心目中的意义，但是过了一段时间，你可能又有了一个更好的答案。

所以，人生的目的意义是什么？值得我们每一个人用自己的一生去回答。

“众里寻她千百度，蓦然回首，那人却在灯火阑珊处。”

人生的目的有无穷的形式，但实质都是自己的满足，自己感觉的幸福。

人性的愚昧就在于——人总认定幸福、满足，人生的目的、意义都在远处，在困难处，在自己的目标实现之后，必须经历

"衣带渐宽终不悔，为伊消得人憔悴"的艰难困苦式的自我折磨。

虽然人人都知道远与近、难与易是相辅相成的一体两面，但习惯上行动中潜意识里却几乎都只看得见远处的、困难处的诱惑，对近在眼前的满足则熟视无睹。

极少有人能够醒悟——一切都在现在。

现在这一刻其实就包含了苦与乐、满足与不满足。人生的目的意义就在当下这一刻发生着。因而去发现、去感受时时处处都在自己身边的满足：

冬天的雪景、夏天的夕阳、秋天的清爽、春天的生机；工作中的充实、劳累后的休息、助人的快乐、回家的感觉；可口的家常菜、舒适的鞋子、柔软的枕头……

这所有的幸福、满足的障碍就在于——人的自我认识认定只有在自我目标实现之后，才会有幸福、满足。

人的自我认识使得人在根深蒂固的错误的惯性轨道上舍近求远，舍易就难。

归根结底，人生的目的意义之说都是人们自己造出来误导自己的东西。

其实，生活本身就是人生的目的意义，所有人追求的自我满足就在现在这一刻发生着。

如果，把遥远的目标作为自己唯一的人生满足去追求，那么，得到的将是幻灭，得不到的就会把自己的生命沉溺在深深的失望中。

若能时时处处觉知自己现在的满足（这就是世上最困难也最容易的事，你尽可以自己去体验），那么，幸福、快乐、生命的情趣就随时在你身边。

当然，理论归理论，现实是残酷的现实，我们早就已经习惯与现实斗争、妥协甚至俯首称臣了。

惯性定律只能在我们不自觉的时候操纵我们，当我们对自己当下的一切有了清醒的自觉时，我们就可以运用惯性定律来实现自己想要的生活。

世上最容易又最困难的一件事是什么？

是——活在当下！

你可以自己去尝试。

二、表演

人性酷爱表演。

人性根深蒂固地习惯了表演给人看。

工作、娱乐、做学问、恋爱、婚姻，多数人的行为动机都是为了表演给人看。

就说做学问吧。多数做学问的人，只是为了名誉，或者为了金钱去做学问。他们热衷于演讲、出书、向别人展示自己的学问，他们的乐趣是出名和获取金钱。但是这一类人全都向人们广而告之："我是真正做学问的专家。"

而真正做学问的人，是热衷于研究与实践的人，是那些真正热爱思考问题、钻研问题的人。他们最大的乐趣在于研究的具体过程和实践的可能结果。

再说婚姻。

几乎人人都结婚，但人们结婚的目的就千差万别了。

有人是为了名誉，有人是为了金钱，有人是为了对方相貌的美丽或英俊，有人是为了权势，有人是为了体面，有人是为了交易，有人是为了孩子，有人是为了报仇，有人是为了报恩，有人是为了到了结婚年龄，有人是为了得到一个保姆，有人是为了得到一个合法伴侣，有人是为了取得一张"长期饭票"，还有人是因为别人都结婚了自己也该结婚……

但是，所有这些人都对人宣称自己是为了爱情而结婚，欺骗别人的同时，多数人把自己也一起骗了。

当然，也有人是为了爱情而结婚，然而人是会变的，爱情也是会变的。几年、十几年、几十年过后，当初的目的很可能并不是现在的心愿。

结婚是为了什么？

终于明白，人生的目的意义并不一定是定数，而更多的是变

数。

可我还是不明白：人活着是为了自己的生命，还是为了表演给人看？

不明白为什么佛祖说——“天上地下，唯我独尊！”

你明白吗？

三、道

人生的目的是什么?

认识、塑造、表现自己。

人生的意义是什么?

发现、创新自己。

认识、塑造、表现、发现、创新从文字上它们是各自独立的，但在我们真实的生命内核里，它们都是相通的多面一体。

一和万，从来都是一体的。一是起点，万是终点，起点和终点是一起的。

一和万之所以有区别，那都是人为的——区别心。

问题是什么?

答案又是什么?

问题和答案是一个又一个轮回。

问与答的轮回。

因与果的轮回。

得与失的轮回。

生与死的轮回。

围绕什么的轮回呢?

围绕那个永恒的——存在。

围绕那个老子所说的——道。

永恒的道……

道是什么?

我只知道它是语言之外的只可意会难以言传的。

只能靠每个人自己用心去领悟。

四、自我意象

自我意象就是自己的理想以及自我评估。

这每个人都有，问题是极少有人能够恰如其分地评估自己，大多数人都过于贬低了自己，以致白白浪费了自己的天赋能力，封闭了自己巨大的潜能。

每个人都曾经有过自己的理想，儿时的理想天真烂漫。少年、青年则因涉世不深，阅历浅薄，更主要的是由于对自己了解的浅陋，容易有不切实际的自我意象，以致理想破灭。一些人从此放弃理想，或抱怨现实生活的冷酷无情，或沉默着逆来顺受；有些性格倔强的人却依然不屈不挠地继续努力探索，在探索中了解社会，了解自己，并依据社会和自己的实际情况不断调整自己的奋斗目标，同时也尽力针对自己的奋斗目标学习各种相应的知识、技能来充实自己。到开始明白自己真正切合实际的目标以及自己才智的局限时，生命已在不知不觉中步入中年。

四十岁生活才刚刚开始。

开始追求适合自己实际才能和需要的目标。很快，就有人开始收获自己半生辛勤探索耕耘而得的成功之果。

至于某些人能够在自己的青年时期就获得成功也并非偶然。只因他们在青年时期就找到了自己在社会中的坐标——自我位置，能够以自己的才能为某一社会需要服务。

这其中的关键在于——认识自己的自我局限，以及找到自己的才能可以满足的某一社会需求。

自我意象其实是一种信念，一种关于自我能够成为什么的信念，只可惜，大多数人的信念都趋向于负面的一切——自己不具备的能力和缺乏的东西；却极少有人信念趋向正面的一切——自己具备的能力和拥有的一切，并且坚信自己的能力，运用自己的能力为社会服务，以获取自己的所需。

坚定的、白热化的、持久的、强烈的信念往往变成现实。

这是因为：当你坚信自己是一个精明强干的人时，你必然会寻求一切有利的条件——你的成就、你的才能、你的智慧、你的优势，以及你能够运用的一切来证明自己。

但是当你相信自己是一个失败者时，你就会寻找一切不利的因素——你的过失、你的弱点、你某一方面的无能来证明自己是个失败者。

记得某位贤者曾讲过，生活往往是这样的：

如果你认为被击败了，
　　那你必定被击败。
如果你认为你不敢，
　　那你必然不敢。
如果你想胜利，但你认为自己不可能获胜，
　　那么你就不可能得到胜利。
如果你认为你会失败，
　　那你就已经失败了，
　　因为在这个世界里，
　　成功是从一个人的信念开始的，
　　而信念全靠注意力。
如果你认为你能够解决困难，
　　那么你就定能解决困难。
如果你认为你比别人优越，
　　那么你就一定比别人优越，
　　在你成功之前，
　　你必须对自己有信心。
人生的战斗，并不始终有利于较强的一方，
　　而最终的胜利是属于：
　　自己认为能够的人。

五、自我实现

自我实现就是实现自我意象的过程和结果。

这是一个普遍的错误观念。

一般情况下，人们的自我实现都不会超出自我意象的范围。这就是为什么人们的潜能普遍得不到利用的原因之一，因为人们普遍低估自己，人们只有在遇到非常情况或在个人强烈愿望的激发下，方能发现、运用自己的潜能。

大多数人理解的自我实现是这样的：成为杰出的非凡的某某。诸如著名的某某、有钱的某某、有权的某某等受人敬仰的人物。这种想法其实是一个社会约定俗成的人们早就已经习惯的自我欺骗的幻象。可这只有少数达成了这一幻象的成功者能够识破——这就是成功之后的一种幻灭。

一直以来，人们都习惯地相信成功之后就可以拥有好的一切而彻底解脱坏的一切，拥有幸福而解脱痛苦烦恼。这实际上是不可能的。人们怎么可能只拥有好的一面而不要坏的一面呢？好坏本是一体两面的，就像手心与手背一样无法分离。但是，极少有人能够觉察到自己在为难自己——把大石头往山上推。

事实是，成功之后，好坏依然一起存在，有幸福快乐也有痛苦烦恼，只不过这一切都更换了内容而已。

自我实现的真正意义是——成为自己，你就是你自己生活的目标。

妙的是，极少有人了解自己。我们都在追求某个自认为清晰正确的目标。

而事实是：这个目标是不是真的清晰正确，还是个问号！

问题在于：大多数人不这么看，而是习惯地去追求——成为非凡的某某。但是只有少数达成了自己既定目标的人，才发现自己的幻象破灭了。

然后，有两种结果。

一是继续习惯地追求新的目标，达成了再去追求更新的目标，一直追求到追不动为止。他们的做法是用事业来充实自己的空虚，其动力是对空虚的恐惧或对事业的热爱。

另一种是：从此消沉沮丧，他们失去了动力又找不到出路，只得沉溺在幻灭之后的失望沮丧中。

成为自己。

自己究竟是什么呢？

自己就是“一”，就是那个全然的东西，就是那个“道”。对此，片面的语言无能为力，我们只能依靠自己的意识去感觉、领悟。这就是成为自己、成为“一”的难点和易点。

这不是唯心主义吗？

不知人们有没有想过：世间万物，人的千万种想法都发源于(最终也归源于)“一”。而且，心与物、唯心与唯物、意识与物质本来就是相辅相成的“一”。

但是，人们早就忘记了一切是“一”，却早已习惯了将“一”分为“二”，分为“千千万万”，然后，苦恼焦虑困惑迷惘！

问题都是人们自己找来的。

人们为什么要那个“二”，那个“千千万万”呢？为什么不去注意那个“一”呢？

因为就目前，人们还未厌倦世间千姿百态的身外物之前，要达到自我实现的最终目的——成为自己，成为“一”，是不可能实现的。(从物极必反这一角度说)

目前，以及以往人们能够做到的自我实现，都是暂时的——与事业或与爱情融为一体。这也就是一直以来社会的大趋势。大家都明白顺势者昌的道理。

一直到人们厌倦了身外之物，人们才会开始走向自己、成为自己。

成为自己及自我实现这些说法的本身就是矛盾的、荒谬的：自己本来就是自己，要什么“成为”？“实现”？

但是，人们早就已经根深蒂固地习惯了从外部争取成就、荣誉来标榜自己，实现自己。

殊不知，人们穷尽一生一直在追求的那个东西，其实根本从未离开过自己，那就是——自己。

自己跟自己玩捉迷藏！

又是不自觉！

你所渴望的一切，你最终的自己，你渴望的是满足的本质而不是满足的形式，这本质并不在遥远的彼岸，它就在此岸，就在现在这一片刻，你完全可以在任何一个现在的片刻体验到它，体验到那个全然的自己。当然，那一刻你不会去分辨了，你只能感觉——那个全然的一切。那是语言之外的，只可意会，无法言传。

最终的自我实现是——成为自己。也就是无为。

到那时，为人处世的动机不再是自己的名利，而是出自广大洋溢的爱，就像太阳普照万物，只是因为自己本身具有的能量需要散发。

所以，自我实现并不需要苦行、散财、求空等障眼法。

直行是道！

远近、难易都是“一”。

我们只需投入现在，全身心去做自己本性需要自己做的事。

饥来吃饭倦来眠。

自然而然，该怎样就怎样！

当然，现实生活中，谁也不可能在一生中成功地充分地表现或实现“真正自我”的全部潜在的才智能量。

我们实际表现出来的自我从未竭尽真正自我的全部能量才智。我们永远可以学到更多的东西，永远可以做得更好，表现更佳。实际自我必然是不完美的，在整个生命中，它永远朝着理想的目标前进，但又永远不能达到这个目标。

实际自我不是静止的，而是运动的、全方位的，它永远不会完整和终结，而是始终处于一种发展的状态。

自我实现既是目的，又是过程，一种可以短暂亦可以漫长的过程。而且更多的是过程，是生命的过程。

六、荒谬的

自我意象与自我实现都是荒谬的。

自我意象与自我实现都是权威们想出来误导我们的东西，但却是我们自己久已习惯了的现在进行时的荒谬。

自己本来就是自己。

可悲的是：我们自己早就已经根深蒂固地习惯了信奉权威，习惯了麻木地不自觉地自我折磨的习惯。

自己本来就是自己。

但是，我们已经习惯了听从权威的指导，硬要弄个自我意象：

——成为杰出的某某。

——成为某某某第二。

——成为著名的某某。

——成为某个大亨。

——成为某个大官。

然后，衣带渐宽终不悔，为它消得人憔悴。

然后，挣扎又挣扎，努力再努力。

最后，成王败寇！

一天又一天，一年又一年，我们都在习惯地盲目地按照别人的、权威的标准生活着。

而那个真实的自己呢？

早已习惯了我们自己的冷漠、疏离，习惯了和我们自己——咫尺天涯！

非常反对权威却又被人们奉为伟大的心灵导师的克里希那穆提说：

"总想和某个人或理想中的自己一样，是形成矛盾、困惑与冲突的主因之一。一个困惑的心，不论做任何事，在任何一种层次上，都是一团混乱。"

七、认识自己

人类最漫长也最短暂的道路是——走向自己。

长期以来，我们一直把目标对准外界：宇宙、太阳、月亮；时间、空间；科学、艺术、宗教、国家、集团……一切的一切，唯独忽略了我们自以为熟悉得不能再熟悉，而实际上却陌生的不能再陌生的——我们自己。

认识自己真的很难吗？

不，只是因为我们几乎从未——自觉地去觉知自己。

自欺欺人

我们全都痛恨被别人欺骗。

但是，我们又全都根深蒂固地习惯了——自欺欺人。

不可能！是吧。

好，我们就来看看我自己是如何自以为是，如何自欺欺人的。

记得我20岁时读《孙子兵法》，自以为学会了两句“知己知彼”，“为战者，先为不可胜，以待敌之可胜”而沾沾自喜。到自己三十几岁了，方才恍然大悟自己的白痴：我连自己是什么都不知道，谈什么“知己知彼”！什么“为战者，先为不可胜，以待敌之可胜”就更加无从说起了。

我的皮肤很容易招惹蚊子，每到夏季，我被蚊子叮咬之后，总是告诫自己不要用手去抓，因为我知道每每抓过之后，一定是越抓越痒，越痒越抓，然后就是肿一大块，再长出一个大脓包……但是每一次都是说归说，想归想，手依然习惯地不自觉地抓完又抓，而且我的皮肤非常容易过敏，所以很多药都不能用。于是，几乎每一年的夏天我都是在烦躁、挣扎中度过的。

认真说起来，非常可笑，我当然知道什么对自己好，什么对自己不好。可实际行为上，我所做的却正好与我所想的相反。这就是我的自以为是、自欺欺人。

我真的知道吗？不，我实际上并不知道。我终于明白了：

——知道是一回事，做到是另一回事。

再有，我非常喜欢读书，很久以前，我就已经从书本中认识到一个道理：生气是用别人的错误来折磨自己。可我一旦因某事不如意而生气，往往就把这忘得一干二净，独自气恼几小时几天甚至几个星期。后来，我才慢慢明白了什么是“纸上得来终觉浅”。然后，学会了这样想：与其干生气气坏自己，不如开始做一件自己喜欢的事，例如读书。

看看，又转回来了，我的知与行的矛盾，我的不思量自难忘的自以为是、自欺欺人。

我们都自以为是非常了解自己的，而事实上，自己早就成了我们自己最陌生的人。

认识自己一直是我们习惯了去回避的最大的问题。

我们都自以为是自己的主人，而事实上我们自己层出不穷的欲望才是我们真正的主人。

我们都自以为懂得了什么是知足常乐。

但是，什么才是自己真正的需要？

什么才是自己真正的满足？

什么才是自己的不需要？

什么才是自己的不满足呢？

我们真的知道吗？

我们都自以为是文明人。但是，已经过去的和现在正在发生的战争、冲突、仇恨、嫉妒难道不是我们现代的“文明人”的作为吗？

到底什么才是文明呢？

我们都自以为自己渴望幸福，但又是谁在日夜思念、反复思念自己的烦恼、后悔、焦虑、无奈、压力呢？

我们全都自以为是地根深蒂固地习惯地坚持自己习惯了的思维方式、行为方式：

——习惯地麻木。

——习惯地固执。

——习惯地困惑。

——习惯地烦恼。

——习惯地喜怒哀乐。

——习惯地自以为是。

——习惯地自欺欺人。

我们的一天又一天，一年又一年，一世又一世，都是在这种自以为是、自欺欺人的惯性轨道上兜兜转转……

自以为是、自欺欺人已经成了我们最根深蒂固的习惯。

我们早就在这一习惯中麻木、僵化，还自以为是理所当然的，应该的。

我们还有觉知吗？

这就是我们过去的和现在的正在进行的生活（包括当下这一刻）。

将来，我们还想继续吗？

法国哲学家蒙田（1533–1592）说出了我一直想说，但是又不知道如何去说的感受："以我看来，世界上的什么怪异，什么奇迹，都不如我自己身上的这么显著……我越通过自省而自知，我的畸形就越令我骇异，而我就越不懂我自己。"

这仅仅是我个人的感受吗？

接受自己

我们都是人，而人都是不完美的。

我们都有自己的缺点、过失和脆弱的地方，我们也有自己的优点、成就和坚强的地方，这些都是事实，我们必须接受的事实。

接受自己也就是接受自己的全部，包括好与坏两面。

据说有先知问苏格拉底："神说苏格拉底是最聪明的人，为什么？"苏格拉底答："因为他明白有些事他还不明白。"

人皆有所能有所不能，这是客观规律，谁也无法改变。但就有自以为聪明者认为自己例外，认定自己无所不能，然后费尽心机地欺骗别人，更欺骗自己。

如果我们不接受自己的缺点，我们就会变得目空一切、骄傲自大，最后焦头烂额；如果我们不接受自己的优点，我们又会变得自卑、嫉妒，然后在自卑、嫉妒中耗费自己的生命。走极端总是出问题。

一旦，我们能够面对真实的自己，坦然接受自己的一切优点、缺点、成就、过失，然后扬长避短，量力而行，尽力而为，才能够真正地自信、从容、自在。

我们都会犯错误，这是谁也无法避免的事实。接受它，然后尽量避免犯同样的错误，尽量把事情做得更好，才是我们应该和能够做的事情。

反之，如果以完美的标准来要求自己，就是在给自己施加不必要的压力，就是在为难自己去做做不到的事情——这又是费力不讨好的无用功。因为完美的人与完美的事在现实生活中都是不可能存在的。

我们都是人，人都有脆弱的地方，强者亦不例外。我们害怕孤独，害怕失败，害怕成功之后无以为继，害怕失去已有的一切，这些都是事实，对此沉溺或逃避都将加深我们的恐惧。那么，我们就接受它好了，接受之后，再去想办法，怎样克服恐惧？如何令自己强壮起来？然后去做些有用的事情。

我们都是人，都拥有人的一切特质，重要的是——不再拿无用功来耗费自己的生命，而要接受真实的自己，把生命用去发觉、运用自己的长处，去真真实实地享受自己的生活。

面对自己立足长处

歌剧明星莱斯·史蒂芬说，当她最失意的时候，得到了她一生中最好的忠告。

早年，她曾在歌剧生涯中遭受挫折，失败以后，她非常难过，她说："我希望大家说我嗓子比其他女孩都好，那些裁判不公平，我没有关系所以赢不了。"

可是她的老师并没有如此安慰她，她的老师反而对她说："你要有勇气面对自己的缺点和过失。"

"我想把失败埋藏在自怜中，"她继续说，"可是老师的话总在我脑中打转，我知道我必须找出我的缺点和过失，否则我不可能睡着。躺在黑暗中，我自问：'我为什么会失败？下次我要怎样赢？'我承认我的音量没有完全发挥出来，我必须勤练我的语言，我必须多学几种角色。"

从此，她开始立足自己的长处，改善自己的不足。

经过持续的自我改善之后，她开始在舞台上大放异彩。同时也赢得了友谊并养成了一种愉悦的个性。

莱斯·史蒂芬的经历启示我们：

面对自己立足长处，完善自己，可以建立并保持信心而获取成就。

而责怪别人、姑息自己，最终只能自怜、愤恨，就算最终我们能够证明别人是错的，对我们自己也没有任何益处。

你行为与感觉的起因

D·布朗在《醒来生活吧》一书中讲到，一种观念使她成为更多产更成功的作家，并且挖掘出她过去从来不知道的才华和能力。

在亲眼看到一次催眠示范之后，她又好奇又惊讶。后来偶然读到心理学家梅耶斯的一句话，她说这句话改变了她的整个人生。

梅耶斯的这句话是说，催眠者发挥的能力和才华，归功于被催眠状态“净化”了过去失败的记忆。

布朗小姐自问到：“如果这在催眠状态下是可能的，如果一般人平时就有很多才华、能力、力量，被过去失败的记忆所限制而得不到利用，那么，为什么在清醒状态下的人不能够忘记过去的失败，认为她不可能再失败，因而使这些力量得到运用呢？”

她决心自己试一试。在行动时先假设自己有必要的力量和能力，而且可以利用这些力量和能力。

在一年之内，她的创作量增加了一倍，作品的销售量也增加了一倍。令人惊奇的后果出现了，她发现了一种公开演说的才能，觉得自己需要成为一个演说家，而且乐于成为一个演说家。但是在过去，她不仅在演说中没有表现什么才能，而且非常不喜欢演说。

你行为与感觉的起因是：

——你的自我认识、你的信念。

如果你真的认为自己是个能干的人，那么，你就会在自己的行为中表现你的能干。

如果你认为自己是个害羞的人，你就会在公共场合表现得拘谨、胆怯。

如果你认为自己一定会成功，那么你就会寻找一切有利因素来证明自己的成功。

如果你认为自己是个快乐的人，但心里不相信自己会快乐，那么你就只能成为一个不快乐的人。

总之，你真正相信什么认定什么，你就一定会竭尽全力去证明。

你真正的自我认识和你的信念确定了你的行为和感觉。

你可以自己去尝试。

其实，这是我们一直在做的事，只不过，我们过去拥有的自我认识及信念多是负面的东西。

为什么不试一试正面的东西呢？

尝试用你的信念来创造你自己的奇迹吧！

亲爱的——烦恼

剪不断，理还乱的……

才下眉头，却上心头的……

从来不需要想起，永远也不会忘记的……

不是情，不是爱，而是：

——烦恼。

这些烦恼就是我们自己的忧虑、焦躁、痛苦、后悔、恐惧、嫉妒、抱怨、仇恨、争斗……的习惯。

所有的烦恼的习惯就是我们自欺欺人地说自己从来都不会去做，却又时时刻刻都在做的事：

——自我折磨。

号称自己是聪明人的，往往只不过是自以为是的——聪明猪！

好与坏同在

世事无绝对，好中有坏，坏中又有好，好坏总是相辅相成的两面一体。

出名是好事，可惜往往誉起谤兴，人性总希望自己好过别人。而且名人必须应付许多无聊的人与事。

有钱是好事，可惜水涨船高，钱多了，花销更多。

有才华是好事，可叹"巧者劳，智者忧……"劳智又劳心，少有安逸。

人人都一样，有弱处就有强处，有精明处就有愚笨处，有令人喜爱的特点，必有惹人厌烦的细节。完美的人在现实生活中是不可能存在的。

说一个人是好人，只是说这人的某些方面是好的，并不等于说这人就全无过失和缺点。

说一个人是强者，只是说这人的某些方面是坚强的能干的，并不等于说这人在任何时候、任何地方、任何事情上都是坚强能干的。这类"超人"在我们的现实生活中是不可能存在的。

我们每个人的好与坏、能干与无能、坚强与软弱、聪明与愚笨、明智与冲动等一切的一切都是真真实实既矛盾又统一的客观存在。

问题只在于——我们自己注重什么并运用什么。

注重正面的东西的人，可以受人欢迎，可以获取成就，可以享受生活，可以拥有更多的满足。

注重负面的东西的人，只能惹人厌烦，往往得到的是失败、苦痛、烦恼和更多的不满足。

我们的遭遇是一回事，而我们对待遭遇的态度才最终决定了自己的生活质量。

认识自己的误区

我们过分依赖父母、师长、旁人、社会对自己的认识。

我们并不是按自己本来的样子来认识自己的，而是通过——自己以为的别人对自己的认识来认识自己的。

这又是一种我们自己不自觉的错误习惯。

它导致自我认识走入误区。

误区之一：走极端。

或者只认识自己负面的一切：自己的过失、缺点、罪恶、愚笨、压抑、空虚、无能、失败等，然后，作茧自缚地陷入自设的牢笼里苦痛、烦恼、焦虑、挣扎……

或者只认识自己正面的一切：自己的成就、优势、聪明能干等，然后，在自己“自我完美标准”的压力下担忧不可避免的错误及失败的来临。

相对而言，前者的情况多，后者的情况少。但他们都同样在做无用功。前者因自卑或逆境而相信自己是不幸的，相信幸福总在别人那里或某个遥远的地方；而后者则因自负或一直的顺境而相信自己只会拥有好的一切，坏的东西与自己永远没关系。

前者只认同自己坏的一面，对自己好的一面却视而不见；后者只认同自己好的一面，对自己坏的一面，理智上知道它的存在，可感情上拒绝接受。

他们也不是不知道自己是个好坏相辅相成的两面一体，只是不自觉地习惯地奉行自己根深蒂固的思想行为定式。

一旦，他们能够觉察自己的坏习惯，就可以很容易地走出这一自我认识的误区。

误区之二：囿旧念。

爸爸是个画家，那么爸爸妈妈、亲戚朋友都会不约而同地要求儿子也应该是个画家。如果儿子去做其他行业，所有人都会觉得不正常。这是为什么？没人说得清，但这是存在很久的事实。

或者，爸爸白手起家经营起一个大的企业，那么儿子就一定要子承父业才合情理。至于那个儿子有无经营企业的兴趣、才华，就无人关心了。

这类情况都是出于人们不思量、自难忘的传统观念。

其实，各人做什么职业最好根据自己的标准、自己的能力局限来确定。

有写作才华的人就去写作，有演戏天分的人就去做演员，方能出现真正快乐的成功者。再也不能用父母亲朋的喜好、臆测来硬性规定。虽然，很多时候他们都是出于好意，但是，更多的时候，好的动机未必有好的结果。（现实生活已经有太多案例了）

顺应自己的天赋、才智做自己喜爱的事情才容易有成就，才可能拥有真正的身心快乐和满足。

误区之三？

你有兴趣就自己找吧！

认识自己的误区其实只是——是什么？

你说呢？

刻舟求剑

《吕氏春秋·察今》曰："楚人有涉江者，其剑自舟中坠于水，遽契其舟，曰：'是吾剑之所从坠。'舟止，从其所契者入水求之。舟已行矣，而剑不行。求剑若此，不亦惑乎！"

刻舟求剑这一成语故事众所周知耳熟能详，我们都会笑话那个刻舟求剑的古人。

可实际上，实质上，我们几乎都在自己的生活中重复着刻舟求剑的老笑话。

这又是一个理论上说起来几乎完全不可能，但却是每个人的生活中日复一日地反复地做了又做的荒谬而又真实的习惯地麻木地发生的现在进行时的事。

不信？

等你看过了全书，看过了规律中的惯性定律、平衡、适度，

再来重温这个我们早就烂熟于心，早就自以为懂得的——刻舟求剑的故事吧

有志者事未必成

如果拿破仑立志当作家，巴尔扎克立志做将军，结果会怎样？

很可能世上多了两个失败者，而少了两个成功者。

每个人都有自己的长处和短处，这是客观规律，谁也无法例外。

立足自己的长处去争取成功，方可言有志者事竟成。

立足自己的短处去强求成功，结果只能收获苦累和失败。

每个人的长处和短处都是由自己的天赋决定的，而天赋是任谁也无法改变的客观事实，我们可以增强或埋没自己的天赋，却不可能改变自己的天赋。

之所以会发生有志者事未必成的一个主要原因就是：人们不了解自己的天赋——自己与生俱来的种种能力的强弱。

虽说我们不能改变自己的天赋，但我们都可以做同样的一件事——若求有所作为，就从自己的最长处起步。

认识自己的主要内容

人是一种奇怪的东西。

说人简单，三两句就可以概括一个人。

说人复杂，那人就和宇宙一样奥秘无穷。

现实生活中，我们每个人都有丰富的内容，限于篇幅，更限于我个人有限的能力、精力，在此，我们只能谈认识自己的主要内容：

——自我意象。

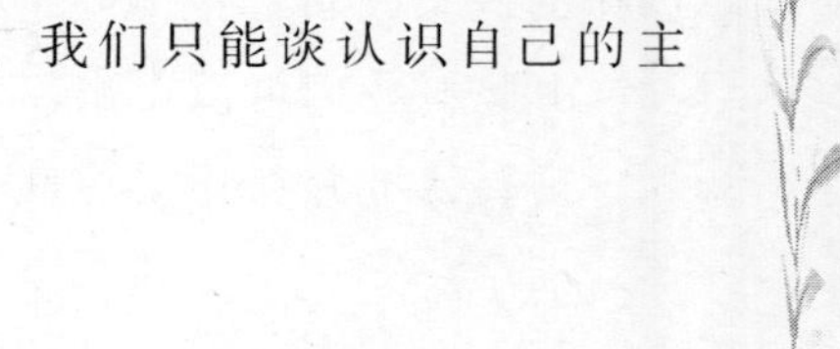

——自己的天赋。

——自我实现。

——自己的标准。

——自己的局限。

——自我定位。

——自己的生活方式。

——自己的规律。

——自我价值观。

——自我需要。

我们先来看——

自我需要

1868年，爱迪生针对国会投票繁琐的程序发明了一种选票记录，并获得了一生中的第一个专利。

但是，他的发明被人遗弃了。因为国会中的反对派，就是需要原来繁琐的程序来打败对方。

这次的失败，使爱迪生领悟到——社会需要才是最重要的。

他总结说："不论我的研究，还是我的试验，其目的都是为了发明具有商业用途的物件。"

人们在自我需要这个问题上，也犯了同样的错误。

人们不明白自己的需要，或自以为明白自己的需要，因而盲目地去做一些事情，追求社会所标榜的成功：有钱、出名、有成就、得奖、出人头地……

结果，得到许多，自己却并不满足。

这就像合自己口味的饭菜自己吃起来才满足一样，而合大众口味的饭菜，自己也能吃饱，可并不满足，总感觉少点什么。

由此，我们可以得出：

只有认准并抓住某一社会需要，并提供相应的满足，才能真正解决那个社会需要。

只有认识清楚，认识准确真正的自我需要，才能为自己找到真正的满足。

那么，如何准确认识自己的真正需要呢？

方法之一是——以自己内心的满足程度为标准。

自我局限

1952年11月9日，阿尔伯特·爱因斯坦的老朋友以色列首任总统魏茨曼去世。晚上9点，爱因斯坦接到以色列大使的电话。

“教授先生，我想请问一下，如果提名你当总统候选人，你愿意接受吗？”大使说，他奉以色列总理之命前来探询。

“大使先生，关于自然我了解一点，关于人，我几乎一点也不了解。我这样的人，怎么能够当选总统呢？”

“教授先生，已故总统魏茨曼也是教授，你能胜任的。”

“不，魏茨曼和我不一样，他能胜任，我不能。”

由此，我们可以看出，爱因斯坦非常清楚自己能力的局限。这正是他成为卓越科学家的重要因素——他的精力、智能全部都专注在自己擅长的领域内。

杰出的人都知道自己的局限——自己能力的范围，即自己在那个范围内可以做出成就，而在其他领域自己只能表现平平。

古今中外有大成就者，绝大多数都只是某一领域的专家：

——居里夫人是科学家。

——曹雪芹是作家。

——李白是诗人。

——吴冠中是画家。

……

他们都知道自己的天赋、精力、时间、经历、个性等等限制了自己的表现领域、表现价值，因而自觉或不自觉地遵守了一条规律——在自己能力局限内去追求自己的最大价值。

自我局限是什么呢?

自我局限就是自己能够做好的事情的范围。

它由自己的天赋——自己种种能力的强弱以及个人经历、对知识的运用能力、对技能的运用能力来确定。

若求有所作为——就在自我局限之内去追求自我的最大价值。

自己的标准

足球有足球的比赛规则。

篮球有篮球的比赛规则。

如果运用足球的比赛规则来比赛篮球会怎么样?

肯定乱套!

这就像每个人的鞋都适合自己的脚一样,而如果自己去穿别人的鞋,就难免有大小宽窄之类的问题。

同样,每个人都会有一套自己的是非成败得失的标准。假如用甲的标准来衡量约束乙,就必然会引起身心的不适与混乱。

例如,巴尔扎克长于写作,拿破仑精通军事,如果用巴尔扎克的标准去衡量约束拿破仑,或用拿破仑的标准来衡量约束巴尔扎克都不妥。而且这样很容易造成身心的失衡甚至混乱。

可悲的是——这恰恰是我们根深蒂固地习惯了的比较法。

家长从小就对孩子说:“你看人家隔壁的孩子……”

长大了,我们又有了权威们教给我们的“自我意象”,然后,比较着成功人士的辉煌成就努力去“自我实现”。

难怪歌德会说:“走自己的路,让别人去说吧!”

因为对自己来说,最重要的是:

——自己擅长什么?

——自己的标准是什么?

但是，我们从来就不知道什么是自己的标准。

我们所熟知的都是别人的标准。例如：

——各行各业权威的标准。

——传统的标准。

——社会的标准。

——公司的标准。

——民族的标准。

——国家的标准。

——家庭的标准。

……

唯独没有自己的标准。

这就是为什么古往今来，真正有成就的人，真正幸福的人，真正懂得爱的人，真正懂得享受的人总是少数的主要原因。

你自己的标准是什么？

你自己的标准有什么内容？

你自己真正的需要是什么？

你自己拥有的能力有多少种？

你的各种能力的大小强弱如何？你的能力的局限是什么？

你自己的各种规律怎样？

你自己的享受标准是什么？

你自己的快乐、幸福标准又是什么？

你自己的成功标准？

你自己的失败标准？

你自己的比较标准？

……

一直问到最后，自己的标准也就是既复杂又简单的——你的本性！

每个人自己的本性，就是自己的标准。

这又是只可意会感悟而无法言传的。

我们每个人都只能自己去探索、自己去感悟：

——自己的本性，自己的标准。

自我定位

白天，刘先生是一家外资公司的雇员，专门处理合同纠纷，每天西装领带皮鞋，一样都不能少，接见客户时规规矩矩，连微笑都是标准的，一个十足的白领。但是，每周三、五的晚上9点，他会准时出现在某个酒吧的演奏台上，一身牛仔打扮，疯狂地敲着鼓，偶尔充当配唱，痛苦地呻吟几句，有时额头上还束着一根红发带，和白天判若两人。

对大多数人来说，理想的职业是从事一份自己感兴趣的工作，然后从中取得较高的收入。但是理想是理想，现实是现实。许多人的兴趣在现实中四处碰壁，最后不得不知难而退，转而从事一份并不喜欢但至少还能挣钱的差事，但是一有闲暇，对兴趣的渴望便蠢蠢欲动，然后立即追求自己喜爱的事。

刘先生就是这样的人。他从小喜爱音乐，希望成为一名鼓手。但迫于家庭的压力，大学里读了法律系，毕业后顺利地进入外资公司，月入5000美元，成为父母及周围友人心目中的骄傲。可是他并不满足于自己的现状。搬入自己的新居后，他买了一套架子鼓，空闲时过过“鼓瘾”。一次和同事在酒吧聚会，他开始喜欢一间酒吧的乐队，一来二去，和乐队混熟了。有一次鼓手生病，他就上台替补，竟然表现不俗。后来鼓手去了外地，他就顺理成章地取而代之。乐队的收入不高，但他志不在此，让他高兴的是，从此踏入这个圈子，结识了许多鼓友，共同切磋鼓技，乐不思蜀。

郁郁从海运学院毕业后，进了海关。这是一个让人羡慕的工作。可这里丰厚的收入和无微不至的福利并没有带给她快乐，相反，她觉得这里的生活枯燥乏味。工作半年后，她和几位志同道合的朋友创立了一个电影俱乐部，周末时聚到她家里，聊聊电影。一年以后，会员由最初的6个增至60个，他们经常租一个电影院放映新片。俱乐部的成长开始引起社会的关注，多家媒体开始向这个俱乐部约写影评，而郁郁撰写的影评也开始出现在全国各大报刊。现在，郁郁已经辞去了海关的工作，跳到一家新锐电影媒体做首席编辑去了。

当记者问某外企经理李小姐，还记得第一次非常明确自己的职业定位是什么时候时，她的回答是："我记得非常清楚。那是在七八年前，我在中国做IBM的电子商务推广面对客户阐述时，就有一个感觉，这将是我一个很重要的历程。当你在台上你是可以感受到你的讲话是否是客户的兴趣所在，当你的付出最终为客户带来价值，当你对这个领域颇有心得时，你会发现这就是你职业定位的那个'点'"……就在那一刹那，李小姐意识到"市场"是非常适合自己职业发展的领域，那是她经过与软件方面的各个岗位的"亲密接触"后才作出的选择。

在李小姐眼里，市场是一个很有趣的专业，有很强的专业性："现在很多人对市场还存有误解，认为做市场还是在做前端的执行。事实上对一个专门从事市场工作的人而言，更重要的是做后端的规划，对客户的需求深入分析，从而对未来产品提出建议及展望。"李小姐认为在IT领域做市场，应当具有一定的技术背景，要有很强的市场敏感性，一方面要充分了解客户的需求，另一方面要真正理解你所推广的产品，并随时掌握外界的新知识，这样才能对未来产品有前瞻性的认识。技术的背景为她做市场打下了坚实的基础，而且成为市场工作中很好的推动力。用她自己的话来说，自己是性格比较开放的人，容易跟人沟通，对“市场”的吸引力比较强。“中国近十年在IT领域的发展非常快，能够在这个领域中贡献自己的力量，并且能够参与到这个过程中，对我而言是很幸运的。”

对于工作她强调：“一定要有兴趣，工作总是占用一个人一生中最精华的时间，因此要努力找到一个自己有热情的工作，如果把你一天的精华，一生的精华用于一个自己很讨厌的工作，势必会很痛苦。”看得出李小姐对职业定位有着非常审慎的态度，她认为每个人唯有经过不断的摸索才能找到个人适合的职业定位，一旦找到了一个对其充满热情、并能够发挥自己潜能的工作时，“这就是你兴趣与工作结合的那个点，你会有一种如鱼得水的感觉。”

如何自我定位？

这问题不可能有人给你现成的、准确的答案。但上述故事，应该对你自我定位的尝试有所启示。

成功需要你的兴趣、天赋、志向、个性、价值观与你的工作相适宜。幸福更需要。

孙子只以军事理论著名，苏东坡只在文学领域杰出，肖邦以钢琴曲扬名世界。以往和现在的成功者成功的一个主要原因就是——能够准确地自我定位。

既找到了自己最擅长、最喜欢做的又能满足某一社会需求及自己需要的工作是最适合自己的工作。

因为，一个人只有在能够较大程度地发挥自己才智的职位上工作，才能自觉自愿、主动积极地努力，也才能从中获得真正的满足和快乐。

当然，确立自我位置从来就不是一劳永逸的事。

时间，事情，环境，自己的能力、兴趣、感受都是变数。所以，各行各业的成功者都懂得自我调适。

追求全知全能是一种妄念，是一种无用功。

追求在自己擅长的领域内做到最好，才是一种真实的智慧。

自我价值

自我价值有两方面的含义：

一是个人的价值、作用。

二是自己的价值观。

个人的价值、作用非常明显。你是什么人，就有什么样的价值、作用。如职员有职员的价值作用，作家有作家的价值作用，关键是个人的价值观。

一直以来，价值观对社会，对个人都是个不甚明确的混沌(特别是在社会的转型期)。

你的价值观是什么？

智慧、事业、自立、爱情、亲情、友情、家庭、金钱、名誉、成功、信仰、艺术、科学、自然、房子、车子、婚姻、责任、学习、工作、旅游……世上存在的一切人、事、物，在你自己的观念中轻重程度的排序怎样？

为什么现在许多人的价值观都很混乱？

因为许多人并不明白什么是自己的真正需要。此外，所有人的价值观都是不断变化的东西，它随各人的遭遇、年龄、环境、社会潮流等的变化而变化。至于变化的过程和结果又是另外的一组问题。

来看比尔·盖茨的价值观：

1994年，当时还是世界第二富，新婚的比尔·盖茨在接受某杂志采访：

——你准备把钱捐给哪儿？

——慈善机构或科技之类的事。我不会给我将来的任何一个孩子造成压力。他们将有一些钱，能让他们身心舒服的一笔钱。

——钱给你带来困惑吗？

——我很自觉，因为我的父母，我的工作和我的价值观。有人问我，比如为什么不买一架飞机？为什么？因为你会习惯那些东西，我想那不好，它让你远离正常生活，所以我有意识地克制这类事情，是自觉。如果我的这种自觉消失了，我可能就会感到困惑，所以我努力避开这些事情发生。

接受这次采访时，比尔·盖茨39岁。他谈起他的财富观："多得离谱的钱会给人带来困惑。"如今，他正在实现自己的承诺。2002年11月，盖茨因累计捐款总额超过256亿美元，占其现有财产总额的60%而再一次在《商业周刊》"现代科技50位最慷慨的美国慈善家"评选中排名第一。

在微软副总裁会议上，盖茨说他最激动的一刻是有一年在印度的时候——不是为公司去的，而是为了慈善捐赠。印度乡下的一些医生，看到盖茨就非常兴奋地过来感谢他，因为有了微软的技术，这些医生才能够做远程治疗，能够救下很多本来救不活的病人。盖茨说到这里就快要哭出来，他觉得他看到自己这么辛苦的工作，真的是为世界做了一些事情，所以对他来说是一种激励。

他曾经对他公司的员工说："我们在前二十五年对世界做了一些事情，下十年可以做得更多，所以我对公司还有非常大的承诺，我希望在这个十年真的能够把软件能带给人的福利提升到更高的层次。"

一个人的价值观不是讲给别人听的，而是——自己为人处世的重要标准之一，是一件私人的非常重要的事情，完全值得我们自己花费时间、精力去搞清楚。

你的价值观是什么？

自我需要

作家需要写作，可几乎所有作家都在成名之前默默无闻地写作了许多年，而且是在写作的过程中越来越明白，写作是自己最重要的自我需要。

依此类推，画家也是在成名之前就默默学习画画之后画画多年，同样也是在画画的过程之中明白，画画是自己生命中最重要的自我需要。

为什么许多人都不明白自己的自我需要？

因为他们都不肯——听从自己内心的自我需要，反而不自觉地习惯地听从社会的、潮流的、父母的、亲戚的、朋友的，就这样，自己的大好生命都为别人匆匆混过。

你的生命是你自己的。

生命属于你只有这宝贵的一次。

尊重自己的真实感受，倾听自己内心的声音，才能够真正明白——什么才是自己的需要！

自我规律

自我能有什么规律？

当然有，我们每个人都有自己的规律。如在一天之中：

——自己什么时候头脑最清醒?

——自己什么时候情绪最平稳?

——自己什么时候体力最好?

——自己何时记忆力最佳?

——自己何时睡眠效果最好?

……

这些规律，人人都有。只是有的人从来都未曾觉察，有的人却注意并运用了自己的种种规律。

聪明人懂得认识、顺应自己的、社会的、自然的规律来做事。

他们只在自己头脑最清醒的时候思考重要问题，在自己记忆力最佳的时间背记该记的东西，在自己头脑混乱的时候则处理一些日常杂务。

因此，他们往往事半功倍，效率高，效果佳。

认识自己的基本方法

做任何事情的方法都是无穷的，认识自己的方法亦不例外。在此，我们只能说一些认识自己的基本方法。

现实生活中，只有少数幸运儿可以得到有识之士的点拨，大多数人都得靠自己，下面谈到的方法，我们都曾经用过，它们是：

——比较。

——观察。

——反省。

——尝试。

——分析。

——归纳。

但是，我们使用的方法对不对，却是很成问题的问题。先来看：

比较

就比较而言，常人的错误习惯是：

——用自己的所无去比别人的所有。

——用自己的短处去比别人的长处。

嫉妒、自卑就是这么比较出来的。

人们都过于偏重自己与别人的比较，而忽略了自己与自己的比较。总爱用自己的所无和短处去比别人的长处和所有。于是就当面错过了自己的满足和自信。

严格来说，比较包括两个方面：

一是，自己与自己比较。

一是，自己与别人比较。

若过度偏重自己和自己比较，容易孤立自己，孤芳自赏。

若过度偏重自己与别人比较，容易自卑，嫉妒；或走另一极端，自负得目空一切。

我们来一一分析：

第一，自己和自己比较。

比较自己的过去、现在的种种思想、行为的变化，自己种种能力的强弱，种种事物的得失等等。

从中找出自己的长处和所有，使自己自信、知足。

从中找出自己的短处，明白自己能力的局限而谦虚。

从中找出自己的所无、所需而知不足，知进取。

第二，自己与别人比较。

比较自己和别人的种种思想、行为、能力、得失、家庭、爱情、事业……的差异。

从中知道自己的长处而自信；知道别人的长处而虚心学习。

从中知道自己的所有而知足享乐；知道别人的所有而欣赏。

从中知道自己的所无而知不足、知进取；知道别人的所无而平衡自己的心态。

适度地兼顾二者，才是我们应取的态度。

自信的同时，不忘自己的局限而虚心学习别人的长处。

知足、享乐的同时，亦知道自己的不足知道进取。

经过比较，懂得了人人各有自己的得与失，只不过各人的得与失的形式不同，就容易心平气和了。

比较的方法，不仅适用于个人，也适用于民族、国家以及社会各类团体。

我们来看个故事：

弗兰克斯上校躺在死气沉沉的病房里，凝视着圣诞树发呆。这是一年中最快乐的时候，而他却感伤不已，七个月前在柬埔寨时，一块手榴弹片戳进了他的左腿，医生已确定为他做截肢手术。

弗兰克斯毕业于西点军校，在校时是棒球队队长。他曾下定决心终身从军，但现在看来，退伍似乎是唯一的选择。尽管他感到自己仍有许多东西，比如作战经验、技术知识、解决问题的能力可以贡献给军队，不过他也知道，受过重伤的军人很少有回到现役的。他们必须通过每年一次的健康考核，包括徒步行军两英里。他吃不准自己带着假肢能否胜任那种事情。

手术后最让他感到悲哀的，是他再也不能在棒球场上一展雄姿了。在每周举行的棒球赛中，轮到他击球时，都得靠别人代他跑垒。

有天在等待击球轮次时，他注意到一名队友滑进了第三垒。他寻思，如果我做同样的尝试，情况会怎样呢？

轮到他击球时，他一棒就把球击进了场中央。他挥手让替他跑垒者让开，开始了痛苦的跑步。在第一垒和第二垒之间，他瞅见外野手将球抛向第二垒的守垒员，于是他闭上眼睛，拼命使自己往前冲，一头滑进了第二垒。裁判喊道："安全入垒。"他欣慰地笑了。

几年后，他率领一个中队穿越恶劣的地形进行战地训练，上司怀疑一位截肢者能否接受这种挑战，但他用行动作出了肯定的回答："这使我跟士兵的关系更密切，"他说，"每当我的假肢陷入泥泞时，我就叮咛自己，这就是你无腿可站的情形。"

后来，弗兰克斯晋升为四星上将，他说："失去一条腿，使我认识到，限制因素的大小，取决于你的态度。”他感慨地说：“关键是要全力集中在你所有的，而不是你没有的。”

这位先生启示我们，比较乃至做一切事情的关键是——把自己的注意力集中在运用自己的所有。

如此，方能拥有自信和成功。

观察

我们已经习惯了观察别人，观察万事万物，唯独不观察我们自己——这就是认识自己的问题之所在。

说起来真是矛盾：我们一方面渴望认识自己，一方面又不去观察自己，可这就是我们日复一日的习惯性的实际行为。

为什么我们不观察自己？

因为我们对自己太熟悉了，以至于往往忽略了熟悉的事物。我们对熟悉的一切常常熟极而流，感而不觉。结果就成了不自觉的习惯的——熟视无睹。

越不自觉就越不观察自己，越不观察自己就越不自觉，周而复始，恶性循环。

这表现在我们生活的方方面面。最典型的是三心二意和做无用功。

我们经常在工作的过程中担心结果的成败得失，或想些日常琐事；睡觉时想想这个，又想想那个，然后竭尽全力想睡却睡不着了，失眠往往就是这样想出来的；遇到不如意的事，烦恼、忧虑了几个小时甚至数天数周，仍然欲罢不能，不自觉地习惯地折磨着自己……

如果我们能够时时处处观察自己的思想、行为，自己对事物的反应，就一定能够发觉什么是无用功，什么是有用功，从而控制自己的思想行为取向，赶走坏习惯，不做无用功。

此外，我们还可以观察自己什么呢？

我们可以观察自己的思维方式、各种习惯、感受、智力、能力、兴趣、爱好、作息规律、服装、饮食、健康、运动方式、生活方式、交际方式、学习、工作、旅游、婚姻、家庭、爱情、亲情、友情……

时时处处留心观察自己——这就是认识自己最简便、最快捷的方法。（也是世上最容易和最困难的方法）

当然，一开始我们会不习惯，但只要坚持再坚持，观察自己就会成为我们的习惯，然后，日积月累，我们就会觉察那个自性、那个自己是什么了。

时时处处观察自己——这就是我的自以为是自欺欺人！

因为我根本做不到，也根本不懂这句话其中的真谛。

曾经，我自以为是地认定：观察已经是我懂得不能再懂的一件事了。

而其实，我对于观察只知道一些表皮，拾人牙慧而已。

画家张大千说："观物要观到心融神洽，方不泥迹象。"

我不知道什么是心融神洽，我只知道这一个词而已。

我更不知道克里希那穆提所说的："纯粹的观察而不加任何是非的判断。"

我试过他的方法，但我有千头万绪的杂念，我无法做到。

究竟如何观察呢？

原来，观察是一件既简单又深奥的事，它不是任何理论所能解释的。

如何观察只能是一件每个人都必须自己去发现的事，这才是问题的所在。

反省

这是一种事后的反思。

这也就是“失败乃成功之母”的原因。

失败之后，抱怨、沮丧、嫉妒等等都是于事无补的。唯有反省失败的原因，思考今后的做法才有用。

反省可用于人生的方方面面：如反省你的性格、判断能力、观察能力、智慧、情感特征、交友、爱情、婚姻、事业、职业选择、生活方式……

成功了，我们可以反省心得经验。

失败了，我们可以反省教训。

陈女士结婚10年，有两个孩子，丈夫移情别恋，她离婚了。

离婚后，陈女士努力工作，独自抚养孩子。我们来看她自己的反省：

“如果我们不幸遇到坏人坏事，经过惨痛的教训，知道怎样趋吉避凶，未尝不是人生宝贵的经历，值得我们铭记于心。至于那些一度使我们伤心落泪的人，其实也给了我们一些不可见的恩典，留下这些恩典，忘记那些人，不再伤心，不再落泪。那么，我们的人生就充实了，丰富了，有了姿彩。

“事实人生总是悲喜交集，分不清也算不了。所谓悲或喜，都由人感觉，操之在我，则无所谓乐与忧。

“人跌倒后要站起来只有靠自己，不要期望身边有援手，不要把希望寄托在别人身上。自己的一切自己承担。如是想，则肩头的包袱自然松下来。相信我，不是说得容易，做起来也不难，只要有心。”

还有第四章惯性定律中的故事也是一个很好的案例。

人生难免挫折烦恼，但我们总能设法令自己活得好一些——这就是智慧的作用。

关于反省，哲学家叔本华说：“为了使我们的生活更富有理智，更细致周密，并且为了从生活中汲取更多的经验，我们就必须不断地反省生活，亦即对我们所做的事、所留有的印象和

感情进行概括，然后与我们现在的判断加以比较。这种对生活的反省既有对我们曾从事的工作和进行的奋斗的思考，也有对我们以往获得的成就的评价，更有成功后喜悦的享受，对生活的反省可以说是对个人生活经验的一种生动的再现，而这种经验将有益于我们每一个人。”

《菜根谭》说：

“反己者，触事皆成良石；尤人者，动念既是矛戈，一以辟众善之路，一以浚诸恶之源，相去霄壤矣。”

“君子其责己也重以周，待人也轻以约。”君子严于律己，宽以待人。他们觉得人人事事物物皆可师。即使是有缺点的人，他们也不忙着去嘲笑，而是急于防止这些毛病在自己身上出现。事有不利，他们就把原因归于自己，积极找出这次行动中的失误，下次不再犯。所以君子所做的事情越多，缺点就越少。一遇到失败就怨天尤人的人，等于放弃了修正自己缺点的机会，能力不会提高，与他人的关系也会越来越糟。不知道反省的人，自己一定会惩罚自己，用更多的失败和烦恼。

有兴趣的话，可尝试反省下列问题：

自己有什么长处？

如何培养发挥自己的长处？

到哪里去发挥？

应当再学习什么知识以增强自己的长处？

自己真正的需要是什么？

自己人生的目标？方向？

自己真正能够做好的事是什么？

尝试

世上职业千门万类，且分工越来越细，个人的生命、精力、环境等又限定了个人的职业尝试应有所选择。

最好从自己的兴趣入手。因为自己最感兴趣的事就是自己最乐意用心去做的事，用心去做的事必然能够做好。若不明白自己的兴趣，则应先从培养自己的兴趣入手。

在尝试之前，先尽可能了解一下自己感兴趣的几种事情的内容、性质、目的、发展趋势、发展过程等主要情况，再从中挑选自己最感兴趣的事情来尝试。

如此就可以减少因盲目而导致的精力浪费。

在尝试的过程中，自己感觉不合适就果断转移目标——尝试其他自己感兴趣的事。

当然，尝试还要注意时间、程度、方法。

有只猴子，从未吃过香蕉。一日得了一只，连忙抓住就啃，啊呀！好涩！怎么人却说它又香又滑呢？猴子迷惑了……

又一日，它见一小孩吃香蕉，先撕下香蕉皮，吃得津津有味。后来，猴子得了机会仿而效之，终于尝到了香蕉的甘香滋味。

任何行业都有自己的行规和窍门。不仅入乡要随俗，入行同样也要随"俗"——遵守行规。弄懂了行规和窍门，做事才能得心应手。

又有一胖人，希望减肥。于是，今天试某某减肥操，明天喝某某特效减肥茶，后天又跳某某有氧舞……三天过去了，一点效果都没见到。

然后，泄气、失望。

然后，继续大吃大喝，懒得运动。

做什么事情都需要坚持，任何事情的成功都要熬过一段坚持的时日方可望获得。

在尝试的过程中，若想少走弯路，还有个好法子，那就是请教——请教自己尝试的行业中经验丰富的长辈，常可获益匪浅。

事情的成功得靠不断地尝试，尝试本身就是获得成功的机会。

本书有许多故事都是关于尝试的，如《自我定位》中的故事。相信你已经看过了。

分析

适度地分析自己可以更清楚地认识自己。

你可以分析自己的满足。

以自己内心的满足程度为标准，列出所有你能得到的及已经得到的满足，再从中分析什么最能满足你自己。

你将发现这很困难，因为你已经习惯了去注意你的不满足，而这一分析，正可以调整你的注意力，将你的注意力重新集中在你的满足上。（当然，如你例外，那最好。）

你可以分析自己的才能。

以做得又快又好又满足为标准。列出所有你能做好的事，再来分析自己才能的甲乙丙丁。

你还可以分析自己的烦恼。

当你心情不好时，你可以列出你的烦恼，然后逐一分析，你将惊讶地发现：自己的许多烦恼都出自不必要的担心。

你可以分析自己的需要。

把你所有的需要都列出来，然后逐一分析，去除所有你无能为力的需要，再紧紧抓住几件你可以通过努力而满足的自我需要。

你还可以分析你的苦恼。

列出你所有的苦恼，然后剔除你无可奈何的那一部分——这样一来你就清除了你的大部分苦恼，把自己从无奈中解脱了出来，避免了自我折磨。然后，再设法消除那些你可以解除的苦恼。

你还可以分析自己的恐惧。

玛丽莲·福格森说："恐惧就是你害怕什么和为什么害怕的

问题，这情形就跟健康的种子就包含在疾病中一样，因为疾病里隐藏着健康的信息。恐惧，倘若我们做深入的探索，就会发现它也是个认识自己的宝库。”

你自己的所有问题，只要你自己尽全力去解决，你就一定可以解决大部分——把这当做你的信念，你就会发现自己越来越自信坚强。信念并不是什么大不了的事，只不过是你自己反复想念的意念而已。

列出你所有的快乐。

你将发现开始很困难，但只要开了头，你将发现你的快乐一点也不比你的苦痛少，苦乐任何时候都是等量存在的，就像一枚硬币的正反两面一样。以往你以为苦多于乐，不满足多于满足，只不过是因为你把自己的注意力更多地集中在苦与不满足上。

现在开始，把你的注意力调整过来，更多地去注意——你自己的满足与快乐。

你可以如此这般地分析你的一切，然后你就会发现对自己的了解越来越深了。以前你的分析都是针对别人，针对事情的，而错过了那个对你来说最重要的却一直被你忽略的对象——你自己！

当然，做什么事都要适度。如果你过度地去分析自己就会尝到更多的烦恼、迷惑。而适度——这个适合的度，还是要依靠你自己去探索——将给你对自己几乎全新的认识。

归纳

18世纪的法国哲学家让·雅克·卢梭说：“若想认识自己，就去观察别人的言行，若想认识别人，就窥探自己的内心。”

人同此心，心同此理。

通过观察、比较、分析、反省、归纳来认识人的共性与个性。

认识了人的共性，就容易了解自己与别人的行为动机。

认识了人的个性，就容易理解别人，也容易理解自己。

每个人的共性就融在每个人的个性里。

坚强的人并非没有软弱的时候。

自信的人并非没有自疑的时候。

宽容的人并非没有刻薄的时候。

只是相对来说：

坚强的人坚强的时候多过软弱的时候。

自信的人自信的程度高于自疑的程度。

宽容的人宽容的程度高于刻薄的程度。

一切都是相辅相成的一体两面，离开了反面，正面是无法存在的。只是人们已经根深蒂固地习惯了只看一面。

人们常常是在别人看得见的一面是坚强、自信、宽容的，在别人见不着的时候有时会软弱、自疑、刻薄。

坚强、自信、宽容的人只是较常人更善于控制自己的负面情绪而已。

况且，每一个成年人都或多或少地学会了掩饰自己。

一个人不论处在什么样的环境中，都会有满足和不满足，这是生活中极平常也极正常的事。

青年人多急于求成，想要的立刻就要得到。一旦遭遇挫折，就仿佛世界末日降临。

中老年人却已经知道：做成任何事情都需要有耐心，明白达成任何目标都不会尽善尽美，能够近乎完美，足已满足自己现实的需要。

认识自己的障碍

认识自己的障碍是什么？

是自己的固有观念。

我们不是按照自己本来的样子来认识自己的，而是依照自己的固有观念来认识自己的。

这个固有观念是从哪里来的呢？

从传统来，它通过父母、师长、社会、文化、教育、习俗、朋友等传导给我们，我们就一点一点地接受，渐渐地形成了我们自己习惯了的固有观念。

这个固有观念又通过形形色色的自我意象指导我们的思想、行为，并习惯地抑制着我们的潜能。

我们的固有观念具体表现为各人的种种信念。

从表象说，各人的信念是各种不同的执著：有人执著于钱，有人执著于名，有人执著于爱情，有人执著于性，有人执著于自己不自觉的错误习惯，有人执著于空无，有人执著于工作，有人执著于悠闲……总之，各人都执著于自己相信的意念。

从本质来说，各人的信念都是片面的，都是以自我为中心的欲望，就是多数求空无的僧人也是执著一种以自我为中心的灵性的欲望。不论是俗世的名、利、权，还是僧家的超脱，都是形式不同的欲望。

相信、执著于片面的事物——这就是我们认识自己的障碍。

真实的情况是：每个人都是个全然的“一”，每个人都是包容一切的整体。

我们必须放弃自己的片面，才能得到那个全然的“一”。

当然，我们都生活在自己先辈们创造的社会中，而社会需要欲望，需要有所作为。无为是社会所反对的。于是，求道求“一”始终是少数人的愿望，最终的自我实现也只能为少数人达成。

凡事有利必有弊，信念一方面阻碍我们认识自己，另一方面又为我们创造了种种奇迹。各行各业的成功者，绝大多数都始于信念，始于自己坚定的、持久的、强烈的信念。

你自己的信念是什么？

你有没有认识自己的障碍？

知足常乐

知足常乐，非常老生常谈。

但是，什么是满足？

什么是自己真正的满足？

什么是自己真正的需要？

绝大多数人都会不假思索地习惯地——自以为知道。

事实呢？

有多少人能够真正清楚自己真正的满足真正的需要？

清楚什么才是自己的满足自己的快乐？

就现在，几乎人人都想发财。

但发财是为了什么呢？

为标榜自己高人一等。

为解决自己的生计。

为了满足自己的需要。（这需要具体又是什么呢？）

为了同别人一样，别人发财了，自己也想。

为了买房子车子服装电器，宴会旅游……

为了满足自己所有的欲望，这欲望这无穷的欲望又是为了什么？

为了表现自己，可表现自己什么呢？

为了实现白日梦。

为了……

我们都久已习惯了不假思索地认定自己非常非常透彻地理解了知足常乐。

但是，事实呢？

那个知足常乐对于自己究竟代表什么呢？

有人知道吗？

又有人知道如何在知足与知不足之间保持动态平衡吗？

想要问问你敢不敢

——直面真实的自己？

自己是什么

自己是自己的价值观，是自己的定位，是自我意象，是自我实现……全都是，但又永远都不完全。

自己是什么？

当你吃饭时，你是自己；当你睡觉时，也是自己；当你站立时，你还是自己；你时时处处都是自己。但是，现实生活中，你又时时处处都不是自己。

怎么可能呢？

当你吃饭时，你并不在吃饭。你在想许多与吃饭无关的事。

当你睡觉时，你也不在睡觉，你在想那些与睡觉无关的更加重要或更加琐碎的事情。

当你站立时，你也并不在站立，你在想什么可能连你自己也没有意识到。

就这样，我和你一样，一天又一天，一年又一年地与自己——擦肩而过。

荒谬而又悲哀的是：我们时时处处和自己在一起，却又都时时处处和自己不自觉地习惯地分裂分离——咫尺天涯！

自己是什么？

自己是个全方位的运动的无法说的整体。

无法说。为什么？

自己、自性、存在、道、佛，在语言上有许多区别，但在本质上，它们是相通的。

为什么老子说“道可道，非常道”？

印度人奥修说：“因为真理没有办法被说出来，它无法被分成

相反的两极，唯有当相反的两极成为可能，语言才有意义，否则语言会变得没有意义。”

自己是什么？

自己是我们每个人自己对自己的觉知。

你自己的觉知！

我们久已习惯了迷信语言。

却忘记了语言只不过是表达我们感知、思想的工具。

自己是什么？

现在它也是你的问题了。

八、塑造自己

自我的形成，先天的遗传素质是基础，但自我的发展趋向、发展结果则主要取决于——自我塑造。

雨果说："当命运递给我们一个酸的柠檬时，让我们设法把它制造成甜的柠檬汁。"

命运是一回事，但我们对待命运的态度才是真正决定自己生活质量的关键。

寻找自己喜爱的事

我们来看美国心理学家爱琳·C.卡瑟拉博士的故事：

我开始上大学时是学习音乐的，我以前从来没有想过会有其他选择，我的家人都是做音乐方面的工作的，音乐是我们家庭生活当中的一个非常重要的组成部分。在我的家里有两架钢琴，一架放在楼上，一架放在楼下，这样，我就能够和姐姐同时练琴而又不互相干扰了。我的姐姐上大学就是学音乐的。我的父母和朋友也都希望我和我的姐姐一样去学音乐。于是，我选学音乐作为我的主修课，似乎是很自然的事。

我在中学上学的时候，由于音乐的才能给了我许多机会，使我成为这所学校的"明星"，学校每次演出都有我的钢琴表演，给合唱团伴奏，还写曲子，就这样我出了名，我自己也觉得很不一般。但是中学只有2500名学生，而我后来就读的大学有25000名学生。学音乐的学生来自世界各地。有一个从瑞士来的学钢琴的新生，弹起琴来无懈可击，技艺非常纯熟，还有一个俄国来的学生，弹琴弹得还要出色。

我渐渐地明白了：这里不是中学了，自己在这里没有什么不一般的。我对音乐既不如别人那样非常热忱和喜爱，也没有别

人那样的才干。但是，从我出生以来，身边的每一个人都认为我应该以音乐为自己的事业。又过了两年，我才慢慢认识到：自己并不想做父母、亲朋让自己做的事情，而是很讨厌。当我弹琴或写出好曲子时，朋友们以为我很有兴趣，但是，只有我自己明白自己只是平庸之材。

于是，我作出了明智的决定，离开了音乐系。而且我并不为花费了时间而懊悔。我反而庆幸自己认识到——音乐不是自己真正想要从事的事业，仅仅花了两年时间，而没有浪费掉自己毕生的时间。

然后，我重新开始探究自己真正喜欢做什么。

我仍然很依赖旁人为我作出的选择。我有一个朋友是学经济的，他希望我跟他一样喜欢经济，我就改学了经济。但是，我对经济了解得很少，上课总是听不懂，甚至烦躁得想把枯燥无味的课本扔到教授身上，因为那位教授就是课本的作者。我耐着性子硬着头皮学下去，只是因为我的朋友赞成，可是，最后我再一次认识到这不是适合我做的事业。

后来，我又尝试去做我另一个朋友做的事情。我喜欢给自己设计衣服式样，有一年夏天还做过运动服装设计师。于是，我又决定去学习服装设计。

就是这样，我多次改变了自己的计划，每次我听了别人的话，别人都非常开心。几乎每个学期我都要换一门主修课。

经过探索、失败和尝试，最后，我终于找到了到底什么能使我心花怒放，使我兴奋到了顶峰，那就是我所做的心理学研究工作。

当然，从理想到现实本来是没有路的，唯有锲而不舍、百折不挠的人才能够找到通途。

只有那些爱做白日梦的人，才愿意相信一切有成就的人都是一夜成名、马到成功的。因为软弱，因为懒惰，更因为想当然，他们都喜欢想象速成——快速快速再快速地成功，而厚积薄发是他们从来就不屑一顾的蠢事。

但是，现实生活中真正有成就的人都是诚实地面对自己，面对事实的人，他们都是脚踏实地、锲而不舍、百折不挠的人。

我也是在犯了许多愚蠢的错误之后，由于学校的规定才偶尔学了心理学课。后来，我渐渐喜欢上了心理学的内容和研究工作。我发现心理学似乎是一件不可思议的事情，而且更加像奇迹一样的是，我在心理学课堂上发言的时候，教室里非常安静，使我非常惊异：我说话的时候大家都在静听！这是我从来没有过的经历。以前，除了我的家人和密友之外，平常我说话的时候似乎没有什么人会很注意听的。

我受到了鼓励，于是又报名学了另一门心理学的课程，并尽自己最大的努力去勤奋用功。其他的学生去图书馆只用几小时看资料，我就用几个星期。

然后，我又开始到医院去实习。我去给得了精神病的小孩做治疗。没有一帆风顺的事，有一个得了神经病的小孩打了我一记耳光，另一个犯病的小孩又揍了我。当时我就想："我这是在做什么呢？我准是疯了吧？"尽管有过困惑，但是，我还是顽强地坚持把自己的工作做了下去，并且要求自己做得更好。

有几位教授对我特别感兴趣，于是，我就开始对一个患心理孤独症的儿童作研究，这个小孩经过我的治疗有了显著的好转，全国各地的心理学工作者都来考察了这项研究工作。

我并没有就此自满，而是继续严格要求自己再接再厉。

日复一日地面对各式各样的病人并不轻松，有一个30年没有讲话的人，经过我的细心治疗，只用了30天的时间就使他说起话来了！我以这个病例写了博士论文，报纸报道了这件事，我也出了名。

当我回顾自己对于心理学的热爱和研究所走过的曲折有趣的

路途的时候，心中感到十分庆幸。我认为做一个心理医生，帮助人们去过比较富有成果的生活，给自己的生命带来了很大的意义和明确的目标。

美国心理学家爱琳·C.卡瑟拉博士的亲身经历启示我们：

1. 真正能够满足自己的是——自己的喜爱、自己的需要。而做自己喜爱的事，才会自觉自愿地投入自己所有的精力、时间、能力。

然后，享受整个做事的过程！享受生活本身！

2. 什么事才是自己真心喜爱做的，热爱做的，只有自己才知道。

3. 生命属于自己只有这宝贵的一次！按自己的喜恶、愿望做事做人，才算真正活过一次！

4. 人的一生之中，做什么、做谁都相对容易，而做自己——最难！

5. 你说呢？

调整自己

世上不如意事十常居八九。

面对不如意，强求生活来适应自己是异想天开，我们只能调整自己以适应生活。

调整自己大的方向是（方向问题）——使自己的能力与自己的目标均衡起来。

若一味强求高于自己能力的目标，所获只能是无法解脱的困难和苦痛；而目标低于自己的能力，又易于懈怠而导致自己能力的萎缩。

只有自己的能力与目标均衡——找到自我位置——找到自己的能力与社会需求的最佳交点时，才能发挥自己的才智，实现自己的目标。

前文介绍了心理学家爱琳为寻找自己的位置、自己事业的方向进行了多次尝试，终于使自己的能力与目标均衡起来，在自己喜爱的工作中获得了满足与成就。

至于我们自己的目标与能力怎样才能均衡，只能靠我们自己去尝试与把握了。别人所能给予我们的只有启示，我们自己的生活，自己的路，始终得依靠我们自己去身体力行。

调整自己小的方面是（方法问题）——调整自己为人处世的方法与程度。

生活充满了变化，对此，我们只能调整自己去适应变化。

诚实是好的。对朋友诚实才能得到真诚的朋友，可若是对伪装成朋友的骗子诚实，就将收获意外的损失。那就调整自己诚实的方法与程度好了。对朋友诚实几度，对陌生人又诚实几度，这其实在每个成年人的潜意识里都自有分寸。

有钱是好的，但若有钱得无所事事，就赢来了大把闲愁和空虚，那就调整自己的注意力，从注意无聊、空虚，转向注意寻找自己感兴趣的事，然后，去做自己喜欢做的事。

成功是好的，但成功之后若再无目标，烦恼、空虚就会乘虚而入，那就开始寻找新的目标，然后全力以赴。

幸福是好的，可惜总是短得抓不住，那就把它风干成记忆，保存在自己的“幸福花篮”里，在平常的日子里，在苦闷的日子里再取出来把玩一番，回味一下生命中曾经有过的赏心乐事！

健康是好的，可人总难免有病痛，那就平常多注意观察保养自己：觉得自己虚弱，就加强营养，再寻找一种适合自己的方法来锻炼身体；觉得自己太疲劳，那就设法减轻自己的工作压力、工作强度，注意劳逸结合；觉得自己闲得慌，那就开始寻找自己感兴趣的事，去学习新的知识、技能、手艺，结交有趣的朋友，看书、看电视、看DVD、旅游……开放自己的生活空

间，开放自己的感觉，从各种渠道去寻找自己感兴趣的喜爱的事来做。

人生总有不如意，但我们却可以把自己的生活尽可能地调整得如意起来。

其实，人生的如意事多还是不如意事多，最终取决于——自己会不会调整自己。

整理自己

日常生活中，我们都会定期或不定期地整理自己的住房，这已经成了我们的习惯。

打扫灰尘、整理衣柜、清理破旧的或过时的衣物；整理冰箱、清理过期食物，然后准备购买新鲜食品……

还有，我们都已经习惯了保养自己的身体，每天沐浴是必修功课，还会时常去做做美容、按摩及各种各样自己喜爱的运动。

唯独忘了：

——我们的心！

——我们的情绪！

——我们的灵魂！

我们都是自己的最陌生的人。

我们几乎都与自己的心自己的灵魂——咫尺天涯！

旧日的伤害、愤怒、恐惧、怨恨是否还藏在你的意识深处？甚至你自己都以为清除掉了，而实际上可能并非如此。如果确实这样，那是否应该做一番清除工作？

意识与物质互为因果。

我们自身的思想与行为同样互为因果。

负面的思想必然化作负面的能量侵蚀、损害我们的身体，而正面的思想亦会变作正面的能量滋养我们的身体。

还有曾经的成功、成就、荣耀、名誉，如果自己处理不当，心理失去平衡，也会变成心灵的重压，压迫、压抑我们的心灵、肉体，变成另一种包袱。

当其时，如果我们学会了审视自己、觉知自己，我们就会明确自己的方向、目标，明确自己真实的需要。

然后，我们就能学会取舍，学会整理自己的灵魂，学会整理自己的心境、心情。

然后，开始明白自己：

——需要保留什么？

——需要丢弃什么？

——需要增添什么？

生活就是一种学习的过程。

生命也就是一次学习的经历。

塑造自己的三个阶段

塑造自己的三个阶段是：

——找到自己、形成自己、完善自己。

第一阶段——找到自己。

找到自己的关键就在于——找到自己的位置。即找到自己才智与社会需求的最佳交点。

前文《自我定位》中引述的几位青年的故事，就是讲他们如何找到自我位置的事。

判断自己是否找到了自我位置，可以从是否有如鱼得水般的归属感、满足感来确定。

一旦找到了自己的位置，不仅自己的身心有了寄托，还能够从中获取更多的人生乐趣和满足。

第二阶段——形成自己。

即在找到自己的基础上，扬长避短。

第三阶段——完善自己。

即在形成自己的基础上，不断提高自己的种种能力，汲取各种有用的知识、技能以充实自己，同时改善自己的不足之处，使自己趋于完善。

我们来看李远哲是如何塑造自己的：

李远哲出生于一个医学世家，但他是一个有主见的人，他并没有选择家里为他安排的医学之路，而是沿着自己选定的方向坚定不移地走下去。

进入台湾大学化工专业后，他表现出很强的求知欲和独立性，他喜欢在掌握老师讲过的方法后，进行独立思考，寻求一些更巧妙、更简洁的方法。在考试的时候，他通常用自己的方法去解题。他常常想，老师讲的一般都是对的，但并不是说老师讲的都是绝对正确，不可变更的，学习的最终目的是超越自己的导师，而一个好的学生应该把命运掌握在自己手里。

在台湾获得硕士学位后，李远哲又到美国加州大学攻读博士学位。

他的导师梅亨教授是位很有眼光的名师。

有一次，李远哲跟梅亨教授讨论研究工作的安排问题，问教授下一步该怎么办？没想到梅亨教授说："如果我知道该怎么做的话，我们为什么还要研究呢？既然你已经接受了这个任务，就应该自己去好好研究，然后告诉我，你是怎么做的。"

李远哲听了，有些失望。他发现，另一位著名教授在指导学生时，会详细指导学生实验时该怎么做。他想，是不是自己选错指导老师了？然而独立思考精神鼓舞着他，于是，他更加努力地钻研。四处求教，一边摸索，一边前进，一年过后，他觉得自己在理论和实验方面大有进步。

后来，他取得了博士学位，又来到赫休巴德教授身边做研究工作。他发现，这位教授和梅亨教授的指导方法截然不同，他身边有的研究生，导师虽然用心地指导，他们却不懂怎么做研究工作，好像变成了教授的两只手，只是机械地执行教授的指示，这样的学生虽很用功，却没有什么创造性。

这时，李远哲恍然大悟，他这才发觉梅亨教授的独到之处，要想成为一个真正的科学家，如果缺乏一定的独立能力，就很难有什么突破，梅亨教授正是用这种独特的教学方法培养学生的独立能力，把难题推给学生自己去解决，这样才能激发学生的创造性，并取得成果。正是梅亨教授这种提倡独立研究的指导方法锻炼了李远哲，使李远哲成为一名有独特见解、独立工作能力的科学家。

李远哲深知动手能力差是无法进行科研的，他尽力克服自己这方面的短处。有一次，导师要他研究一种遇到空气就会爆炸的化合物晶体。“资料是现成的，如果你做不出来，你就是大笨蛋！”导师这样对他说。当时，实验室里除了一台抽气泵以外，连最起码的真空装置都没有。

他听在心里，来到车间认真干了起来。连做实验用的真空装置他都自己做。“这是我有生以来最困难的一次实验。”几经挫折之后，他终于成功了。

能力的增强在于能够动手做实验，这是一个独立性很强的科学家必备的素质。李远哲常回忆起这段经历。他曾经说：“怎样评价一个研究人员的优劣呢？假如我有几个研究生，一起做实验，直到半夜12点，结果做不下去了。好的学生就会睡不着，第二天一早来找我：‘教授，我们是不是该这么办？’而差的学生却问：‘教授，你说下一步该怎么办呢？’”

塑造自己也就两点：

第一，寻找、发挥自己的长处。

第二，完善自己的不足。

塑造自己不仅可依靠自己，还可依靠自己的父母、师长、朋友，借助他们的才智、经验。

人们在社会中本来就是互相依赖、互相塑造的，只不过有的人主动，有的人被动而已。

一般来说，别人（父母师友）对自己的塑造较为局部、片面、零散，而自我塑造则较为全面、集中。

掌握自己命运的一个好方法就是：

——有目的有计划地塑造自己。

适合自己

“不想当元帅的士兵不是好士兵。”拿破仑的话一定适合拿破仑，因为他有做大元帅的杰出才智。

至于它是否适合每一个士兵呢？当然不是。如果所有士兵都争当元帅，军队也就不成其为军队了。

就天赋而言，每个人是不一样的。如果你有做元帅的天赋和雄心，那顺应它努力奋斗去做元帅就是正道。反之，压抑自己的天赋和雄心，就会抑郁、苦痛一生了。如果你只有做士兵的天赋，性情又软弱依赖，那么尽心尽力做个好士兵就是快乐人生了。反之，若盲目听从拿破仑，以士兵的天赋努力去争当元帅，一方面一定做不成好元帅，另一方面就如勉强自己去穿别人的衣服，别人的鞋，不舒服、不自在之余还会时常感到力不从心，这样的生活是痛苦的、烦恼的。

量力而行尽力而为——才是适合自己。

引入到社会，社会惯用许许多多的物质来标榜成功者，引诱得几乎所有人都在争取钱财，许多人都在做生意赚钱，但不是所有人都有经商的天赋。于是，那些不安分守己的人往往赔了夫人又折兵，往往在强求超出自己本分的同时，反而失去了原本该属于自己的安乐生活。

人生的最终目的并不是名、利、权，而是每个人自己真正需要的满足。名、利、权至多只是满足自己需要的手段而已。可惜，人性往往习惯地不自觉地舍本逐末，舍近求远。

安分守己的实现最终要靠每个人自己准确地认识自己、塑造自己。

问题又来了。

如何生活、如何工作才适合自己呢？

什么才是自己真正擅长做的、喜欢做的事呢？

什么才是自己的本分呢？

管理生命

生命是我们每个人的最大财富，如何管理它运用它是我们每个人必须面对的问题。我们来看美国激励演讲大师安东尼·罗宾怎样处理这个问题。

我曾这样回忆自己的经历：当直升机升到夜空时，眼泪已布满我的面颊。仅能容纳5000个座位的会场，却有7000多人来听我演讲。如雷的掌声从会场四周响起，热烈的场面让我感动至深。

这一切不是做梦吧？一个八年前生活潦倒的小子，一位只有高中学历的年轻人，怎会有如此惊人的变化。

答案很简单，那是因为我学会了能力集中之道。在我们每个人的身上都藏有可以立即支取的能力，借着它我们可以完全改变自己的人生，可以使长久以来所做的梦得以实现。

没有做梦的念头，人生就注定不会成为赢家。而蕴藏在身上的才能有如一位熟睡的巨人，就等我们去唤醒。

我整个人生的改变就在那一天的决定，当时我下定决心不再浑浑噩噩地度日，而是要做自己人生的主人，过自己企望的未来。在我看来，当你做出一个崭新、认真且坚定不移的决定时，你的人生在那一刻就会改变。

圣哲甘地，棒球明星贝比·鲁斯……想必你也听过这些伟人

的故事。如果有心，你我也可以成为我们当中的一员。那就是今天就下定决心，到底未来的日子里要成为什么样的一个人？然后为自己定下更上层楼的标准和提高对自己的期许，坚定不移地达到这样的标准，直到得到你企望的人生。

经常听到有人抱怨他们的工作，当我问他们为何还要上班，答案差不多千篇一律：“我不得不去工作。”难道真是如此无奈吗？如果你不喜欢目前的工作，换掉它；如果你不喜欢目前的个性，改掉它；如果你不喜欢目前的体能状态，锻炼它。只要你对自己任何方面不满意，都可以改变，不过先得作出决定，有了决定就可以解决问题，有了决定就可以带来无穷无尽的机会和快乐。决定是一种可以把梦幻转化为实际的神奇力量，是使无形转变为有形的催化剂。

“我决定戒烟。”当作出这个决定后，就表示从此绝对不再碰任何一根烟，哪怕在任何情况下都不作考虑。一个认真的决定就是如此。不是随便说了便了事，它代表除了这么做以外，不作其他选择。像这样的决定才能带给人真正的力量，得到真正想要的结果。

在任何时刻里，都有三个必须做决定的要素主宰我们的人生，它决定了我们日后的成就：

一，你决定要怎么看。

二，你决定要怎么想。

三，你决定要怎么做。

管理生命是一门存在很久却无人专门研究的学问，它与我们每一个人的生活都息息相关。但到目前为止，除了父母亲朋的提醒之外，我们都只能更多地依靠自己去学习去探索——如何管理好自己的生命。（本书有许多故事都是关于管理生命的）

你的生命是属于你自己的，生命属于你只有这宝贵的一次，你的生命是精彩还是平庸全在你自己如何管理。

听一听法国作家维克多·雨果的建议：

“每天早上制定出这一天的工作计划并能按照计划实施的人，就不会在最繁忙的生活中迷失方向。与此相反，哪里没有计划，哪里的时间安排就会仅仅屈从于事件的偶然性，不久即会出现一片混乱。”

生活从来都不会亦永远都不会有标准答案。有的只是启示。

以上是维克多·雨果的自我管理方式。

你又如何管理自己的生命呢？

志在必得

积极态度是一种心理暗示，是从我们潜意识里产生出来的推动力。一旦你开始进行志在必得的努力时，潜意识便会吸收你意识中所有的积极观念和有利因素，使你整个人无论内、外都充满自信。你的行为、态度、谈吐、心境皆会随之一变，若能坚持下去，你的成功将指日可待。

到了这个时候，你会发现：你的一切作为及所作的决定都会得到效果，绝不至浪费，而你所踏的每一步都会导引出下一步的方向，且一路都有人帮助，因为积极态度会产生出一种较强的吸引力。

方向正确，开始行动，你就会得到力量。

这是一种你不自觉的惯性力量，只是以往你将它用在消极行为中。

生活中的每一个人都有自己特定的能量，多数人都不自觉地把自己的精力、能量用于破坏行为——种种无用功，而只有少数人能够主动地把自己的能量、精力全部用于建设性行为中。

你的能量、精力是用于建设还是用于破坏，这完全可以由你自己选择，而能否坚持也完全取决于你自己。

赫胥黎说：“人生伟业的建立，不在能知，而在能行。”

方向方法正确，还要脚踏实地地实干，才能够有成果。

东方不亮西方亮

人要成功不外乎两条——才能、机会。

能够尽力培养、运用自己的才能，又能捕捉相应机会的人，往往会成功。

现在方方面面的人才很多，可是机会呢？人们往往以为它千载难逢。

其实，机会和快乐幸福一样，得要有颗善感善察的心，方能抓住它来享用。

人们常常执著于自己想象的某一特定的机会而在不知不觉中与许多机会擦肩而过——这就是许多人的思维误区。

有位名叫索恩的医生写的一本关于儿童健康的书，先后遭到几位出版商的回绝。这些人一心寻找能够畅销的书，而认为儿童健康之类的书，一定乏人问津。直到第二十四位出版商接受下来，一口气竟卖出了600万册！

有个名叫霍华得·休斯的工程师，原想开采石油。头一仗就碰上了硬岩石，坏了好多钻头。他转而发明了一种能钻透硬岩石的钻头，结果石油虽没打出来，却在钻头上发了财。

成功的路千万条，只有头脑灵活的人才能东方不亮西方亮。

有一个人寿保险公司的推销员，好不容易谈好一笔大生意，却因自来水笔漏水玷污了合同而丢了生意。这位先生下定决心制造不漏水的自来水笔，结果造出了名扬天下的派克金笔。

每个人的生活都有无限的可能，就看你怎样去塑造自己，把握机会。

不要只为一次机会做准备，而应随时随地地——准备捕捉你能够运用的机会！

时刻准备着！

凡事自省

人遇事有两个习惯方向：

一是，怨天怨地怨爷娘怨张三怨李四怨环境怨命运……于是，失望烦躁，苦累自己。

二是，反省自己，查找自己的优势成就，总结经验，再接再厉；查找自己的错误、不足以求改进。于是，积极进取，乐观，安详，解脱了自己不必要的苦累。

前者是大多数，他们不自觉地习惯地过着抱怨、烦躁、自我折磨的生活。

后者是少数，他们或因醒悟自己的坏习惯而改过自新，或天性聪明，知道抱怨、烦躁是折磨自己的无用功，因而自觉地习惯地过着较为成功、如意的生活。各行各业的杰出人物都有自我反省的习惯。

如前文所说的李远哲，醒悟到自己的动手能力差，就尽力培养自己，完善自己，终于成就了自己的一番事业。

人们的许多错误都是在不自觉的情况下形成的习惯造成的。

因而时时观察自己，适时反省自己方可保持自己思想、行为的正确方向，从而生活得更加如意，更加洒脱！

九、表现自己

我们都不自觉地渴望别人的欣赏、肯定、重视。

因为我们有潜意识里的自卑，也因为我们有不自觉的习惯。

自信与自卑是一体两面的，有自信在就有自卑在。失去了一方，另一方便不存在。谁都不可能绝对自信而绝对不自卑。自信者只不过是把自信亮给人看，而把自卑埋藏在自己的潜意识里；或者说自信的程度高于自卑的程度。

彻底脱离自卑只有一条路——成“道”，成“一”。

说我们不自觉地习惯，是因为这习惯并不是我们主动要的，而是社会、传统强加给我们的。社会需要财富、物资来运转，于是就用种种诱饵，像名望、权利、钱财、成就等等来鼓励我们，于是我们就拼命努力去争取诱饵，然后，成王败寇。成功者终于得到了渴望的欣赏、肯定、重视，但潜意识里始终有挥之不去的自卑，或者幻灭沉沦，或者依照习惯去追求追求再追求，以忙碌来淹没自己的空虚、自卑，来标榜自己的充实、自信。

当然，多数人才不管或根本看不见本质，他们只满足于看到表象：“我是成功的、自信的、受社会重视的，这就足够了。干吗去想那么多没用的东西？”

这也是一种现实的聪明法，毕竟我们生活在社会中，就必然要按社会的规则来处事为人。况且超脱毕竟是少数人的愿望，那么，我们在社会中能做的只有：争取更多社会的旁人的欣赏、肯定、重视。

但事情总有例外——真心喜爱自己事业的人，他们的自信更多地来源于自己从事业中获得的满足感、成就感。他们更多地满足于事业本身的成功，而非社会的、别人的承认。虽说他们还是脱离不了自卑，却比别人多了些自由，少了些束缚。

为别人与为自己

1912年，哈默从医学院毕业后，到了苏联，经过第一次世界大战、十月革命和十四国武装干涉后的苏联，当时的物质生活条件十分艰苦，医药缺乏，粮食缺乏。

哈默本想在那里从事医疗工作，可是当他应邀作为政府的客人去乌拉尔观察并报告工业区的情况时，他沿途看到成百个骨瘦如柴的孩子，敲打着火车，乞讨食物。久经战争创伤和自然灾害的磨难，这里极度缺乏粮食。然而在依卡特灵堡，皮毛成堆，在矿区附近，他又发现了白金、宝石和多种矿产品。

哈默问同行的官员："为什么你们不出口这些东西去换回粮食?"

得到的回答却是："这是不可能的，要组织起来出售这些货物和买回粮食，这要花很长时间。"(做官的人时间、精力都非常非常非常宝贵，所以他们才有时间做官!)

人们认为要使乌拉尔地区度过饥荒，至少要100万蒲式耳(英美制容量单位。一蒲式耳≈36.37升)的小麦，要弄到这么多的粮食是不可思议的。

而哈默一方面目睹了苏联粮食奇缺，另一方面又获悉美国粮食大丰收，价格已跌到每蒲式耳1美元，他认为这正是促成一笔粮食大生意的良机，于是他决定弃医从商，经营粮食。

哈默对苏联官员说："我有100万美元，我可以办这件事。"

随即他向哥哥拍去电报，要他在美国买100万蒲式耳小麦，迅速装运彼得格勒，在返航时，再从苏联运走100万美元的毛皮、皮革和其他货物。

哈默就是这样开始了他的商业生涯。

人性的愚昧就在于：

——只盯住自己的所无和所需。

却极少去运用自己的所有!

不可能和可能是两面一体的，就看我们从哪个角度进入。

可悲的是——我们往往不自觉地习惯地用自己的思维定式把自己的潜能束缚在不可能里!

一个国家或一个人若只注重自己的贫乏，得到的只有贫困，而注重运用自己的资源、长处、才智去争取自己的所需，才能够逐渐富足强盛。

不论我们做哪一行，最终目的都是为了满足社会的需要也满足自己的需要。

即发掘某一社会需要，尽自己所能去满足它，然后，我们就可以满足自己的需要。

当然，愿望是一回事，能力又是一回事。

愿望可以很容易就有，能力却必须亦只能经历艰苦的磨炼、积累。

为别人与为自己就是:

——“将欲取之，必先予之。”（老子如是说）

——供求关系的平衡!

表现的基本内容

人的表现大致可分为:

——角色表现。

——能力表现。

——精神表现。

——精力表现。

——价值表现。

我们先来看角色表现:

如一位舞蹈家，她明显的角色表现如下:

对社会，表现为舞蹈家。

对她所在的艺术团，表现为舞艺出色者。

对她父母，表现为女儿。

对她祖父母，表现为孙女。

对她孩子，表现为母亲。

对她丈夫，表现为妻子。

对她朋友，表现为朋友。

对记者，表现为名人……

现实生活中的我们也一样，在不同的环境、不同的时间，对不同的人、不同的事情，我们都会有不同的角色表现。

乍一看起来，似乎没有人会弄混自己的角色，其实不然。生活中常有人因错误的角色表现，导致自己或别人的种种不愉快，甚至发生冲突。

乔治·艾涅斯库是罗马尼亚著名的作曲家、小提琴家、指挥家、钢琴家、教育家及音乐活动家。

20世纪初，巴黎有个水平不高的小提琴演奏家准备开独奏会，为了卖座，他想了个主意，请乔治·艾涅斯库为他伴奏。大师经不住他的哀求，终于答应了他的要求。并且还请了一位著名钢琴家临时帮忙在台上翻谱。

第二天，巴黎有家报纸用了地道的法兰西式的俏皮语气写道："昨天晚上进行了一场十分有趣的音乐会。那个该拉小提琴的不知道为什么在弹钢琴，那个应该弹钢琴的却在翻谱子，而那个顶多只能翻谱子的人，却在拉小提琴。"

那个顶多只能翻谱子的人，真是画虎不成反类犬。

也是他咎由自取。

他把虚荣心看得高于一切，虚荣心就只能把他踩在脚底。

现实生活中，常有人因利害关系改变自己的角色，比起他们来，上述故事简直就是不值一提的笑谈了。他们本是朋友，因为利益冲突变成了敌人；本是父子，因为金钱成了仇人；本是仇人，为了共同的利益，结成了盟友。

这也是人性，反复无常，蝇营狗苟，只为争夺保护自己的“大利”。

于是，有人趾高气扬；有人呼天抢地；有人心里笑，脸上却苦不堪言；有人脸上在笑，心里却在咬牙切齿……形形色色，种种类类，组成了人生的连台好戏！

当然，这都是些所谓“大人物”的角色表现，寻常百姓的角色表现就单调多了。

如为人父母者常常用大人的标准来要求孩子，动不动就苛刻地责备小孩，却忘记了小孩自然只能有小孩的角色表现。

当然，生活已经够多麻烦了，如果再加上一一分辨自己的种种角色及表现方法，非昏头不可。我们只需要时常发现自己的长处加以发扬，发觉自己的错误加以改正就行了。

命运赐予我们不同的角色，与其怨天尤人，不如全力以赴。

能力表现

我们每一个人都拥有自己的种种能力。

只是有的人注重运用自己的才智把自己的事做得更好，有的人却只看重自己缺乏的能力与别人的成就。

于是后者自卑失败，前者自信成功。

那么，怎样更好地表现、运用自己的能力呢？

看个故事：

在我印象里，纽约的出租车司机不大友好，大部分脏兮兮的，几乎所有的车都有防弹玻璃将乘客与司机隔开。

可是最近当我在拉瓜迪亚机场钻进一辆的士时，发觉车内很干净，放着音乐，也没有隔板。

“请开到莱恩饭店。”我对司机说。

他笑容可掬地打招呼：“你好，我叫沃利。”说完递给我一张出车单。出车单！这表明他会安全、殷勤而准时地将我送到目的地。

车一启动，他又举起一大沓精选过的报纸说：“做我的客人吧。”他还让我随意取用放在后座篮中的水果。

车开了一阵，他又拿起一只蜂房式电话说：“如果你想打电话，1分钟收费1美元。”

我一惊，脱口而出：“你开车多久了？”

他答道：“三四年。”

“我知道我问多了，”我说，“不过我仍然想知道，你额外从小费里赚了多少钱？”

“每年12000~14000之间！”他不无骄傲地回答……

不论我们从事什么行业，我们都可以——表现得更好，获得更多。

当然，这不仅仅是物质上的收获，更有心灵上的愉悦与满足。

精神表现

精神表现即人的思想、意识、行为、品格等的综合体现。

如有人表现出对认定的目标紧追不舍的顽强精神。

有人表现出舍己为人、为集体的大爱精神。

有人表现出勤勤恳恳、尽心尽力的敬业精神。

有人表现得淡泊名利，超然洒脱。

有人表现得自私自利，唯我独尊……

精神是一个人的、一个集团的核心、支柱。

只是现代人越来越——为物质倾倒，精神则日益被忽视。

我们现有的物质生活越来越繁荣丰富，而我们的精神生活却

越来越贫瘠，越来越空虚。

精神和物质哪个重要？

这就要看何时何地何人何物了。

当人缺乏物质时，物质最重要。

当人缺乏精神时，精神最重要。

当两者都缺乏时，有是物质重要，有是精神重要。就看什么时候更需要什么。

说来说去，原来——人最缺乏的最重要。人最需要的最重要。

人在拥有时，极少会意识到自己的所有，一旦失去，人们才会发觉曾经拥有的好处。

徒唤奈何！

还是得不到的最好！

因为人们的注意力集中在这儿！

精力表现

那些精力充沛的人，总能够围绕自己的目标，配合自己的、事物的规律来分配、运用自己的精力。

而一般人根本不会去考虑怎样运用自己的精力。他们总是很盲目地随自己的眼前需要摆布。

至于如何认识自己的规律，如何更好地分配、运用自己的精力，则属于精力经济学的研究范围。

价值表现

每个人都有自己的价值。

一个人的价值大小取决于能否运用自己的才智为社会服务。

每个人在不同的环境，对不同的人，处在不同的事情中，在不同的时间内均会表现自己的不同价值。

一名美容师在美容院表现出美容师的价值，在剧场表现一名观众的价值，在商店表现一名顾客的价值，回家则表现妻子、母亲、女儿的价值，对不同的朋友又表现“不同”的朋友的价值。

对于现实生活中的我们来说，更为迫切的问题是：怎样更好地表现自己的价值？一位做了二十几年公司经理的人说：

“在正常的工作时间，我的精力大多集中在如何提高产品销售量、准备董事会议以及会见会计师等方面，也偶尔因自身生活中的私事烦忧，这么多的事情装在我脑子里，使我很容易忽视某些人。这就是为什么我要求职员主动表现自己才能的原因。”

如果你希望上司赏识你，你就必须主动地不失时机地把你的成绩、才能、技术和发展潜力显示出来，以引起上司的注意，这是你能够获得成功的重要一点。

为自己创造表现自己能力的机会。你也许听过机遇只敲一次门的这种说法，但千万不要相信它。事实上，机遇时刻都在敲你的门，只不过时间短暂，稍纵即逝。如果有件事你应该做，却又不愿意去做，如邀你演讲，你没兴趣，那怎么能怪机遇不敲你的门呢？

除非你觉得自己确实不行，否则你一定要时刻准备接受更多的工作，承担更多的任务，千万不能一味等待机会。很多时候，等待机会就等于失去机会。

表现的压力与动力

表现的动力是——肯定、欣赏、鼓励。

表现的压力是——挑剔、否定、打击。

当然，这压力与动力并非绝对。

如果过分地赞扬，往往会形成压力，因为人们心中都有个自我评估，自己的程度自己清楚。过分的赞扬会引起明智者的反感、自卑者的压力。

虚荣者的压力都是自造的，他们过分关心别人对自己的评估，却常常忽略了自己的感觉，于是就成了别人实际意义上的提线木偶。

而更关心自己内心成就感的成功者则较为自由一些。因为他们的压力与动力更多地来源于自己的感受，他们也更注重为自己制造动力——寻找、运用自己可用的一切来争取成就。

开放你的感觉

觉得生活无聊的人，是把自己封闭在自己的小生活圈子里，更把自己的注意力全集中在自己见惯了做够了的无聊事情上，于是，生活得单调沉闷。

觉得生活苦恼的人，是把自己的注意力都集中去感受苦恼，于是只能苦恼。

觉得生活不如意的人，是把自己封闭在不如意中品尝不如意。虽然说起来似乎不可能，但是，这却是现实生活中某些人习惯成自然的事实，似非而是的事实！

问题不在于生活，而在于——我们自己封闭了自己的感觉。

生活的乐趣和枯燥、快乐与苦恼、不如意与如意、满足与不满足都是处处同时存在的两面一体。

只不过我们习惯了把自己的注意力集中到负面的一切，却忘记了生活中还有正面的一切。

我们可以转移自己的注意力——从注意负面的烦恼压力转向正面的乐趣动力。

我们还可以开放自己的感觉：

——吃饭的时候，品尝各种菜的各种滋味，闻闻饭菜的香气。

——工作的时候，体验工作的节奏、苦乐、充实。

——睡觉的时候，感觉枕头的松软，被子的温暖。

——喝水的时候，感觉水的清凉，水的流动。

——欣赏音乐的时候，全身心地感受音乐的美妙旋律和节奏。

——洗澡的时候，用心感觉水在自己皮肤上面如何流动。

——吃水果的时候，用自己的口舌去感觉不同水果的不同质感。

——散步的时候，体验身体的放松，头脑的放松，感觉四周的景色。

——玩耍的时候，全身心地去体验玩耍的乐趣

……

孩子的感觉，时时都是开放的，所以他们没有无聊、苦恼、忧虑。而我们这些自以为聪明懂事的大人，却常常习惯地不自觉地把自己封闭在烦恼、焦虑、担忧中。

除了习惯的一切，我们忘记了感觉是什么。不知不觉中我们早就已经习惯成自然地成了习惯的奴隶。

好在习惯是可以改变的。

让我们回到童年重新学习，自知自觉地感受此时此刻的一切！

十、发现自己

每个人的长处与短处、满足与不满足都是同时存在的。只不过大多数人都已经习惯于去注意自己的短处、自己的不如意。

而成功者却把自己的注意力集中在发现、运用自己的长处，快乐的人都把自己的注意力集中在自己能够做好的事情上。

他们俩是世上最平凡的男女，中等的收入，繁忙琐碎的工作，每个工作日都得准时地上班下班。两个人的薪水除了供房子10年的分期付款，剩下的也就勉强够日常开销。他们下班常常是一起去市场买菜，回家就自己动手做饭吃。然后一起看电视，他总是让她选台，有时她看得直乐，他却在一旁睡着了。她就笑他，让他自己挑一个喜欢的节目看，他说随她。

他们很长时间才会去吃一次浪漫的西餐或去喝一次奢侈的咖啡，她点什么他就跟着点什么，节假日他们去看一场电影，也由她指定喜欢的片子和时间。

刚开始，她很高兴也很满足，渐渐地觉得有什么不对劲儿。终于，在一次晚餐是吃饺子还是吃云吞的左右为难中，她生气了，执意让他自己拿主意："你自己就没有想吃的东西，想做的事，想去的地方吗？你自己就没有一点想法吗？你以前不是这样的，你对和我一起生活真的没有一点兴趣了吗？"

他低下头，半天才说："我爱你，可我不能送你高档时装，连旅游一次我都得让你一等再等，我怕实现不了你的梦想。而你在我心里，是该得到这世界上最好的一切的女人。所以，我愿意满足你在生活中的一个又一个小小的心愿。就像今晚，你想吃什么？"

她看着他，泪流了下来。

原来，这个世界还是有真心真意的爱情的。

我发现自己居然被这个故事感动了。

日复一日习惯的琐碎的生活早就已经麻木了——我们的心灵，我们的感觉！

爱是永恒的存在！

问题只在于我们自己能否发现——自己心中的和亲朋心中的爱！

什么是对的

哲学是世界观和方法论，于是古今中外的无数的哲学家前赴后继地殚精竭虑地各抒己见……

说来说去写来写去，最后到底什么才是对的？

在哲学家看来，他们都相信自己所说的，所信奉的都是对的；在社会，则公认名家的、传统的、约定俗成的是对的；可在每个凡夫俗子看来什么是对的呢？

多数人觉得社会公认的一切是对的，于是照信照做。而有些叛逆者则不以为尽然，他们在选择的基础上继承，又在继承的基础上创新，竭尽全力寻求真理。

他们认为名家与传统并不能等同于真理，因为人总会由于偏好而产生偏见，且个人的所知所见所思总有其局限性，而真理却是全方位的运动的。于是，顽强地竭尽所能地去上下求索……

天赋加上勤奋再加上不屈不挠的意志力，终于诞生了新的名家，社会在一番惊讶怀疑之后，又重新信奉如仪。

有趣的是，这些新名家亦脱不了自己的偏见与局限，而且，有对就一定有错，这就是智慧的矛盾了！

人们很容易忘记——凡事都有它自己的两面性。

什么是对的？

这问题本身就错。

对与错是相辅相成的两面一体，人们怎么能够去一一分辨呢？各人有各人的观点和角度、需要与喜好，又怎么能够统一呢？

世上任何人、事、物都是全方位、运动的整体。

有对就必定有错。世上无人可以说得全对。

以我们所知的所有表达方式，无论文字、图像、表格、艺术、文化、哲学、科学、宗教等等都无法准确表达那个全方位、运动的东西。（那个东西是我们熟知的理论、语言、文化之外的，是不可说、无法说而只能意会的！）

因为我们根深蒂固地习惯了片面的、静止的思维习惯！

而且我们所知道的一切的一切的表达方式无一不是片面的、静止的！

这就是问题的症结！

问题是问题，人类依然在习惯了的惯性轨道上，在各行各业都这样前赴后继地否定着旧的又肯定着新的“真理”。

“真理”是暂时的，而追求是永恒的，这就是人类的精神，亦是人类自寻的烦恼！

真理既不是唯物的，也不是唯心的，而是同时包含两者又不是两者的那个全然的东西。

“道可道，非常道。名可名，非常名。”

可惜，我们都习惯了我们的习惯。

我们的错误习惯是：

我们都习惯于争论——谁是对的。

而真实的问题是——什么是对的。

几千年来我们都习惯了以种种形式崇拜着各行各业权威的名誉、地位、权力、成就、智慧、知识、能力、威望……

但权威是什么？

权威等同于真理吗？

瑞士心理学家荣格认为:“忽视弗洛伊德和阿德勒观点中的真理成分，将是一个不可原谅的错误，但是把他们中的任何一个奉为唯一的真理，同样是一个不可原谅的错误，这两种观点中的真理都是与心理事实相对应的。”(由此我们不难想见荣格客观、公正、执著、严谨的治学态度。)

《蒙田随笔集》中有这样一段话:

“听一听西塞罗的论点，他用自己的幻想去解释他人的幻想:“谁要了解我们对每个事物的看法，只会愈打听愈好奇。有一条哲学原则:对一切进行争辩，对什么都不做结论。这条由苏格拉底建立的，由阿凯西劳斯重提的，由卡涅阿德斯加强的原则，流传至今，还保持着生命力。我们属于这个学派，相信真与伪始终纠缠在一起，两者如此相像，没有肯定的标志可以判定和区分它们。”

我们应该相信权威，还是应该相信自己?

哲学就是哲学家们的高深理论吗?

哲学是我们每一个人对自己日常生活和工作的观察与思考吗?

哲学是什么?

什么是对的?

我们应该怎么问?

我们应该怎么生活?

印度人克里希那穆提说:“真理是无路可循的国度。”

真理是什么?

自寻烦恼

一切是“一”。

但人类酷爱分辨，将一分为千千万万。

意识与物质是相辅相成的两面一体，是同根同源的。

可惜人类总爱忘记这一点。

科学说：只有物质是实实在在的真理，唯心是荒谬的。

宗教说：只有意识是真实的存在，而物质通通是幻象。

于是，各执己见，争来吵去，谁都只相信自己是对的，对方是错的。

吵什么呢？为了那一点可怜的虚荣心吗？大家追求的目标都是幸福，为什么要为道路的不同互相攻击，而不因目标的一致而互补互助呢？

或者，这只是应了"天下之道，合久必分，分久必合"。虽然知识的分门别类也够久了，但天意难测，谁知道何时才是一切重新合一的时候！

"众里寻她千百度，蓦然回首，那人却在灯火阑珊处。"

其实，那个我们拼命追求实现的自己，一直就在自身，只是我们自己一直视而不见，却又自寻烦恼地去满世界找它。

就像幸福。我们一直习惯地自认为自己的幸福在某个遥远的将来——成功之后，成名之后，有钱之后，结婚之后，生子之后，孩子们长大以后……

实际上，幸福一直都在我们身边，它就是我们自己的满足，如果我们能够仔细观察自己就不难发现：自己的每一种境遇、每一段时间里，满足与不满足都是同在的。

可惜，我们一直都在不自觉地习惯地清点自己的不满足，然后时刻用不满足来折磨自己。与此同时，我们还一直习惯地认定自己在追求幸福!!!

我们就是这样在反反复复中不自觉地习惯地——自寻烦恼。

怎样才能不再自寻烦恼？

如果我们能够保持时刻观察自己，我们将发现自己花了许多精力时间在做无用功，在自寻烦恼。然后，我们就会开始自觉地做有用功，然后我们就会逐渐认识自己，逐渐成为全然的自己。

远与近、难与易、彼岸与此岸都是相辅相成的两面一体，就看我们自己从哪个角度进入。

发现

有位年轻人乘火车去某地。火车行驶在一片荒无人烟的山野之中，人们一个个百无聊赖地望着窗外。

前面有一个拐弯处，火车减速，一座简陋的平房缓缓进入他的视野。也就在这时，几乎所有乘客都睁大眼睛欣赏起寂寞旅途中这道特别的风景。有的乘客开始窃窃议论起这房子来。

年轻人的心为之一动。返回时，他中途下了车，不辞辛苦地找到了那座房子。主人告诉他，每天火车都要从门前驶过，噪音实在使他们受不了啦，很想以低价卖掉房子，但很多年来一直无人问津。

不久，年轻人用2万元买下了那座房子，他觉得这座房子正好处在拐弯处，火车经过这里时都会减速，疲惫的乘客一看到这座房子就会精神一振，用来做广告是再好不过的了。

很快，他开始和一些大公司联系，推荐房屋正面这道极好的“广告墙”。后来，可口可乐公司看中了这个广告媒体，在三年租期内，支付给年轻人19万元租金。

他在发现一堵墙的商业价值的同时，也发现了自己的能力。他的自我也因此得以表现。

发现自己必须——时刻准备着！

发现财富

尼克拉斯出生在一个贫民窟里。他和很多出生在贫民窟的孩子一样争强好胜，也喜欢逃学。

但与众不同的是，尼克拉斯从小就有一种发现财富的非凡能力。他把一辆从街上捡回来的玩具车修好，让同学们玩，然后向每人收取半美分，在一个星期之内，他竟然赚回一辆新的玩具车。

尼克拉斯的老师深感惋惜地对他说："如果你出生在富人的家庭，你就会成为一个出色的商人。但是，这对你来说已经是不可能的了，你能成为街头商贩就不错了。"

尼克拉斯中学毕业后，正如他的老师所说，他真的成了一名小商贩，他卖过电池、小五金、柠檬水，每一样都经营得得心应手。与贫民窟的同龄人相比，他已经可以算是出人头地了。

但是，老师的预言也不全对，菲勒靠一批丝绸起家，从小商贩一跃而成为商人。

那批丝绸来自日本，数量足有1吨之多，因为在轮船运输当中遭遇风暴，这些丝绸被染料浸染了。如何处理这些被染料浸染的丝绸，成了日本人非常头痛的问题。他们想卖掉，却无人问津；想运出港口扔掉，又怕被环境部门处罚。于是，日本人打算在回程的路上把丝绸抛到大海里。

港口有一家地下酒吧，尼克拉斯经常到那里喝酒。那天，尼克拉斯喝了个半醉。当他步履蹒跚地走过几位日本海员身边时，海员们正在与酒吧的服务员说那些讨厌的丝绸。说者无心，听者有意，他感到机会来了。

第二天，尼克拉斯来到轮船上，用手指着停在港口的一辆卡车对船长说："我可以帮你把这些没用的丝绸处理掉。"结果，他没花任何代价就拥有了这些被染料浸过的丝绸。然后，他用这些丝绸制成迷彩装、迷彩领带和迷彩帽子。几乎在一夜之间，他拥有了10万美元的财富。

有一天，尼克拉斯在郊外看上了一块地，他找到地皮的主人，说他愿意花10万美元买下来。地皮的主人拿到10万美元后，心里还在嘲笑他："这样偏僻的地段，只有傻瓜才会出这么高的价钱！”

令人料想不到的是，1年后，市政府宣布郊外建环城公路。不久，尼克拉斯的地皮升值了150倍，城里的一位富豪找到他，愿意出2000万美元购买他的地皮，富豪想在这里建造别墅群。但是，尼克拉斯没有出卖他的地皮，他笑着告诉富豪：“我还想等等，因为我觉得这块地应该增值得更多。”

果然不出尼克拉斯所料，三年后，那块地买了2500万美元。

他的同行们很想知道当初他是如何获得信息的，他们甚至怀疑他和政府的官员有来往。但结果令他们很失望，尼克拉斯没有一位在政府任职的朋友。

尼克拉斯活了81岁，临死前，他让秘书在报纸上发布了一则消息，说他即将去天堂，愿意给失去亲人的人带口信，每人收费100美元。这一看似荒唐的消息，引起了无数人的好奇，结果他赚了10万美元。如果他能在病床上多坚持几天，赚得还会更多。

他的遗嘱也十分特别，他让秘书登了一则广告，说他是一位绅士，愿意和一位有教养的女士同卧一个墓穴。结果，一位贵妇人愿意出资5万美元和他一起长眠。

尼克拉斯的致富经历，在许多人的眼里一直是个谜。解铃还需系铃人。他那别具匠心的碑文，也许概括了他不断在平凡中创造奇迹的一生。

“我们身边并不缺少财富，而是缺少发现财富的眼光。”

或许，我们还可以用“人弃我取”来总结他的某些思想模式。

生活中发现无处不在。

我们不仅可以发现财富，还可以发现自己的长处才智，发现人间的情谊，发现快乐，发现幸福，发现爱，发现你自己的发现……

只要我们拥有一颗开放的、善感的、善察的心。

如何做得更好

发现自己也是一个注意力的问题。

大多数人想："我就这样了。"

而成功者想："我如何做得更好……"

看个故事：

我有个朋友，虽然做生意才4年，却开了5家五金行。想这女士创业时只有3500美元，面对的又是强劲的对手，她能在这么短的时间有如此成果，实在令人惊异。

我问她为什么别人一家店都顾不过来，她却可以同时兼顾四家？

她回答："日出而作，日落而归，辛勤工作并不是我成功的主因，干我们这一行的，每个人都很辛苦，我之所以成功，主要归功于我的每周改进计划。"

"每周改进计划，听起来很吸引人，那是什么？"

"其实也没什么，只是一个能帮助我下星期能更好工作的计划。

"为了不断求新求进，我把工作分成四类：客人、员工、货物和升迁。平常我一想到有什么好主意，就把它记下来。

"到了每周一下午，我会花4个小时，把整周记下来的主意过滤一遍，排出最适用的拿出来用。

"通常这四个小时，我会强迫自己反省，我并不只是希望生意兴隆，而是检讨：如何招徕更多的客人？如何抓住客人的心？"

她又告诉我她前三家店之所以成功的一些小改革。如货物放置的位置；销售技巧的运用，使2/3的客人买了原先不打算买的东西；为因罢工失业的客人想出来的赊账计划，淡季时，举办各式比赛刺激购买欲。

“我常为增加生意想点子，有时还真想到不错的，像四星期前，我突然灵机一动，想：为什么不找些花样，吸引小孩来店呢？小孩来了，大人自然也就跟来了。然后我想到了一个办法：拨一块地方专门放4~8岁的小孩玩的纸制玩具，没想到效果出奇的好，我的店里人头攒动起来。”

她接着说：“真的，我的每周改进计划真的很有用，每回我想我该如何做得更好，我就会想出一个好办法，很少说有周一下午我找不到新的、好的、对公司有益的良策。

“同时，我也学到一件我认为每个想做生意的人都应该知道的事。”

“什么？”我问。

“那就是在做生意之前，对生意知道多少并无过大关系，重要的是入行之后所学和拿来学以致用的才算数。愈是不断提高自己和他人标准的人，愈是不断在找寻新方法，以求达到事半功倍的效果。成功永远属于那种自认为我能做得更好的人。”

不论你做哪一行，“我能做得更好”的想法都会发挥魔力。当你自问我如何做得更好时，创造力的大门就自动打开，办法就泉涌而出。不信，你试试。

当然，这里又有个程度的问题。

只想一秒，几分钟，自然没什么效果。而全心全意地去想，持之以恒地去努力，方能真正见效。

你还有疑虑？

当然，“时异，事移，法亦移”。

不同时代的、不同处境的、不同年龄的人自然会有不同的方法。

借鉴和照抄可是完全不同的两回事。

自我发现

我们来看电影明星索菲亚·罗兰的经历：

生活中出现了一个好像万事顺意的阶段，名满天下，屡屡获奖，婚姻生活幸福，有两个迷人的儿子——似乎再也没有可追求的东西了，那么，继续工作的动力来自何方呢？是否锐意进取之心已失，踌躇满志了呢？我不是那种人。我和从前一样对我的演技缺乏把握。我不认为像我这样的女演员已够得上尽善尽美了。所以，我仍然由于缺乏自信而不断深入未知的领域。在经历了那么些年以后，我至今还处在自我发现的过程中，依然在一种内在力量的驱使下，努力寻求比已有的体验更深一步的满足感，追求超理想的理想。

但那也并不意味着我的雄心壮志并未有所消退，有所消退了。当我为了生孩子而把专业放弃了两年的时候，我意识到这是生平第一次做到不工作而依然生活得愉快。在那以前，工作代表了生活的全部。现在，我仍然热爱我的专业而且醉心于演戏，但我不再为工作而演戏了，我只演那些真正能使我激动的戏。

我也从中发现了我自己的发现：各行各业的成功者大部分都是：

——诚实面对自己、面对现实的人。

——都是擅长反省自己的人。

——都是热爱自己的事业、热爱自己的生活的人。

生活的乐趣自己找

生活从来就不缺少乐趣，缺少的只是——发现。生活有枯燥、丑恶、单调，更有充实、丰富、美好。

我们只需要把自己的注意力从习惯了的负面转向正面——去

发现自己生活中的充实、丰富、美好。那么，生活的乐趣时刻都和你在一起。如：

——种一盆文竹，植一株水仙。

——养两条小鱼。

——做一个自己喜欢的发型。

——全身心地投入工作，领略工作的乐趣。

——听几首温馨的老歌。

——拍几张特别的生活照。

——夏天的傍晚去游泳。

——起一个大早看日出。

——冬天去公园欣赏玉树琼枝。

——春天让毛毛雨渐渐湿润自己。

——郁闷时，独自上街参观路人。

——闲暇约三五好友聚会。

心情忧郁时，穿件色彩柔和、图案美丽的衣裙，心情立即就会阴转晴。

平凡的日子，尽可以去品尝平淡的滋味。

贫穷，可以去享受贫穷的好处。

富裕，可以去享受富裕的乐趣。

单身，可以去享受独往独来，无牵无挂。

有家，可以享受家的温暖贴心。

……

总之，不论你处在什么环境，你都可以去发现、享受你自己境遇里的好处。

生活从来都是苦乐并存、满足与不满足共在的。

问题只在于我们自己——能否发现、感受自己生活中的乐趣！

十一、创新自己

从理想到现实本来是没有路的，只有那些勇于开拓，善于把握机遇坐言起行并锲而不舍的人，才能找到通途。

创新自己并没有一个固定公式，世上每一次成功都会给我们启发，每一次失败都会给我们教训，就看我们自己能否领悟运用，就看我们自己能否找到属于自己的创新之路。

只有更好

没有最好，只有更好。

自认为"我是最好"的人，常常会因故步自封而难以更上一层楼。

"山外青山楼外楼，强中自有强中手。"好是永远没有顶的。长江后浪推前浪，一代新人换旧人。所谓的最好，都只是相对的暂时的，最好永远都不可能永恒，因为世界永远是普遍联系、变化发展的世界。

自封自己为最好的人，就等于用一道虚假的墙把自己的所有能力都封闭了，在自鸣得意中浪费了自己的所有潜能和机会。

只有更好——这才是我们应有的乐观进取的态度。只有更好，我们才不会过度骄傲，才能够持续不断地学习一切有用的知识、技能丰富自己，让自己的事业和生活更精彩。

当然，完美是不存在的，完美只是我们永远追求的目标。因此，我们能做的只是——量力而行、尽力而为。为自己的事业、生活量力而行尽力而为才是正道，而事事强求完美，很多时候得到的只有苦累与失败。

方法可以层出不穷，而创造方法的思维方式却是相对不变的。愚人只会生搬硬套别人的好方法。智者则学习别人的思路，于融会贯通之后，创新出适合自己的方法。

如何做得更好，前文的故事就是一个启示。

巧妇难为无米之炊

所有的创新都是在选择继承已有事物的基础上进行的，谁也无法凭空创新。

随着道路和公路上汽车数量的增多，迫切需要更多更好的路标，特别在夜间更是如此。

3M公司的科学家为此发明了一种在塑料底板上覆上含有小玻璃珠的薄板，当汽车前灯照射在上面的时候，小玻璃珠起到一种小反射镜的作用，把强烈的光反射回来，引起司机注意。

20世纪30年代后期研制的这种“斯克区赖特”反光板，如今已在全世界广泛运用。年复一年、夜以继日地反射着“停止”、“弯道”等路标，提醒来往司机注意前面有急转弯或有山丘，并标示出路号和一些文字说明，如“爆炸品，危险”。此外，这种材料还用作自行车尾灯，使夜间骑车更安全。

这种用途广泛的薄板只是已有的塑料板与玻璃珠、黏合剂的组合而已，它的发明公式是：1+1+1=1。

我们熟悉的铅笔是石墨或黏土芯、木材、橡胶、铝片的组合，或者是石墨或黏土芯与塑料的组合。

自行车是金属、橡胶、皮革、塑料的组合。

由此，我们可以得出：

——创新是有目的地将已有事物重新排列组合成新的事物。

——创新是在选择的基础上继承，在继承的基础上发展。

鞋王的秘密

意大利佛罗伦萨的世界著名制鞋王费加拉莫，出身贫寒，16

岁流亡到美国。他在一家制鞋厂工作了几个月后，认定穿流水线做出来的鞋子，人是不会舒服的。于是，他辞职了，开始自己专门按各人脚的尺寸制鞋。

他根据多年的制鞋实践经验说："两千个人中只有一个人的脚是好的，脚的畸形并非天生，可能是因为穿了那些不好的鞋子，使脚的一个骨头或关节变了形。"

他发明了一种新的鞋楦，创造了一个新的鞋码系数。他做鞋不仅要计算脚长，且要测量各个不同部位的宽度。他的鞋厂生产一双鞋所需的120道工序全部用严格精细的手工完成。由于适合了人们的需要，生意日趋兴旺。世界许多有名的、有钱的人都会接连不断地找他定做鞋子。

每个人都想穿又舒服又漂亮的鞋子。但是，极少有人能够提供相应的满足。

知道是一回事，真正做到又是一回事。而做到的程度才是其中的关键。

鞋王的秘密在于——他发现了人们穿流水线做的鞋子不舒服，于是创新出舒适美观的鞋子，满足了人们的需要，也满足了自己的需要。

察其所需，供其所求——这就是各行各业创新者的必经程序。

关于原创

关于原创，我们来看美国舞蹈家伊莎贝拉·邓肯的感悟：

在那个阿巴沙的别墅里，有一棵棕榈树。这是我第一次看到生长在温带的棕榈树。我时常注视着它的大叶子在清晨的和风中颤动，从这种颤动中我创造了一种胳膊、手和指头的轻微抖动的舞蹈动作，这种动作以后却被模仿我的人滥用了，因为他们忘记了应溯其根源，不去观察棕榈树的颤动，先受之于内，再形之于外。每当我向着这棵棕榈树久久凝视的时候，一切艺术的思念全都离开了我，我脑中只浮现出海涅的生动诗句：

南方有一棵寂寞的棕榈树……

先受之于内，再形之于外。

这就是感悟的苦痛。

这也是感悟的欢乐。

知识是加法，智慧是减法。

感悟是智慧的一个重要部分。感悟无法抄袭，只能依靠自己对生活、对事业真真实实地、切实可行地体验。

而所有的知识、理论都有过时的一天。

太阳每天都是新的。

智慧每天都是新的。

感悟也每天都是新的。

发现问题的症结

1923年，福特公司有一台大型电机发生故障，全公司所有工程师会诊3个月还是没有结果，于是，邀请电学天才斯泰因梅茨诊断。他在这台大型电机旁边搭了帐篷，整整检查了两昼夜，仔细听着电机发出的声音，反复进行各种计算，最后用梯子上上下下测量了一番，就用粉笔在这台电机的某处以画线作了记号，对福特公司的经理说："打开电机，把作记号的地方的线圈减少16圈，故障就可排除。"工程师们半信半疑地照办了，结果电机正常运转，大家为之一惊。

事后，斯泰因梅茨向福特公司要1万美金作为酬劳。有人嫉妒地说："画1根线要索1万美金，这是勒索。"斯泰因梅茨听后一笑，提笔在付款单上写道："用粉笔画1根线，1美元，知道在哪里画线，9999美元！”

发现问题人人都会，而发现问题的成因，找出问题的症结就需要才能智慧了。

创新可分为两部分：

一是，发现问题。

二是，解决问题。

准确地发现问题的症结，往往就解决了问题的大半。

例如准确地发现自己的长处，予以培养运用。

准确地发现自己的不足，予以完善。

准确地发现自己事业的症结，予以解决。

准确地发现某一社会需求，予以满足。

至于具体的事例，我们都已经听了、见了许多。

打开思路

创新的障碍就在于——人的思维定式。

因为绝大多数人的思维都局限在常规、先例以及自己的思维定式里。

曾有人以办公室中常备的回形针的用途来考人们的创造性。

许多人都众口一词地回答：回形针的用途，只是夹夹文件而已。而具有创造性的人却有无数答案：无聊时的小玩具，可代纽扣用，可用做锁匙圈，可代发夹用，可当绳子用，可临时连接短绳子，可以掏东西用，可以做小挂钩，可以做成链条……

前者的思维只能容纳僵死的一条至多几条标准答案；而后者的思维则是开放的，多角度的。他们的思维活跃灵动地随时间、环境、事物的变化而变通。

所以，前者遇到困难，常常束手无策，茫然四顾；后者遇到困难却有许多应对的方法从容过关。

如果你想拥有创造性思维，可时常进行一个非常简单却效果颇佳的想象训练：常用身边的小玩意，如打火机、笔、纸、剪刀等来设想它的用处。

若能时常坚持此项训练，就能逐渐打开你的思路。

此外，在生活中处处时时留心观察，于培养增强自己的观察能力的同时，亦可拓展你的思路。

还有，扩大自己的生活圈子，多结交有益有趣的朋友，多接触新生事物，既能打开你的思路，更能增加你的生活乐趣。

生活中不同的人、不同的事、不同的物，都会给你不同的感觉和想法，这也在不知不觉中拓展了你的思路。当然，这些都得在你感觉敏锐的情况下发生。

常人往往年龄越大，成见越多，思路也日渐闭塞、僵化，他们的感觉越来越麻木，几乎除了为得失烦恼、焦躁之外就再也没了别的感觉。

创新者则总能保持童心，对生活的种种充满好奇。当然，童心的真挚、敏感极易受伤。于是，成年人的童心，都是有了程度的童心。

打开思路的关键是——善感、善察、多思以及遇事常想——怎么做更好。

现在开始

有些人的生活态度，就好像生活还没有开始似的，说不出在等待什么，可的确在等待，以至于——韶华易逝，白了少年头。

有些父母要等到有空才去了解孩子，但等到有空了，孩子已经成家立业了；有些老朋友预备来日多聚聚，然而岁月不居；有些夫妇以为年深月久之后自然就会更加了解，更加体贴，可是靠时间，并不能使人更加亲近；有些人预备将来把恶习戒除，有些人预备日后……可是，那是什么时候呢？

他们立意虽好，然而到底什么时候才开始生活？怎样才懂得——现在、此刻就是生活，就是生命本身？

我们的时间，我们的日子，我们的生命就是：

——现在！

将来自有将来的事情，我们这一生的事情，必须在我们的有生之年完成。不管我们得意还是失意，忙碌还是烦闷，这就是我们的人生。

年华随时都在老去，我们还在等什么呢？

现在就是生活！

最明智的方法是——现在开始做你自己想做的事！

假如你觉得自己的生活没有意义，现在开始寻找自己觉得有趣的事来做，寻找生活的乐趣来享，如果继续忍受下去只能越活越无趣。

假如你发现自己不快乐，现在开始把注意力转向自己的满足和所有，开始去清点去享受自己所拥有的，开始去寻找工作、生活中的情趣，如果继续沉溺忧虑，所得只有愁苦。

假如你发现自己很自卑，现在开始把自己的注意力转向自己的长处，开始培养运用自己的长处。如果继续自卑下去，只能自怨、自怜、嫉妒。

假如你发现自己所知甚少，现在开始学习自己感兴趣的知识技能，开始结交各类有专长的朋友。如果继续停留在无知里，只得无知之苦。

假如你觉得自己寂寞孤独，现在开始和自己交朋友与自己谈心，开始去做自己喜欢做的事，去爱自己心爱的人。若一味沉溺在寂寞引起的烦恼里，只能自我折磨。

假如你发现自己有一千个烦恼，现在开始寻找并解决导致一千个烦恼的问题。然后你就会发现其他的问题都不攻自破了。若一味沉迷烦恼，就是自投苦海。

假如你觉得自己很穷，现在开始寻找享受贫穷的好处，或开始寻找富裕的道路。若一味哀叹贫穷的苦处，只能备受煎熬。

假如你发现自己的生活很糟糕，现在开始寻找原因，然后设法解决问题。若沉迷焦虑、烦躁，只能自寻苦恼。

凡事总有解决的办法，只要你肯尽心尽力地去寻找，就一定能找到。

其实，生活的苦乐祸福有趣无聊更多地取决于——你自己的处理态度。

当自己的某种愿望已被事实证明不可能实现时，再一味强求，就是苦，就是无聊，就是祸。若能转而追求自己可以实现的愿望，就是福，就是乐，就有意义。

一切本都是相辅相成的两面一体。

我们只需要转移自己的注意力，把自己的注意力从习惯了的负面转向正面，就能发现就能享受生命的洞天福地！

有一位老太太，60岁时失去了丈夫，很是悲痛郁闷。后来听从医生的建议，开始经常约三五好友一起登山。结果一直登山到90岁，整天笑眯眯的，精神健旺。

不论你处在何种环境，你都能够找到你的所爱，你的满足。只要你肯用心去找。你也一定有时间去做你想做的事，只要你真心想做，又有不屈不挠的意志力，成功就将属于你。

你的生命是你自己的。

为什么不自己安排自己的生活？

生命属于你只有这宝贵的一次。

为什么不现在开始，把自己这仅有的一次生命活得更加丰富多彩呢？

人必先自助，而后人助，而后天助。

现在开始，立即行动。

做你自己想做的事！

第二章 注意力

生活从来就不缺少幸福和满足，缺少的只是我们自己的发现和感受。

苏轼有《题西林壁》：

横看成岭侧成峰，
远近高低各不同。
不识庐山真面目，
只缘身在此山中。

生活于我们每一个人都是相同的。

生活于我们每一个人又都是不同的。

这其中相同的就是——我们每一个人都具有注意力。

这其中的不同就是——我们每一个人自己的注意力方向。

世界还是原来的世界，不同的只是我们自己的——注意力。

世间的好坏、福祸、得失都是相辅相成的互相转化的一体两面，我们一念之间的转换，就呈现出截然不同的境遇，而苦乐祸福得失好坏大多取决于我们自己的思想能否醒悟而有所改变。

相同的一件事，我们注意到它对自己有利益的方面，就觉得它是好事，就觉得满足；我们注意到它对自己有损害的方面，就觉得它是坏事，就觉得不满足。

如：厄运在弱者眼里是万丈深渊，在强者眼里却是促使自己奋发图强的激发器。

又如：幸运在凡人眼里或是可望而不可即的中奖机会，或是想留也留不住的快乐；而在智者眼里，则是点点滴滴时时处处都发生在自己身边的不满足的另一面——满足，知足常乐才是真正的幸运。

世间万事万物时时刻刻都在变化着，但我们往往只注意得到突然而来的大变化。

强者失去了自信、自主，就变成了弱者；弱者战胜了自卑、依赖，就成了强者。

智者一旦自以为是地自负，就愚蠢了；愚者一旦醒悟了自己的愚昧，就开始了明智的生活。

富人一旦得陇望蜀，不知满足，实际上就成了精神上的乞儿；穷人一旦安分守己，知足常乐，就可以享受自己本已拥有的平安快乐。

世事无绝对，利弊得失也都是相辅相成互相转化的两面一体，问题只在于我们自己注意什么又运用什么。

那么，人与人之间最大的区别之一是什么？

是注意力。

注意并运用生活中一切有用的因素以实现自己的目标，方能使自己的生活越过越好。

而注意并运用生活中一切没用的因素来做无用功，只能使生活越过越艰难。

以下，我们有12组对比表进行比较。

一、成功者与失败者

成功意识——注意自己能做的和希望发生的。

失败意识——注意自己不能做的和不希望发生的。

"人生如纸牌戏，每个人都会分到一手非接受不可的牌。人的成功在于怎样尽全力把自己手中的那副牌打好。人生中的失败，很大部分是因为人们不肯这么做，而一定要打那副他们认为应该分到的牌。"

你拥有什么

我们来看一个大家认为一无所有的人，怎样实现自己的梦想。

他来自意大利南部的一个农场，但什么时候来的及怎么来的我不知道。一天晚上，我在车库前遇上了他，他的身高大概六英尺七八的样子，很瘦。

"我给你修草坪吧。"他请求我，英语很差。

我问他叫什么名字，他说叫托尼。接着他又说了一遍要给我修草坪，我告诉他我请不起园丁。

"我给你修草坪吧。"他再说了一遍就转身走开了。我心情很复杂地回到家。是的，这些日子工厂是不大景气，可我又怎能将一个向我求助的人拒之门外呢？

第二天下班回来，我发现草坪已经修整过了，花园里的杂草也锄了，被踩坏的地方也耙松了，我问妻子这是怎么回事。

"他从车库里搬出割草机就干起来了。我还以为是你请来的帮工呢？"

我把昨天晚上的事告诉妻子，我俩都觉得托尼有点怪，他并没有找我要工钱。

过了两周我又在车库前碰到了托尼，我说了些感谢的话，并决定按周付给他一份微薄的工资，可托尼却依旧每天都给我们打扫院子，做家务活，妻子说托尼可帮大忙了，家里的一切重活托尼全包了。

夏去秋来，风渐凉了。一天托尼对我说：“彼特先生，等下雪了。我给你的工厂铲雪吧。”对这样的有心人你还能说什么呢？当然，托尼得到了这份工作。

几个月过去了，我向人事部门打听他的情况，他们都说他是个好工人。

一天，我又发现托尼在车库前等着我，他说他想在我的工厂里当个学徒。我们有个相当不错的专门培训学徒的学校。可我担心他没有能力看图和千分尺，干不了这些精密的工作，不过我没有拒绝他。又过了几个月，我接到报告说托尼已经毕业并成为一名技术磨工，他学会了使用千分尺，学会了做许多精密的工作，我和妻子都为他高兴。

时间又过去了一两年，我们又在老地方不期而遇，我们谈起了他的工作。我问他有什么打算，他说：“彼特先生，镇上有座房子要出售，我想买下它。”

我拜访了一位银行家朋友，请他贷款给托尼，起初他不愿意，我告诉他托尼是个很努力工作的人，一个有骨气的人，他有一份不错的工作，我愿为他担保。我告诉他最不济托尼也会付他利息的。最后银行家很不情愿地写了份3000美元的抵押贷款。托尼买下了那所房子。

大约两年后，我再次见到托尼时觉得他站得比以前挺拔多了，也不像以前那么瘦了，脸上带着自信。“彼特先生，我把房子装修后卖了，得了9000美元。”他得意地告诉我。

我听了很迷惑：“没房子你以后怎么住呢？”

“彼特先生，我买了个农场。”他告诉我他一直梦想有个自己

的农场，他乐意与土豆、胡椒等打交道，他先将家人送回意大利，他找到一座废弃的房子，现在他们全家都搬进了农场。

后来，在战争期间有人告诉我托尼去世了。我派人去他家看看有没有需要帮忙的。结果去的人发现托尼的农场充满生机，蔬菜碧绿，家庭温馨，院子里停放着一辆拖拉机和一辆不错的汽车，孩子们有的上学有的工作。托尼不欠别人一分钱。

托尼当初真的一无所有吗？

不，绝不是的。

世上真正一无所有的只有死人。

托尼当初拥有勤劳刻苦，拥有远见、乐观、自助、自尊、自律等优秀品质，他就是靠这些从生活的底层一步一步奋斗起来，直到实现自己的梦想。他拥有的是每个人都拥有的一天二十四小时，可他从未浪费一小时。

托尼用自己的亲身经历启示我们：

自尊自助并乐于助人的人才会赢得别人的帮助和尊敬。

运用自己的所有，全力以赴争取自己的所需，才能美梦成真。

他非常重视运用自己的所有去做自己能够做到和希望发生的事，这就是他也是许多成功者超出常人的优势！

你能控制什么

我们在各自的生活中，都曾经遇到过这样那样的问题，都有过或大或小的挫折。

对此，有的人能很好地处理自己的问题和挫折，从而达到自己向往的目标；而有的人却因无法处理自己的困难，以致抑郁苦闷。

区别在于：前者能够面对自己遭遇的困难，积极主动地寻找一切有利因素为实现自己的理想奋斗；而后者却一心想逃避自己的困难，结果只能在避无可避的无奈中消沉、压抑、自我折磨。

哲学家罗素曾说：“当遇到不幸的威胁时，认真而仔细地考虑一下，最糟糕的情况可能是什么？正视这种不幸，找到充分的理由使自己相信，这毕竟不是那么可怕的灾难。这种理由总是存在的，因为在最坏的情况下，在个人身上发生的一切决不会严重到影响全世界的程度，你坚持面对最坏的可能性，怀着真诚的信心对自己说：‘不管怎样，这没有太大的关系。’这样经过一段时间后，你会发现你的忧虑减少到了一个非常小的程度。也许你需要把这个过程重复几次，但是到最后，如果你面对最坏的不躲避，你的忧虑已经完全消失，代之而起的是一种喜悦之情。”

当不幸与挫折降临时，逃避只会造成抑郁、苦闷；而面对它，才能找到解脱的办法。

对于外在的环境，突发的事件，谁都无法完全改变和绝对控制。

我们能够控制的只是我们自己的注意力，我们的思想，进而控制我们的态度。我们的情绪和感觉只是由我们的态度而产生的结果而已。

A. 把自己的注意力集中在事情有用的一面，从而产生——进取的追求目标的态度。再拥有——自信、乐观、坦然、开朗的感觉情绪。

B. 把自己的注意力集中在事情无用的一面，从而产生——逃避、等待、依赖的态度。再导致——恐惧、怯懦、郁闷、悲观的感觉情绪。

A还是B才是我们可以控制和选择的？答案当然是很明显的。

其实，我们真正不能轻易放过的一个重要问题是：

你是注意——一个积极的目标希望的结果；还是注意——一

个消极的目标不希望的结果。对这个问题的选择，将决定和控制你的生活。

当然，人是复杂的，多数人表面上相信的（显意识）与实际心里面相信的（潜意识）往往是两回事。表面上相信的表现为他们的语言，而心里面相信的才是他们真实的行为表现。在此，我们谈的只是人们真正相信的。

寻找创造机会

前文我们已经看过托尼怎样从一穷二白奋斗到梦想成真。

从一开始，他就在为自己寻找创造机会。

他首先义务为工厂主修草坪，做家务，再争取为工厂铲雪，争取当学徒。

最后，争取工厂主担保向银行贷款买房，装修后卖出，终于买下了自己梦想的农场，安居乐业。

机会从来多眷顾努力不懈的人。

作家肖伯纳说："在这个世界上取得成功的人，是那些奋力寻找他们想要机会的人，如果找不到机会，他们就自己创造机会。"

扬长避短

美国人奥斯本拥有很强的创造力，他总结出"创造"创造力的方法。可你知道他当初怎样？

1938年，25岁的奥斯本失业了，只有高中程度的他想当个记者。

奥斯本知道自己没有受过这方面的教育，但他是个十分要强的人，于是跑去报社应聘。

报社主编问他："在办报方面你有什么修养和经验？"

奥斯本作了实事求是的自我介绍。"不过，我写了篇文章。"

主编接过读罢，摇摇头说：“年轻人，你的文章不怎么样，甚至有不少语法、逻辑、修辞上的毛病……”

听到这里，奥斯本垂头丧气，但是，他咬紧牙关听下去。

主编又说：“可是，有独到的东西，是的，有独到的见解，这很可贵！这个独到的东西是创造。凭这一点，我愿意试用你三个月。”

主编握住了奥斯本的手，临别还叮咛：“好好干吧！”

狂喜的奥斯本反复体会主编的话，原来创造性那么重要。他又反复读自己的文章，像严厉的法官那样剖析自己：知识不够，却充满神思遐想，这大概就是创造性吧！

他模模糊糊地意识到人的价值在于创造，他决心要做一个有创造性的人，又拟定：自到报社上班之日起，就天天提一条创造性的建议。整整一个星期天，他研究主编给他的一大沓报纸，又买回其他报纸进行比较。于是，众多的构想产生了。

星期一他去上班，这是他第一天到报社工作，他竟迫不及待地冲进主编办公室急匆匆地大声说：“主编先生，我有个想法。”

主编瞪大眼睛看着面前的奥斯本，听他一口气说完想法，镇住了。

奥斯本说：“看来，广告是报纸的生命线，我们又无法与各大报纸竞争大广告，而小工厂，小商店做不起大广告，他们又急于想把自己的产品或商品告诉更多的人，我们何不创造一条广告，收费低廉以满足这一层次的工商业者的需要?”

这就是现在报纸广泛采用的分类广告。当主编弄清楚奥斯本的想法后，高兴地称赞说：“好啊！好啊！真是个了不起的想法。”

奥斯本坚持发挥自己“神思遐想”的长处，坚持天天提一条创造性的建议。仅仅两年，就使这份小报纸发展壮大起来，成为一个实力雄厚的报业托拉斯。他本人也由于获得众多的专利，

成为拥有巨资股份的董事长。

正当他的事业走向高峰的时候，他作出了一个令人惊奇的决定：辞职。

原来，他根据自己创造所获的心得，又研究了许多发明家的创造思路，决意辞去职务，潜心探索研究。终于在1941年，他写成并出版了《思维的方法》一书，第一次在世界上阐述了创造发明的思路和方法，从此一门新的学科——“创造学”诞生了。

奥斯本的成功之处在于——他善于发掘运用自己的长处。而能用人之长的主编亦功不可没。

如果当初奥斯本只一味想着自己的语法、逻辑、修辞上的毛病，只哀叹自己的短处，那么，我们今天就不会知道什么“创造学”，更不会知道奥斯本是何人了。

这就启示我们：

斤斤计较自己的与别人的短处，只得压抑、苦闷、失败。

尽力发掘运用自己的与别人的长处，才能快乐、自信、成功。

认真“理论”起来，几乎每个人都愿意相信、都十分肯定自己懂得了如何——扬长避短。

但是，在实际行动中，又有多少人在实行——扬短避长呢？又有多少人真正明白自己的长处与短处呢？

相信什么

任何领域的成功者，都坚定地相信自己的能力。

虽然成功者有过失败，有过怀疑，但成功者最终都会重新找到相信自己的理由。如奥斯本由被主编发现自己有独创性，进而自觉培养、塑造自己的创造力，最终因为相信并运用自己的创造力而取得成功。

每个人的一生都会有许多选择，相信什么就是其中重要的一种选择。

相信自己有能力——认识自己的长处——培养塑造自己的长处——表现运用自己的长处——最终走上成功之路。

相信自己没有能力——认识自己的短处——不断用自己的短处去比别人的长处——越比就越自卑——最终踏上失败之途。

这就好像两条不同的路，两条道路同样艰难，同样得花费时间精力去走完，可结果却有天壤之别：后面一条路通向失败，路途中只有无奈和苦痛；前面一条路通向成功，途中有苦亦有乐。

你相信什么？这个问题又有显意识和潜意识两方面，这两方面一个普遍的错误是：许多人表面（显意识）相信自己有众多优点，而心底里（潜意识）却深信自己没有能力，没有机会去做成任何事。

专一和投入

婚姻要彼此真心实意持久地专一和投入地经营，才有可能美满幸福。

为人处世同理，成就卓越的人士绝大多数只是某一领域的专才，他们都知道在自己能力的局限内求取自己生命的最大价值。

名医在给病人手术时，心里只有关于手术的一切。

真正的作家在写作时，随笔下的人物同喜同悲。

造诣深厚的歌唱家在演唱中，完全沉浸在歌曲的意境里。

因为专心，因为投入，更因为热爱痴迷，所以他们才成功。

失败以后

凡事有利必有弊，有得必有失，就看我们自己注意并运用事情的哪一面了。

松下幸之助说：“事实上，即使是有丰功伟绩的人，也不能

说自己不曾失败。正因为有过多次的失败，才能够成熟起来。如果不肯承认失败，就永远不会有进步。要是在失败面前强调客观原因，抱怨他人，就只会使自己一再地处在失败和不幸的漩涡中。”

失败乃成功之母，只为——“善败者不亡。”

成功者于失败之后，首先勇于承认自己的错误，其次是寻找失败的原因。

失败自然会给人带来挫折感、郁闷感，可同时也是善于学习者的一种经验，它能促使人成熟起来。成功者正是看到这一点可用之处，或因个性坚强而不达目的誓不罢休，所以在失败之后会寻找原因，而且主要从自己身上找原因：

——这件事为什么会失败？

——是我不适合做这件事吗？（方向错误）

——是我做事的方法不对吗？（方法错误）

如果事实证明自己不适合做某事，那就重新开始寻找适合自己的事来做。

如果方法不对，就重新想办法，继续努力，直到成功。

医生在给病人治病时，要先找出病灶，然后才对症下药。同样，成功者在失败之后，总要找出失败的原因，然后再找出解决的办法再接再厉。如此，方有“失败乃成功之母”。

相反，绝大多数失败者失败的原因，就在于他们相信：失败了=完蛋了——最终失败下去。

我们还是来看成功者的处事态度：

日本“推销之神”原一平说：“我常因工作遭遇挫折而心灰意懒，不过，只要我发现自己陷于低潮，总会设法鼓舞自己，使自己能够很快恢复干劲。”

成功者与失败者对比表

成功者与失败者对比表

成功者的注意力多集中在自己能做和希望发生的事情上。	失败者的注意力多集中在事情的消极因素和失败的种种可能上。
(1) 成功者找——方法。	(1) 失败者找——借口。
(2) 成功者渴望成功，并主动寻找利用每个机会争取成功，若找不到机会，就给自己创造机会。	(2) 失败者也希望成功，可在行动上却半推半就。不是在等待别人的提拔，就是在等待好运气从天而降。
(3) 成功者在承认事物的消极因素的同时，更注重运用事物的积极因素来为自己的成功服务。	(3) 失败者对事物的积极因素漠不关心，全部精力都放在事物的消极因素上，总在有意无意地考虑失败的种种可能的结果。
(4) 成功者乐于欣赏肯定自己和别人的长处和成就，经常以此鼓励自己也鼓励别人。	(4) 失败者也喜欢被人欣赏，可行动上总在挑剔自己的毛病，泼别人冷水。
(5) 成功者做事时，全力以赴地投入，只考虑如何把事情做好。	(5) 失败者在行动中三心二意，不是担心失败、幻想成功，就是在挑剔自己毛病、别人的过失。
(6) 成功者懂得在失败以后吸取教训，找出应对的方法，让自己尽快从沮丧中振作起来，再接再厉。	(6) 失败者一旦遭遇挫折，就认为自己完蛋了。他们认定成功者都是马到成功，一夜成名。
(7) 成功者坦然接受自己的短处，全心全意发掘运用自己的长处去争取成功。	(7) 失败者对自己的长处视而不见，对自己的短处过度关注，老用自己的所无去比别人的所有。

(8) 成功者注意目标及实现目标的方法。	(8) 失败者注意障碍，那些阻碍他们发展、缩小他们视野的障碍。
(9) 成功者用心经营自己的长处。	(9) 失败者专注于自己的短处。

二、强者与弱者

人贵自律。

强者之所以成为强者，是因为——强者主要依靠自己，对自己负责。

弱者之所以成为弱者，是因为——弱者完全依赖别人，要别人负责自己。

因此：

强者自律，治人。

自己控制自己，做自己的主人，然后可以或多或少地控制别人，控制事态的发展。

弱者他律，受制于人。

不能控制自己，只好由人摆布。

变不可能为可能

美国整形外科医生和心理学家马科斯威尔·马尔兹回忆道：

当我宣布我要当个医生时，有人告诉我这是办不到的，因为我家没有钱，我母亲没有钱，这是事实。但说我永远当不成医生只是一种意见。后来又有人说我永远不能到德国去读研究生，还说一个年轻的整容医生不可能独自在纽约挂牌开业，而这一切我都做到了。对我成功有益的一点是我常常提醒自己：这不可能只是别人的意见，而不是事实。我不仅设法达到了目标——而且在奋斗的过程中感到快乐——甚至在我典当大衣买医学书，省下饭钱买解剖尸体的时候。我爱上了一个漂亮姑娘，但是她嫁给了别人，这些也是事实。但我不断提醒自己：要说这是“莫大的不幸或者人生失去价值”，那仅仅是一种想法。我不仅

克服了困难，而且，这些遭遇成了我所遇到的最幸运的事之一。

这位强者就是这样把别人认为的不可能，变成了自己的可能。他启示我们：

每个人都可以——选择自己坚持的信念：是自信还是自卑，是自强不息还是自暴自弃，是锲而不舍还是半途而废……

可能与不可能只能由事实来证明。

事情的成败、好坏更多地取决于自己怎么想、自己怎么处理。

挫折、不幸对于弱者是万丈深渊，对于强者则是激励自己奋进的加速器。

只要有决心、有恒心，任何人都能够把自己热爱的事业做成功。

胜己者强

怯懦、懒惰、贪心、固执、拖延、犹疑、自卑、沮丧……人性的一切弱点，强者身上都有。区别只在——强者常常可以战胜自己的弱点。

胡里奥·依格莱西亚斯是一位来自西班牙的世界瞩目的歌星，我们来看他的经历：

1963年，胡里奥因一起意外的车祸瘫痪了。医生对他几乎不抱什么治愈的希望，但他自己还是下定决心战胜病魔。

他被送到一个治疗截瘫病人的医院。经检查后发现他脊椎骨上长了一个良性瘤，随后经外科手术摘除了。可回家后，胡里奥却发现自己腰部以下不能动弹。

这种情形令人沮丧：他在几年后可能会恢复一点活动能力，进展却很缓慢。反复的锻炼使得他精疲力竭。尽管他有时很绝望，但他还是定下了一个目标：每天比昨天多迈出一步。

为了加强身体其他部位的锻炼，他每天沿着门厅不停地爬四五个小时。在他家的附近，他渐渐能够拄着拐杖围着海滩费力地行走，而且每天早上，他在地中海疲惫不堪地游上三四个小时，到那一年的秋天，他换成一根手杖行走，几个月后，他把手杖也扔到了一边。

1968年，他于法学院毕业。他曾打算进外交使团。在那时，音乐仅是一种消遣。长期而孤独的恢复期使胡里奥产生了灵感，他写出了自己的第一首歌——《生活像往常一样继续》。

尽管他迟疑过，最后还是同意在西班牙一年一度为流行音乐而设的“本尼多姆歌节”上演唱自己所作的第一首歌。在这次比赛中，胡里奥获一等奖，这首歌一时在全国流行起来，并成为一部西班牙电影的片名，这部电影是根据他和瘫痪作斗争的经历而写的，他主演了这部电影。

作为一个世界性的歌星，公众对他的接受有一个漫长的过程。

1971年，他在巴拿马时，身无分为，露宿在公园的长椅上。就是在这种情况下，他也没有怀疑过美好的明天在向他招手。他身体的复（原）让他决心不放弃任何梦想。

1972年，《献给加西亚的歌》结束了黑暗的日子，这首歌那跳动的民间节奏，使它得以流行于整个欧洲和南美。

他并没有就此止步。很快，他又推出了其他流行曲目。1974年，他的新唱片使得他在法国成为第一个获得金唱片的西班牙歌星。

胡里奥回顾自己瘫痪时的黑暗日子，发现有很多东西值得感恩。他说：“我在音乐方面获得的一切成就，都来源于那次痛苦。”他的经历证明了他写进第一首歌《生活像往常一样继续》中的鉴言：

“人总有理由生存，

总有理由奋斗！”

老子的《道德经》三十三章曰：

“知人者智，自知者明。胜人者有力，自胜者强。知足者富。强行者有志。不失其所者久……”（能认识别人叫做明智，能认识自己才是聪明。能战胜别人叫做有力量，能克服自己的弱点才是刚强。知道满足的就是富有。坚持力行的就是有志。不迷失根基的就能长久。）

每次重读《道德经》，我都会有新的感悟……

危机

这是一个奇妙的词，它包含两个意思：

一是机会。

一是危险。

在危机中只看到危险的人，就只能在恐惧中忍受失败的煎熬。

在危机中看到机会，又能坚持不懈地追求自己理想的人，绝大多数都能得偿所愿。

我们来看一个成功者的当初：

某某公司的总裁陈玉华当年只有1元港币。

他回忆：“一个毫无根基的人在香港这个花花世界中闯天下，其难度是可想而知的。”

但是他并不是真正的一无所有。每一个活在世上的人都或多或少地拥有一些东西。只可惜世上太多的人都把注意力盯在自己没有的事物上。

当其时，陈玉华拥有年轻的生命、健康的身体，拥有积极向上的人生态度和不屈不挠的顽强意志，他充分运用了自己的所有。听听他的自述吧：

我打工挣钱，不仅要解决吃饭问题，还要实现学习的愿望。我曾一天打几班工，也睡过聚满蚊虫的下水管道。我先花两年时间修完中山书院英专和电子工程夜校，又用两年读完了香港中文大学夜校部工商管理专业。在读书的同时，我先后在数十家工厂打工，干过二十多个岗位。不知不觉中，我对香港的企业管理摸出了门道。

1983年，我用省吃俭用积攒起来的8万港币，租了一间十来平方米的小屋，办了个电子表装配厂。这是我的第一个企业，也是我真正事业的起点。我每天6点起床，深夜才睡，我拼着命干。企业一点一点发展起来，在组装电子表的同时，我开始涉足国际贸易。继而，我创办了自己的公司，有了舒适的总裁坐椅，有了一批听我指挥的雇员，这一切意味着我有了一笔数目可观的钱。

但他并未就此休息享受，而是继续发展自己的事业。

公司里的人说，跟陈玉华干，谁也别想发胖。的确，我工作起来是不要命的，我的工作作风对公司的员工产生了影响。我读过卡特自传，这位美国前总统认为：中国人的养生之道是延年益寿，是增加自然寿命。而他的长寿原则是充分利用生命多做工作。我赞同他的观点，我要用有效率的工作使有限的生命更有意义。

在1991年工作笔记的扉页上，我是这样写的：

你永远不会从成功学到任何东西，

你从克服障碍中学习。

这倒不一定，成功也是学习的一个重要方面。只要有心，任何人的成功都可以是一种宝贵的启示。

一个危机关头就像人生路上的岔口，一条通向希望和美好的结局，另一条通向苦难和悲哀。

狄更斯开始时，是在黑鞋油瓶上贴商标，他的初恋悲剧，渗透到了他的灵魂深处，使他成为世界上真正的作家之一。那次悲剧的结束，首次产生了《孤星血泪》，然后是一连串其他作品，使阅读他小说的人，觉得那是一个更丰富、更美好的世界。

海伦·凯勒出生后不久便成为聋、哑、盲者。她虽然遭遇到最大的不幸，但是她却在历史上写下了她不可磨灭的名字。她的一生证明："除非人们把失败当成理所当然的事实来接受，否则，人们不会永远失败。"

危机在我们的生活中具体表现为挫折和困难。

当事人如果逃避、等待，就只能在徘徊、烦闷中日复一日地伤感自怜。

当事人如果面对它，主动积极地寻找塑造自己的优势，尽自己最大的努力运用自己可以运用的一切去解决它，就一定可以从逆境走上顺境。

法国文豪巴尔扎克说："世界上的事永远不是绝对的，结果完全因人而异。苦难对于天才是一块垫脚石，对能干的人是一笔财富，对弱者是万丈深渊。"

区别只在——我们自己的注意力方向和处事态度。

表现方式

凡人就是烦人。

世上每个人都有自己的烦恼，对付烦恼的方法大致分为两种：

一是，找出烦恼的起源，然后设法解决，此一烦恼就冰雪消融，该人也就可以快快乐乐地生活，直到下一个烦恼来临。或者发现烦恼暂时无法解决，就弃置一旁（生活中的许多问题都不是一时一人可以解决的），转而去做别的有趣有用的事情，亦可拥有开朗愉快的心境。

二是，和尚念经式，成天心心念念，烦啊烦啊烦啊烦，结果越念越烦，于是就在不知不觉中陷入愁城，眉宇难开。

人人都有苦乐得失。

遭遇苦痛，人们大致也有两种表现方式：

一是，泪流在心里，咬紧牙关，挣扎着继续做自己应该做的事，终于守得云开见月明。

二是，泪流在脸上，一遍一遍又一遍逢人就细诉自己的不幸，以博取别人的同情。或者时时在心上重温自己的苦难。于是，这人就只能无奈地在苦痛中挣扎。

一对比，我们就可以得出：对付烦恼、苦痛，逃避、沉溺都是自我折磨，而了解它，解决它，方为快乐成功之道。

弱势操纵

世上操纵他人的都是强者，强者在世人眼里往往占尽风光。

然而，规律是：有得必有失，有利必有弊。

操纵人者人亦操纵之。

强者也自有其不为外人所知的苦衷：担着巨大的精神压力争分夺秒地营营役役，却在不知不觉中被弱者操纵。

怎么可能？

弱者凭什么？

强者凭自己的所有：能力、智力、财力等操纵弱者。

而弱者凭的恰恰是——自己的所无，来操纵强者。

不信请看：

三尺小童平日给父母管头管脚，一旦头痛脑热起来，又是谁在鞍前马后效劳？

属下无计可施之时，上司是否得绞尽脑汁？

一场球赛开场，别人进不了球没人怨，球星先生是否要出尽

八宝？

疑难杂症，群医束手，名医是否要全力以赴，不屈不挠？

如此举一反三下去……

正所谓："巧者劳，智者忧，无能者无所求。"

正应着：作用力与反作用力，操纵人者，人亦操纵之。

其实，弱势操纵并非什么新鲜事，它早为古今中外明智的强者取用。

明智的强者清楚：用大把大把的金钱或威吓并不能使真能士尽心效劳，而用服务——设身处地为属下着想，关心满足属下方方面面的需求，方可获得属下的鞠躬尽瘁，全力施为。

这也就是所谓的三十六计，攻心为上。

这方面最著名的例子，就是刘备的三顾茅庐，谦恭、诚恳地请得布衣诸葛亮出任军师之职。诸葛亮从此既能全力施展自己的才智，实现自己的抱负，又得遇谦恭而且几乎言听计从的名主，怎能不鞠躬尽瘁，死而后已？

世上的事就是这样——强弱好坏相生相克！

强者与弱者对比表

强者与弱者对比表

强者的注意力多集中在控制自己及坚持自己的信念上。	弱者的注意力多集中在自己的弱小及别人的强大上。
(1) 强者经常考虑：自己能做什么，想做什么，怎么做更好，只是适当听取旁人建设性的意见。	(1) 弱者经常考虑：自己这么做，别人会怎么想。
(2) 强者对自己负责，对自己所做的事负责，因而较能主宰自己的生活。	(2) 弱者凡事都想依赖旁人，因而只得任人摆布。

(3) 强者常能控制自己，如此，强者的精力总能集中，以保证行动的高效率。	(3) 弱者往往被自己的众多的欲望牵制着，因而分散了精力，降低了效率。
(4) 强者处逆境时，会集中全部精力寻找创造机会来改变自己的处境，最终总能化逆为顺。	(4) 弱者处逆境时，束手无策，只会无奈地叹息着等别人、等好运气来解救自己。
(5) 强者一旦发现自己怯懦、沮丧，总能设法重新振作，坚强起来。	(5) 弱者只看得见自己的软弱和别人的强大。

三、幸运者与厄运者

一切的幸运并非没有烦恼。

一切的厄运也绝非全无希望。

我们每个人的生活都是苦乐祸福的轮转，而我们自己生活的好坏，就看我们自己怎样去安排与调整。

幸运的克洛迪亚

克洛迪亚是世界著名的时装模特。

她出生在德国杜塞尔多夫一个中产阶级家庭里。一个夏天的晚上，还是中学生的克洛迪亚走进一家夜总会，想喝杯饮料。她的出现令几位正在饮酒聊天的男子呆住了，他们瞪大眼睛注视着似乎带有某种魔力的克洛迪亚，许久说不出话来，继而又喜形于色。这几位男子低声商量了一阵之后，其中一位满面春风地走到克洛迪亚面前，问她是否愿意为他们公司工作。原来，他们是法国一家化妆品公司的职员，此次德国之行，他们正是要招募模特新秀。

人的命运真是奇怪，往往在刹那间就会彻底改变。从小立志当律师的克洛迪亚，因想喝杯饮料，就这样幸运地当上了模特。

克洛迪亚很快在美女如云的模特界脱颖而出。她的倩影不断出现在欧美各国的时装杂志及各种畅销周刊上，她本人也频频在巴黎、米兰等大都会举办的时装表演会上展示她迷人的风采。

几年来，克洛迪亚勤勉敬业。她常对人说：“我热爱这份工作，并非一切为了钱。”这位德国姑娘在模特界的知名度越来越高，令那些广告商、美容产品制造商、服装商趋之若鹜。他们纷纷出高价与克洛迪亚签约，都想利用她的超凡魅力来推销各自的产品，美国一家最大的美容公司与克洛迪亚签定了一项1000万美元的合同，使克洛迪亚成为当时模特界身价最高的女子。

克洛迪亚进入模特界以来一直过着紧张的生活。她没有节假日，很少有属于自己的时间，每周都有四至五次的空中旅行，经常是早上在巴黎拍照，下午就出现在米兰的时装展销会上，而第二天已下榻在洛杉矶或纽约。她总觉得睡眠不足，各地的时差又让她昼夜颠倒，该睡时精神十足，该醒时眼皮打架。整天亮相、摆姿势、走台步，真是苦不堪言。为了保持饱满的精力，她谢绝各种宴请。每到一处，总是只吃点清淡的食物，然后立即睡觉。她不放过任何休息的机会，可以在飞机的轰鸣中入睡，也能在出租车里打盹。

克洛迪亚天资聪颖，她精通英、法等多国语言，尤其酷爱读书，甚至在时装表演的间隙也手不释卷。她天生具有艺术细胞，从小弹得一手好钢琴，肖邦是她最崇拜的钢琴家。

克洛迪亚梦寐以求的只有两件事：进大学学习艺术和历史；或当一名演员。她曾经说："我从不轻率做决定，但我愿意做的事一定会做成。"

克洛迪亚的经历启示我们：

幸运者也有烦恼，但她们善于处理。

幸运者得到好运依然勤奋努力。

大部分成功者都是敬业、乐业的。

决定你的生活质量

月有阴晴圆缺，人有旦夕祸福。

幸运的人不会一辈子走运，不幸运的人也不会一生都倒霉。

每个人的一生都是好时光和坏日子的流转。

每个人都有值得欣赏的一面及惹人烦厌的一面。

幸运者懂得欣赏每个人的好处。

厄运者只知道挑剔每个人的坏处。

生活中发生的每一件事对当事人来说，都有积极和消极两面。

幸运者想的是：怎样用事情的积极因素来争取自己的所需。

厄运者想的是：嗨！我怎么这么倒霉！

其实，真正决定你生活质量的，不全是外在的事件、生活的环境、个人的经历、别人的羡慕或同情，而更多的是：

——你自己的注意力。

——你自己的处事态度。

——你自己的感觉。

同是有钱人，有人觉得自己有钱是幸运的，从而心存感激和满足；有人却得陇望蜀不知满足，经常抱怨钱少不够花。

同是成功者，有人觉得自己成功了是幸运的，从而在感恩之余，又尽力而为地继续努力；有人却恐惧成功之后无以为继，终日在自设的压力下惊慌、苦闷、烦躁。

所以，各人的注意力方向与处事态度才是决定各人生活质量的关键之一。

正如林语堂所说："人生没有什么好坏，只有在哪一季里什么东西是好的这个问题。"

任谁的生活都不可能十全十美，每个人的生活都会有或大或小的遗憾。

所以老子曰："知足不辱，知止不殆。"（知道满足就不会受侮辱，知道适可而止就不会有危害。）

自寻烦恼

细心观察就不难发现——人人都向往快乐，可几乎人人都在习惯地不自觉地自寻烦恼！

怎么可能？

当然可能！

这就是我们的现实生活当中存在很久的并且将继续存在下去的似非而是的荒谬而又真实的客观事实！

我们来看一位典型的“烦恼女士”如何醒悟——快乐得自己去寻找、把握。

在萨哈拉沙漠度过的第一个夏季，我心中真有一种害怕被烤焦的感觉。当料理好孩子，到商店采购完食品之后，还要去修整花园。在华氏112度的高温下干这些事情，几乎把我窒息在漫天的热浪中。

时值4月，我就已经担心起将接踵而至的那地狱一般的夏季。在县城的一个加油站，当主人安德森先生为我的汽车加油时，我烦忧地向他抱怨了这儿的鬼天气。

“请不必自寻烦恼。”他安慰道，“要知道，你所担心的炎热夏季才刚刚开始，这儿的夏季来得早，并且持续时间很长。”我心里明白，他的话是对的，但在我的直觉中，夏天已经主宰了我们，那将是一个长达5个月的闷热天气！

“对待暑热，你要满怀信心地去迎接，要尽量利用这儿的夏季带给你的好处，有了空调，你就不要胡思乱想，切勿庸人自扰啊！”

“这儿的夏季有哪些好处呢？”

“你每天是五六点钟起床吗？我敢打赌，7月的清晨，天空就像盛开的玫瑰，一片绯红。而8月的夜空，星星看上去好似众多的流冰，漂浮在那暗蓝色无边无际的海洋之中。一个人平时并不能真正体会游泳的快乐，而当他在华氏114度的高温下跳入水中，仿佛跃入天池一般，其喜悦之情难以言表。”

安德森先生的循循善诱，富于哲理的劝告，果然产生了奇迹般的效力，我的忧虑消失了。四五月并不属于炎热的季节。当骄阳似火的酷夏来临之际，我却在凉爽的清晨修整花园中的玫瑰，下午同小宝宝睡个午觉，晚上则在一起打球，并在庭院里做冰淇淋。随着夏季的到来，我真的欣赏到了沙漠日出的壮观景象。

几年以后，当我们搬回老家时，我们的邻居们已经在为如何过冬而发愁，其时才正值9月份。12月大雪纷飞时，我的两个孩子欣喜若狂，争先恐后地跑出家门滚起了雪球。街坊们聚在一起好奇地瞧着："看这俩毛头小家伙，就像从来没见过雪似的。"

一位中年近邻深有感触地说："多少年来，下雪时我们总是用铁锹清理积雪，而忘却了它会给我们带来无穷的乐趣。"

又过了几年，我们迁回了沙漠，当我再次驱车来到加油站时，听说安德森因年迈而被迫出让了这个加油站，然后买了一间极小的维修站。

我驱车赶到那里，在安德森先生为我检修汽车的空隙，我又一次向他请教。他消瘦了许多，谢了顶，但精神依旧，脸上总带有昔日熟悉的微笑。

"我并不为一天天变老而忧愁，"他从车盖底下探出头说，"在这个地方，可以充分地享受到大自然呈现出的无穷乐趣。"

他擦了擦满是油污的双手。"我们种了三棵桃树，树上结满了果实。在卧室的窗外，蜂鸟搭筑窝巢，你想不到吧，一只可爱的小鸟还没有我的指头大，看上去活像个讨人喜欢的小企鹅。"

安德森先生开始填写单据。"傍晚时分，长耳野兔结束了一天的奔波劳累松弛下来，兔毛像玉米垂下的胡须，随着微风摇摆。当明月高悬时，狼群聚拢在小山上，四野回荡着令人生畏的嚎叫声。我从来没有过如此充满情趣的野外生活……"

告别安德森先生，我思绪起伏……

故事讲完了，现在你还认为不可能吗？

我们都自以为知道——知足常乐。

然而，一旦我们发现了一个知足常乐的人时，却好似遇上了外星人！

外在的环境、天气的冷热、人生的生老病死，我们多数都无能为力亦无可奈何。

但是，我们完全可以把握自己的注意力，完全可以控制自己的态度和感觉。

自寻烦恼是——感受自己的所无和生活的烦忧。

自寻快乐是——享受自己的所有和生活的乐趣。

当然，说是一回事。做又是另一回事！

享受生活

有人认为拥有巨大的财富才能享受生活。

又有人认为四处旅游才是享受生活。

还有人认为拥有权力或名誉才可以享受生活。

而真正会享受生活的人却不以为然。

他们认为——感受满足，懂得欣赏就是享受生活！

享受事实上是——自己心上的感受，而非旁人的羡慕。

无论尊卑显隐、富贵贫穷都有属于自己的生活享受。

懂得享受生活的人，他们善于感受自己生活中的每一点满足，善于欣赏日常生活中的每一点美好和乐趣：

——婴儿的憨态，少儿的天真顽皮。

——一次香甜的睡眠。

——清晨的新鲜空气。

——醉人的夕阳。

——寂寞日子里的一次亲朋聚会。

——初春点点新绿。

——深秋飞舞的落叶。

——湖边杨柳四季的变化。

——六月天骤雨过后的荷花池。

——一开就谢的昙花。

——一闪即逝的流星。

——夏夜室外若有若无的木叶清香。

——雪地点染红梅。

——深秋淡淡菊花。

——少男少女清纯无忧的笑脸。

——中年人醇酒般的韵味。

——高龄者睿智的眼神。

——看一场激烈的球赛。

——观赏一场意料之外的好电影。

——咬一只甜美多汁的苹果。

——吃一串晶莹的葡萄。

——穿一件得意适体的衣服。

——看小孩津津有味地吃东西。

——工作的紧张感。

——悠闲的舒适感。

——冬天懒洋洋地晒太阳。

——春天细雨中的漫步。

——新鞋子的美观。

——旧鞋子的舒适。

——独自沉浸在自己喜爱的音乐里。

——平凡日子里的淡淡滋味。

——开怀地笑。

——痛快地哭。

——静夜，听雨敲窗。

——夏夜，藤椅、微风、繁星。

还有……

干嘛不在你自己身边找呢？

人人生活都有苦有累，更有这些平凡的却又享之不尽的欢乐和情趣。

问题只在于——你自己能否把握与享受生活的美好。

享受是什么？

——是对自己拥有的与喜爱的人和事物的细心品味！

你的享受是什么？

你的享受具体是什么？

幸运者与厄运者对比表

幸运者与厄运者对比表

幸运者的注意力多集中在自己感觉愉悦、有趣的事物上。	厄运者的注意力多集中在自己感觉愁苦、厌恶的事物上。
(1) 幸运者接受并放下生命中的无奈，把精力都用于寻找、享受生活的乐趣。	(1) 厄运者与生活中的无奈斗争又斗争，下意识地期望无奈听命于自己，精力都浪费在清点烦恼、无奈上。
(2) 幸运者懂得生活的美好和乐趣要靠自己去发掘，生活的享受要靠自己去把握。	(2) 厄运者希望享受生活，却又认定生活中的享受自己可望而不可即。
(3) 幸运者生活在此刻，全心全意把自己手头的事情做好。	(3) 厄运者不是在忧虑将来、悔恨过去，就是在烦恼现在，不自觉地习惯地自寻烦恼。
(4) 幸运者乐施好善，常关怀亲朋，结果，总能得到亲朋的爱护。	(4) 厄运者总想多得一些，很少想到别人也有需要，潜意识里总不自觉地要求别人、要求环境来适应自己。
(5) 幸运者得到好运仍继续努力，遇上厄运，则默默努力以期由逆转顺。	(5) 厄运者得到好运就忘乎所以，得了厄运则凄凄惶惶。

四、自信者与自卑者

建立并保持自信的最佳方法之一是——多肯定、鼓励自己和别人。

而否定、挑剔则是走向自卑的捷径。

化妆与自信

每个人都是潜在的美人，区别只在于——你能否发掘表现自己潜在的独特美。

化妆是扬长避短的艺术。

也许你眼不大，鼻不高，但皮肤细腻光滑。那只需唇膏，就可以突出你的美丽皮肤。

也许你皮肤不好，可五官出色，那就用粉底、口红、眼线，来突出你的漂亮五官好了。

金无足赤，人无完人。何必跟公认的大美人比赛，你只需要知道：自己的容貌中，哪一样最突出，然后借化妆品来美化一番，即可发挥你自己的独特风采。

化妆如此，为人处世亦然。

每个人都有自己的长处和短处，自信者最注重的是——发扬自己的长处。

如：

——自己和自己比较，自己能做的事当中，哪样做得最好。

——自己和旁人比较，自己什么事做得比旁人出色。

然后，专心致志培养、发挥自己的长处，成为社会的有用人材。

有人说：世上最好的化妆品是——自信！

的确，自信那种由内而外焕发的神采是什么也替代不了的。

相信自己

从前有两个和尚，一个和尚很有钱，大家都叫他富和尚，一个和尚身无长物，大家都叫他穷和尚。

有一天，穷和尚对富和尚说："我要到南海去取经。"

富和尚听了，斜着眼睛打量了一下穷和尚，昂起头说："去南海取经要是那么容易，我早就去了。"

穷和尚听了，低头想了想说："我一定会取回经来。"说完转身就上路了。

历尽千辛万苦，穷和尚终于从南海取回了经。

他专门送了一套给富和尚，富和尚满面惭愧地接受了，无言以对。

拿破仑说："我成功，因为我志在成功。"

在同样的环境中：

——一个人相信自己的能力，并为自己设立了一个明确的奋斗目标，然后尽自己的最大努力去实现。

——另一个人不相信自己的能力，却又为自己设想了许多愿望，然后整天做白日梦，将自己的手脚和精力都束之高阁。

结果：

——前者凭自己的不懈努力实现了自己的理想，证明了自己的能力。

——后者只能用白日梦安慰自己，他的行为也证明了他是个无能的人。

你真的相信什么，就一定会全力以赴去实现。

你真的相信自己是个什么样的人，你就会成为什么样的人。

人心一真，还有什么事做不到？

难的，只是真罢了。

自卑的起源

自卑者往往拥有奇怪的视角：

——看自己，只看得见自己的短处和所无。

——看别人，只看得见别人的长处和所有。

又老是不自觉地习惯地用自己的短处去比别人的长处，自卑也就如此越看越重，越比越重了。

其实人无完人，自卑者也不是不知道；可往往想想明白，做做又糊涂了。

大概人无完人对自卑者只是一句听惯了的别人的话而已，并非事实，他们不明白自己也有长处，别人也有短处。如果诸葛亮和关羽比赛武功，不自卑才怪呢！诸葛亮之所以是诸葛亮，是因为他善于发扬自己的长处。

了解了自卑的起源，我们就可以很容易地走向它的对立面：自信——全力发掘、运用自己的长处。

欣赏

如果你爱上一个人，你是不是会欣赏他（她）的聪明、个性、才华、智慧、独特气质、风度、美丽容颜……甚至欣赏他（她）的一切？

如果你讨厌一个人，你是不是会挑剔他（她）的谈吐、举止、个性、穿着打扮……甚至挑剔他（她）的一切？

当然，如果你是个成熟的人，就会一分为二，欣赏一些，容纳一些。因为你知道世上没有完美的人，也没有完全丑恶的人。

那么，人们又是如何对待自己的呢？

有人很会欣赏别人的长处，更会欣赏自己的长处，可也知道别人的弱点和缺陷，更能坦然接受自己的弱点和缺陷，然后，尽量设法完善自己——他们是生活中的自信者，因为懂得欣赏，所以生活得较为轻松愉快。

又有人，很会挑剔别人的缺点，更擅长挑剔自己的短处，并且非常嫉妒那些比自己强的人——他们是生活中的自卑者，因为只会挑剔，所以自己苦闷，别人厌烦。

还有人，欣赏自己欣赏到看不见别人的优势，也看不到自己的短处——他们是生活中的自负者，前面等着他们的是一堵又厚又硬的墙。

佛曰："苦海无边，回头是岸！"

信心

信心越用越多。

除非你自己愿意，否则没有人能破坏你对任何事情的信心。

许多伟大的奇迹都只是信心的力量。

不幸很少会纠缠心存希望和满怀信心的人。

信心需要立足点，需要关怀，需要爱，而恐惧却凭想象力存在。

信心源于有明确的目标和积极的态度。

信心是一种态度，常使"不可能"化作可能。

信心不能给你需要的东西，却能告诉你如何得到这些东西。

信心是一种良好的惯性力量，能使你达成一种良性循环。

自信者与自卑者对比表

自信者与自卑者对比表

自信者的注意力多集中在自己的优势和自己能做的事情上。	自卑者的注意力多集中在自己的短处和别人的长处上。
(1) 自信者接受自己短处的同时，更注重培养运用自己的长处。	(1) 自卑者对自己的短处了如指掌，念念不忘。

(2) 自信者懂得人皆有短长，从不用别人的标准来衡量自己，只注重发挥自己的长处。	(2) 自卑者不断用自己的短处去比别人的长处，越比就越自卑。
(3) 自信者坦然接受自己的短处，然后，尽量完善自己。	(3) 自卑者用自己的短处打倒自己。
(4) 自信者常回忆以往成功的感受，越想越自信。	(4) 自卑者常回忆以往失败的感受，越想越自卑。

此外，自大者的注意力多集中在自己的优势和别人的劣势上，最终往往成了别人的笑柄。

五、乐观者与悲观者

面对同样的半杯水，

乐观者往往珍惜地想：还有半杯水！

悲观者唉声叹气：只剩半杯水了！

乐观者——珍惜自己拥有的和将要拥有的。

悲观者——只盯住自己没有的和将要失去的。

面对困难

贝多芬是德国伟大的作曲家。

他11岁参加乐队，22岁到音乐之都维也纳学习音乐。不幸的是他的耳朵出现了问题，听力开始衰退，从此，他就与可怕的耳聋苦战。音乐家的耳朵聋了，这是残酷的致命伤！他面对厄运的挑战，呼喊道："我要扼住命运的咽喉！"

他一生中最伟大的作品就是在他耳朵全聋之后写成的《第五交响曲》。当《第五交响曲》在维也纳首次公演结束时，大厅里迸发出五次暴风雨般的欢呼声，掌声经久不息。按照当时的礼节，对皇族也只用三次鼓掌礼。

贝多芬只活到了57岁，但给后人留下了大量的音乐作品，他的作品对西洋音乐的发展产生了深远的影响，而他坚强不屈的精神也永远激励着各国人民。

困难，每个人的生活当中多会遇到，问题在于每个人自己对待困难的态度。人与人的区别很大程度上都由此而来。

面对困难，许多人戴了放大镜；而和困难拼搏一番，你会觉得，困难不过如此……

面对现实，战胜困难，战胜自己，我们往往不是做不到，而是——根本不去做。

罗马哲学家塞涅卡说：“并不是事情难我们不敢，而是因为我们不敢事情才难。”

意向

福祸无门，唯人自招。

怎么个招法？

凭各人意向。

1914年，保罗·格蒂只身一人来到萨尔塔。初出茅庐，既无资金又无名气，很难参与竞争。他在萨尔塔肮脏的旅馆里度过了一无所获的一年。

1915年秋末，有人要出租一块地，保罗看过那块地后觉得有希望出油，但又担心自己财力不足，无法与那些有成就的石油商人竞争，因不少采油者都对它有兴趣。

怎么办？

忽然，他灵机一动，请了一位银行的高级职员代他去投标，以掩饰自己的寒酸。

这一招果然见效。拍卖的时候，不少商人见银行参与，以为一定代表大的石油公司，自己投标白费劲，便放弃了。对手的放弃使保罗以500美元的低价买到了对手欲以15000美元得到的租地。这成功的第一步，开始了他的事业。

乐观者的意向是：

——运用自己能用的一切去争取实现目标。

——没有条件，就给自己创造条件。

投桃报李

人往往很奇怪：向别人院里扔石头，却希望别人报以鲜花，把别人挑剔得一无是处，却又希望别人欣赏认同自己。

其实不奇怪，只因——不自觉。

陈太向王太抱怨某药房对她服务不周，希望王太代她转告药房老板。

几天后，陈太去药房时，老板热情欢迎她，并立即给她配好药，还说如果她有什么需要，可以随时来找他。

后来，陈太跟王太谈及此事，说："你把我的不满转告他真管事。"

王太却说："噢，不是的，我没有那样做。我只是告诉他你很佩服他的乐业精神，说你觉得他的药房是你光顾过的最好的药房之一。"

陈太愕然……

投桃报李，作用力与反作用力。

根本就是——你怎样对人，人怎样对你的互动。

安慰与激励

《菜根谭》说："事稍拂逆，便思不如我之人，则怨尤自消；心若怠慌，便思胜似我之人，则精神自奋。"

人生总有不如意。当时若抱怨烦躁，只能恼怒自己。若能转而想想不如自己的人，想想比现在更糟糕的事，自能平衡心理，获得安慰。人都有懒惰消沉的时候，当时若心灰意懒，得过且过，就会在逆境里越陷越深；若转念想想强过自己的人，想想自己能够争取到更加美好的生活，才能够激励自己继续奋斗。

乐观者并不是天生的乐天派，而是觉察到悲观的无益与自苦，才渐渐学会了安慰与激励自己。

乐观者与悲观者对比表

乐观者与悲观者对比表

乐观者的注意力多集中在自己拥有的和将要拥有的。	悲观者的注意力多集中在自己没有的和将要失去的。
(1) 乐观者珍惜现在，对未来充满美好的想象。	(1) 悲观者总回忆过去的愁苦，对未来尽是悲观的预言。
(2) 人的欲望无穷而满足有限，乐观者珍惜并享受自己的每一点满足。	(2) 悲观者把自己的不满数了又数。
(3) 乐观者传播愉快、温情，常设法让自己与周围的人乐观，以创造一个和谐欢乐的环境。	(3) 悲观者传播厌烦、沉闷，习惯地制造悲观情绪。
(4) 乐观者的意向是发掘运用人、事、物的有利及有用因素，争取成功与快乐。	(4) 悲观者的意向是用放大镜去看事物的不利因素，在烦躁中无奈、挣扎、彷徨。

六、自尊者与自卑者

自尊的人必然自律。自律不是道德问题，而是美感问题。自尊是发自内心的，是内蕴的，与别人加诸己身的纪律不同。自律是听命于自己。所以自律的人自立，有一点傲然不群的气度，吸引力不自觉产生。

自尊是——尊重自己做人的价值。

自卑是——听命于别人，听命于流行的种种而过度贬低自己。

削足适履

古时候，有位先生的鞋子破了，于是就到鞋店去买新鞋子穿。

到了鞋店，买了一双时髦的新鞋子，欢欢喜喜地抱着回了家。到家一试，糟糕，鞋子小了。

这位仁兄不甘心，又塞又挤，弄了个满头大汗，还是没把脚塞进鞋里去。他喘着气，跌坐在椅子上，看看新鞋子，又看看自己的脚，突然灵机一动："我不就是脚指头太长了嘛，削了它就可以穿新鞋子了。"

他马上找来一把刀，削掉了自己的脚指头，终于把脚塞进了新鞋子。

"哈哈，啊唷，正合适！"第二天，这仁兄一步一咧嘴地穿着新鞋子上街去了。

众人听了他削足适履的故事，明里暗里都笑痛了肚子。

斗转星移，时代变了，人事依然。

现代也有这样不惜委屈甚至伤害自己、去迎合别人、迎合时尚的人。

只不过形式不同。

现代的削足适履者们盲目地勉强自己去做不适合自己的事。

这类人的眼睛盯紧时尚盯紧世俗的成功者。见别人做生意发了财，他立刻拿出自己仅有的本钱，东跑西颠地做生意；见别人炒股票发了达，他就去买股票；见别人出国过上了好日子，他马上东求西拜地办出国手续……

总之，他们听见别人说什么好，或者见别人做什么做成了，马上跟着学样，从来不会考虑：自己做生意是否有经商的才能；自己炒股票是否了解股市行情，自己出国以后又靠什么来养活自己。

做不适合自己的事及做自己不了解、不擅长的事，就是削足适履。结果往往只得失败+苦痛。

成功者之所以成功，多是因为有一套自己的做事方法，全心全意做自己擅长的事。

穿衣美观大方的人，多是因为自己的衣服适合自己。

失败者之所以失败，多是因为想“穿”别人的漂亮“衣服”，想做“某某第二”。从来就不想根据自己的实际情况，探索出适合自己的做事方法，做舒适自在的自己。

削足适履，众所周知，耳熟能详。

但是，问题又来了。

我们真的理解——什么是削足适履吗？

我们真的知道——什么是适合自己的吗？

还是，我们只知道——自以为是，自欺欺人？

讨好别人的人

有一位推销员，他一见到“大人物”就吓得要死。

有一次，他同一位心理学家谈起了自己的这一心病。

心理学家说：“你见到一个大人物时，是否愿意四脚着地爬进他的办公室，拜倒在他的脚下？”

“当然不愿意。”他气愤地说。

“那么你为什么在心理上卑躬屈膝呢？”心理学家又问道，“你走进一个大人物的办公室时，愿意像一个乞丐一样伸着你的手，乞讨一角钱去买咖啡吗？”

“当然不愿意。”他更气愤了。

“你明不明白，你过分关心对方是否赞许你，这本质上就等于乞怜于人？你难道不明白，你这样做就是伸出手去乞求他的赞许，乞求他把你当人看吗？”

从此，这位推销员开始了解——什么才是尊重自己。

关心的程度

每个人的内心都有一些东西绝对不允许别人干涉透视。

为此，自尊者十分尊重别人，对别人关心却从不过分。

为此，自尊者也十分尊重自己，绝不允许别人碰触自己的禁忌。

就好像一个独立自主的国家，和别国互通有无，利益均沾，和别国民间交流文艺，使团互访。但是，绝对不允许别国干涉自己国家的主权、私事；同时，也不会去过分关心别国的主权、私事。(当然，理论上理想上大家都愿意这样想这样认为，而在现实生活中更多的情况却是：谁的国力强，谁就可以实施霸权主义。)

很多人对包玉刚与世界上许多大人物成为好朋友感到羡慕与费解，在一次接受记者采访时，包玉刚一语道破：“你和大人物接触，人家的情形你要了解，谈的时候，就可以有话题。当然，自己不能卑下，也不能太轻浮。这样的原则，我相信是对的。而最要紧的，是你把自己的立场弄清楚，一切有分寸，别人自然就会对你客气了。”

也许，还有一个原因：商人在商言商，那句话怎么说的，世

上没有永恒的朋友，也没有永恒的敌人，只有永恒的利益。

实质是：人性最关心自己的利益。正如一位小说家所说：“利于我们的，我们爱他；害于我们的，我们恨他。”这是题外话了。

自尊的人与自主的国家一样，非常擅长把握友谊的度，他们深深懂得：非礼勿言，非礼勿行。

自尊

先看一个故事：

有一位获得政府表彰的盲人按摩师，19岁那年，他上山砍柴时不幸从山顶跌落下来，掉在灌木丛中，被树枝戳瞎了双眼，为了生活，他跟别人学起了按摩，专治跌打损伤，并且逐渐摸索出一套独特的按摩疗法，为许多患者解除了痛苦。

按摩是件力气活，四十多岁身材胖胖的他，随着身体大幅度的摆动，脸上挂满晶莹的汗珠。他一边按摩一边与患者交谈，每当说到开心处，伴着响亮的笑声，两只深深的眼窝仿佛也盛满了快乐。下班后，他拿起盲人杖摸索着走到公共汽车站搭车回家。到了他家门口，邻居婷婷正好要找他妻子，就一同进去了。开门的是他妻子，也是一位盲人，衣着虽然朴素，但和丈夫一样浆洗得干干净净，裤缝也被精心地熨烫过了。

屋内陈设很简单，但是出人意料地整洁。经过厨房时，婷婷留心望几眼，不仅案明几净，晾在铁丝上的洗碗布也是清清爽爽的。说实话，即便在许多明眼人家里，也难见到这样清洁的厨房。客厅的地上放着一个大木盆，他妻子歉意地说，被单还没有洗完。婷婷搬了一张小木凳坐在她旁边，看着她洗。雪白的泡沫在她灵巧的手指间舞蹈，被单被她揉搓得一寸不漏。她笑道，以前邻居见她搓洗衣服，曾劝过她不必这么用心，即使洗不干净，谁又会笑话一个盲人呢？但她不这样想，别人搓一遍，她会搓十遍。“我这个人很好强，洗衣服也要比别人洗得干净。再说，虽然眼睛看不见，也不能糊弄自己。”待她抖落两手水珠，婷婷和她一起将湿漉漉的被单晾晒在阳台上。暖融融的阳光下，微风吹拂着已经有些退色的鹅黄色被单，它骄傲地飘动着，就像是一面写满尊严的旗。

自己的尊严是自己的事。决不是别人可以给予的东西。

自尊也就是尊亘自己。

尊重自己

我曾看过张曼玉扮演一个机智的人寿保险推销员。在一次推销过程中，她的一个客户傲慢地把一个十元硬币扔在她面前，不耐烦地说：“你以后别再来了。”

张曼玉拾起面前的硬币，看了看，然后直视着他的眼睛说道：“先生，你以为我值十元，不知你认为你自己值多少？起码你的车值几百万，但你呢？”说罢，扔下硬币，转身就走。

那位傲慢的仁兄思前想后，终于向张曼玉买了保险。

自己的价值并不全在别人的眼里，而更多的是在自己的心里。

如此，别人的无礼、傲慢才无法伤害到自己。

看重自己内在的价值，这才是真正的尊重自己。

自尊者与自卑者对比表

自尊者与自卑者对比表

自尊者的注意力多集中在自己内在的价值和自己能做好的事上。	自卑者的注意力多集中在别人怎么看自己。
(1) 自尊者明白自己的需要和擅长，全力做好自己擅长的事。	(1) 自卑者看见别人做什么成功，做什么赚钱就跟着学，结果往往画虎不成反类犬。
(2) 自尊者善于把握交际的度，不卑不亢。	(2) 自卑者要么过于奉承讨好别人，要么趾高气扬以掩饰自己心中的自卑。
(3) 自尊者明白自己不会满意所有人，自己的行为也不会令所有人都满意。于是，懒理闲言碎语，一心一意做好自己要做的事。	(3) 自卑者做什么都想令所有人都满意，一遇批评就灰心丧气，遇表扬就眉飞色舞。

七、智者与愚者

智慧并非智者的专利。

愚昧亦非愚者的商标。

智慧与愚昧本来就是个对立统一体，它在我们每个人身上都同时存在着，区别只是：

——智者善于学习运用智慧以抑制愚昧。

——愚者则听任自己的愚昧泛滥。

目标

种种人生的终极目标都是——生活幸福。

但是各人所理解的生活幸福的含义不同。

有人以为有钱就幸福，于是为了钱什么都肯做，良心、道义、自尊、情谊等等什么都可以抛弃，只要有钱就行。等到钱能买来的都有了以后，才发觉自己除了钱以外，什么都没有。

有人以为有名就幸福。于是钻营粉饰应酬，终于出名了，趾高气扬，骄横跋扈。久而久之，又发觉出名不过如此。

有人以为生活有乐趣就幸福。于是努力追求自己热爱的事业，自己热爱的恋人、朋友，细心感受平日生活中的种种情趣，追求再加上细致的感受，终于有了生命乐趣洋溢身心的日子。可惜，快乐如白驹过隙，然后又追求追求再追求……

人生本无所谓目的、意义，但自命为万物之灵的人类要生活下去，却不得不活出自己的目的、意义来，否则何以遣此长生？

想人生有趣味，就必须去寻找自认为有趣的事来做完又做，以做来充实自己，美满生活。这就是人生的目的、意义，亦是人生的无奈！

所以，没有目标的人生，百无聊赖，烦闷、枯燥。

而有过于超出自己能力的人生目标，则会或悲苦、倦怠，或只问耕耘不问收获地忘乎所以地忙碌。

当然，目标太低，很快做完，便很快又无聊起来。

活得充实的人，不断给自己设立有趣且稍稍超出自己当下能力的目标来追求又追求，于是，就在成败得失、喜怒哀乐中辗转浮沉，体味生命的欢乐与苦闷。

生命的目的与意义只能是一个人各有所好的问题。

但有一点是共通的：生活得充实的人，永远有适合自己的目标，永远有自己感兴趣的事情做。

智者的态度

智者明白自己是个什么样的人，明白自己真正需要什么。

愚者却只知道：别人有了什么，自己也想要。得了，欢天喜地；失了，丧魂落魄。

智者明白自己擅长什么，不擅长什么。

愚者，要么自以为无所不知，要么觉得自己一无是处。

智者明白自己能力的局限，不会事事与人争长较短。

愚者事事爱同人比个高低。不如人时，自怜、抱怨、嫉妒。

智者明白自己再聪明也有限，所以善于向人请教，同人合作。更知道量力而行，尽力而为。

愚者自诩比谁都聪明，凡事一肩挑，最怕别人说自己不行。

智者明白天网恢恢，疏而不漏。遭人损害后，绝不再让仇恨、怨愤折磨自己，只借挫折成熟自己，一心寻找、感受属于自己的幸福。

愚者遭人损害后，日日仇恨怨愤，处心积虑只求报复，不自觉地习惯地用仇恨反反复复地折磨自己。

智者并非天生的智者，智者的智慧也是靠自己一点一滴学习积累起来的。

通过前人的经验，别人的成败以及自己的经验，智者知道：

——消极使人颓废，于是变得积极。

——悲观令人绝望，于是学会乐观。

——挑剔惹人厌恶，于是懂得欣赏。

——主观令人盲目，于是学会客观。

——刻薄使人憎恶，于是变得宽容。

——因循使人守旧，于是学会创新。

就是靠这样点滴的学习积累，智者才成为智者。

当然，我们也无法否认那些难以理解的天才们那似乎与生俱来的智慧，可这只是个别的例外。

化苦为乐变愚为智

种种人生的苦乐都是一体两面相辅相成的。人的任何境遇都同时包含了苦与乐。

“巧者劳，智者忧，无能者无所求。”

巧者、智者平时都有为人仰慕的快乐，而他们的苦累、忧虑却是常人难见难知的苦处；无能者平时经常被人鄙视，可无能者却拥有巧者、智者难得的轻松、悠闲。

“处高位者好过却险，处低位者难过却平安。”

拥有巨大的财富、响亮的名声的人风光无限，但同时他们也有烦不胜烦的应酬之劳，财富名望是谁都想得到的，于是嫉妒者有之，竞争者有之。你看，又来了挥之不去的巨大的精神压力和危机感。

无名无利的平民，虽难免饥寒的烦苦，却拥有平安的快乐。

那么，智者如何化苦为乐呢？首先，坦然接受不可避免的苦痛，并尽力化解可以解脱的痛苦。

坦然接受人生的生老病死及种种难免的损失与无奈。

接受苦痛并不等于沉溺苦痛，只是知其难免，知己无奈，则明智地不在无奈上浪费自己的精力，转而去做其他有益的事。

而人之所以为名利苦累，只因自己心上在乎、重视。

名利不系于心，才能获得自由与解脱，化解无谓的应酬、纠纷、嫉妒。而竞争，正可激发自己的斗志和潜能。

其次，投入现在——忘我地工作，尽情地享受。

抓住现在，投入全部身心去工作，去玩耍，去享受人生的种种情趣。他们都是专心致志的人。对工作，智者视为乐趣的一种，战胜工作中的困难会赢来任何名利都无法替代的欣慰与满足。而工作之余，亦不忘享受劳动成果及生活情趣、自然风景、人间情谊……

至于愚者之所以为愚者，正在于其化乐为苦：把名利当主子殷勤伺候；沉溺于无法避免的苦痛，逃避该做的事，休息时又念念不忘种种苦痛烦恼。

所以苦乐无门，唯人自招。

就看我们每个人自己怎么去处理了。

韩非子曰："下君尽己之能，中君尽人之力，上君尽人之智。"

这其实不仅只适合古代的君王、现代的管理层人士，也适用于人们的日常生活。

任何人处于任何环境都会有自己的烦恼问题。当此时，若只靠自己冥思苦想，往往容易钻牛角尖，且个人的能力总是有限的。而靠亲朋好友帮忙，自然会团结起来力量大。问题是，只依靠体力并不能解决多少问题。

于是，智者想到：尽人之智。借助每个人的智慧来处理问题。幸福的家庭总是有商有量有沟通，成功的管理者总是尽量发挥每个人的长处，而睿智者则学会了读无字书，向大自然、向人人事事物物学习，并运用所学增长自己的智慧。

松下幸之助就曾由樱花感悟到"人生的旅程仿佛花开的历程，我们也必须经过一段漫长艰辛的忍耐与等待，当我们见着难以忍耐的人生如花苞绽放时，原先的消沉惋惜会化为赞叹。”

包玉刚在分家产时，用了帝王分封诸侯的方式，因为他借鉴了别人失败的教训。他说：“我见过其他家族发生的事，人人你争我夺。我相信让他们分开管理一些东西是较佳的方法。”

智者化愚为智的法门在于——善于学习运用世间一切有益的智慧。

普希金的财源

曾经有个地主奚落诗人普希金：“我们俩谁的财源足？”

“那很难说，”普希金回答，“您有几百个农奴，可若是管家不给您从农庄送钱来，您就会没钱花。我呢，虽然只有几十个字母，它们却可以随时保证我的开销。”

知识并不等于智慧，它是一种死东西，只有懂得运用它的人才能令它为人服务。

不仅知识如此，世上任何事物都可以说是工具，懂得如何运用知识乃至种种技能、事物、自己和别人的才能、自己和别人的所有，就是才能，就是智慧。这也就是每个人真正的财富，每个人真正的终身依靠！

关羽·诸葛亮·刘备

说起关羽，许多人都要赞一声——英雄！

的确，关羽温酒斩华雄、千里走单骑、单刀赴会……何等威武！

说起诸葛亮，那真是上知天文，下晓地理。舌战群儒，火烧连营，草船借箭，神鬼莫测，哪个可比？

提起刘备，人们都会说他志大才疏。

确实，刘备武不如猛将关羽，文不比军师诸葛亮。但他却有

一样不明显的本事，别说关羽、诸葛亮，就连文韬武略的曹操也差他一层。那就是——他擅长用人。

他知道什么人用在什么位置合适，什么时候该用什么人，什么人可以用到什么程度。

如他对诸葛亮说："马谡言过其实，不可大用。"诸葛亮没听进去，结果，痛失街亭，挥泪斩马谡。

刘备见关羽武艺高超，就以将军衔授之；关羽为人重情义，就和他结拜为兄弟。

对诸葛亮，先三顾茅庐，诚恳地敬重佩服其才智谋略，再观察他建功立业的志气而委以军师重职。

日常相处，更是恭恭敬敬、客客气气。如此一来，关羽、诸葛亮在情在理在义，都不得不鞠躬尽瘁，全力以赴了。

"将欲取之，必先予之。"

老子的话真是深入浅出，万世通用！

能够满足别人的人总是可以满足自己的。(这也就是作用力与反作用力的证明了。)

刘备就是凭借这一才能让那班文臣武将尽心竭力跟随他打江山的。

总而言之：

关羽做起将军，打起仗来是第一流的。

诸葛亮做起军师来是第一流的。

刘备用起人来是第一流的。

三人各自擅长运用的事物不同、能力的局限不同，但论起发挥运用自己的特长，明白自己的局限却是相同的。

智慧并不等于知识、才能。

智慧的作用之一是——善于运用人、事、物的可用之处。

智者与愚者对比表

智者与愚者对比表

智者的注意力多集中在认识自己及实现自己的目标上。	愚者的注意力多集中在自己的短处和盲目上。
(1) 智者了解自己的长处、短处、自己的需要，尽力培养、发挥自己的长处去追求自己的目标。	(1) 愚者一门心思全用在研究自己的短处和过失上。
(2) 智者经常保持积极、友善、客观、创造性的态度。	(2) 愚者常有消极、悲观的情绪，并不时以有意无意的敌视态度待人。
(3) 智者的生活始终有目标、有条理。	(3) 愚者做一天人，吃三餐饭，睡一次觉，得过且过。
(4) 智者兴趣广泛，交有益的朋友，读好书，做自己感兴趣的事，经常积极锻炼身体，因而拥有常新的思想、丰富的心灵、健康的身体和充沛的精力。	(4) 愚者天天一样，日日重复，单调枯燥，时间难挨。结果，只落得四肢乏力，心灵空虚。

八、诚实者与虚伪者

诚实者——面对自己，尽量真诚地待人待己。

虚伪者——逃避自己，欺骗别人也欺骗自己。

当然，诚实与虚伪都是相对的。

我们只能说：诚实者只是诚实的程度高些，虚伪者只是虚伪的程度高些而已。

世上无人能够绝对地诚实，或者绝对地虚伪。

面对自己

托马斯·爱迪生有一间价值几百万美元的实验室没买保险而被火白白烧掉了。

“你该怎么办呢？”有人问他。

“我们明天就开始重建。”爱迪生回答。

他保持着进取的态度。可以断言，他绝不会因为自己的损失而感到不幸。

人生的遭遇很大程度可以归结为——人们对客观事实所采取的态度。

现实生活中谁都可能遭遇烦恼、挫折、无奈。

对此逃避，就要落入自我挣扎、无奈、郁闷、压抑的苦难深渊了。

而面对自己，面对现实，拥有达到目标的强烈愿望和不屈不挠、勇往直前的决心，那么，再大的困难都会过去。

因为困难也不是绝对的坏事，至少它可以使我们学到许多东西，使我们更清醒地认识自己，认识生活，从而变得更坚强，生活得更充实。

心累

平常我们说累，都是说身体很疲倦，那是睡一个好觉就可以复元的。

而有一种累——心累，是心里牵挂太多，左放不下，右又不舍得放，最后弄到身心俱疲。这样一种内心的疲惫是再多的休息也治不好的。

造成心累的原因大致有三种：

第一，得到的太多，却又什么也放不开，舍不下。

如：得到巨大的财富，必然会买许多东西，房啦、车啦、船啦、公司啦、商场啦，等等，要找人管理，还要应付许多喜欢缠住有钱人的人，解决因管理财产而产生出的形形色色的问题……

此外，看到有人比自己更有钱，又挖空心思去挣钱挣钱再挣钱，心里不得满足，永远得陇望蜀不知厌足，弄得自己的一颗心已经有千斤万斤了，还在牵牵牵挂挂挂……

得到巨大的名声、权力，欣喜若狂！为了保持自己的名声、权位，话不敢不三思而后说，行动不敢不三思而后动。有人诽谤自己，急急忙忙去分辩；有人颂扬自己，三个月不知肉味！如此如此，一颗心喜喜忧忧，紧紧张张，永无宁息之时。不自觉地习惯地做着名利的奴隶还习惯地自以为是——正常的，应该的！

第二，得不到的太多，却又什么都想要。

——经商，无本钱。

——写作，无文才。

——打球，无体力。

——发明，无能力。

——唱歌，无歌喉。

……

整日里羡慕完张三，又嫉妒李四，却偏偏把自己的手脚、精力束之高阁，而不是设法去提高自己的生存技能。

看看人家眼红心酸，想想自己怨天怨地。

周而复始，心愿多多，能力少少。

终于，一事无成。郁闷、苦恼、浮躁、彷徨。

第三，骗别人也骗自己。

自大狂说："我没有缺点，我没有错误，我绝对优秀！绝对完美！"

盛名之下，其实难副。潜意识里，自大狂也知道自己有缺点、错误，但为了维护自己绝对的完美形象，不惜欺骗自己。

怎奈人的心是最难骗到的，无论是别人的心还是自己的心，于是乎，心里千忧万虑，口里振振有词。至无人处，身心均已气息微微。

还是那个不自觉的习惯！那个早就根深蒂固地习惯了做主人的——习惯！

又有奸诈小人，以诡诈骗人钱财，骗人成就，脸上虽然洋洋得意，心里其实惶惶难安。经年累月的紧张、恐惧、忧虑，害人的人总是很难安乐，更难长命。

现在我们来开药方。

第一种——心累是物累，名利累，是让名利财物主宰了自己的心思意念，做了名利的忠实奴仆。

不是他们拥有财富、名利，而是财富、名利拥有他们。

人生一世，性命才是根本。

名利财物是供人使用的。

一旦把名利当主子，苦日子就开头了。

凡事有利必有弊，有得必有失。

凡事适度是福乐，过度就是苦累了。

在得失利弊之间如何寻求把握一种适度的均衡呢？

这就是对各人智慧的考验了。

第二种——是不知道自己需要什么。

一旦弄明白自己真正需要的东西，绝大多数人都很容易满足。

相对而言，人的欲望可以是不可数的、无限的，但人的需要都是可数的、有限的。

至于怎么样弄清自己的真正需要，可参看第三章。

第三种——心累是由于骗自己。

面对自己，面对现实。有过错就改正，有长处就发挥。

切实可行地追求自己的真实需要。

当然，理论是我们愿意相信的理论，现实是不以我们意志为转移的残酷的现实！

怎样调和理论与现实之间的矛盾，就是人类永恒的课题。

真真假假

作家刘墉曾说起过一位女士：

有位政界非常著名的机要秘书，她的学历不高，外文也不强，却成为大家争聘的对象。因为她跟什么人，什么人在政坛就做得顺。

听来确实有点迷信，但你知道她最大的长处吗？她私下对我说："从政的人，日理万机，不可能注意到别人的琐事。而我在主管每次出去应酬之间，都会提醒他，当天可能遇到哪些人，而哪些人于公于私，最近发生了什么事。我甚至为他写个便条，在车上再复习一遍。于是，虽然久未碰面的朋友，他也能立刻亲切地问候对方的近况，譬如：新添的小外孙如何？儿子快结婚了吧！听说尊夫人刚刚游欧归来！您在某报发表的那篇文章好极了！"

于是人人觉得自己被他关心，被他尊重，他当然受大家欢迎，事情也就做得顺了！

你也许要说这位女士与她的上司都假得很，但现实生活中，你能分清什么是真，什么是假吗？你又有那么多闲心闲情去分辨吗？就算分清了，又有意义吗？

人，不论高低贵贱，都渴望被人关心，被人尊重。那么，你若时常给出一份关心、尊重，就总能得到回馈！

诚实者与虚伪者对比表

诚实者与虚伪者对比表

诚实者的注意力多集中在显示自己的真实个性及事物的真相上。	虚伪者的注意力多集中在掩盖自己的过失、缺点上。
(1) 诚实者心地坦荡，对人对己不需要隐藏什么，因而生活得较轻松、愉快。	(1) 虚伪者的精力都用在记住、掩盖谎言上，总觉得精神紧张、焦虑。
(2) 诚实者全心追求自己的需要，对于世俗的诱惑全然不理。	(2) 虚伪者见什么都想要，奈何力不从心，眼高手低。
(3) 诚实者能接受自己，也较受人欢迎。	(3) 虚伪者自己也难接受自己，更难被人接受。
(4) 诚实者讲究技巧，是为了保护自己。	(4) 虚伪者喜欢口头谦虚、口头赞美别人。背地里却爱发掘别人的隐私。日久见人心，结果还是惹人厌恶，自己郁闷。

九、充实者与空虚者

石油大王洛克菲勒在年老时很慷慨大方，钱财不是募捐就是分给子孙，只保留“标准石油公司”的第一股股票。他那时对金钱的看法是：“谁是世上最穷的人？我所知道的最穷的人，就是除了金钱以外，一无所有的人。成功又是什么？赚很多钱就是成功吗？如果你知道如何运用金钱，金钱本身不会令人痛苦，反而是很好的东西。如果能有所选择，我宁愿没有财富，但生命中有目标。”

充实者——生命中有自己感兴趣的目标。

空虚者——无所事事或做自己不感兴趣的事。

更有趣的是

既是数学家又是哲学家的罗素在《争取幸福》一书中说：

我并不是生来就幸福的人。小时候，我喜欢的圣歌是：“厌倦了尘世，背负着我的罪恶受苦……”青年时代，我厌恶生活，几近自杀的边缘，不过，我学习数学的欲望克服了自杀的念头，现在的情况已经完全相反了。我热爱生活，简直可以说，每过一年我对生活就更多一层爱恋……其中主要原因是我对自己的关注越来越少，同其他受到清教教育的人一样，我过去有一种习惯，常常沉浸在自己的罪恶、愚昧和缺点中，我对于我自己来说无疑就是一个不幸的活标本。渐渐地，我学会了对我自己和自己的缺点无动于衷，开始把注意力日益集中在外在事物上，注意世界上的各种情况、各种知识以及我们关心的那些人。

A. 自己的过失、缺点、错误、痛苦、忧虑、不幸、无聊、烦恼……

B. 自然界的山光水色、春华秋实，各种有趣的知识、有趣的人物、有趣的事物，亲朋好友的喜怒哀乐、自己的优点、自己的成就、自己感兴趣的事……

你认为A与B哪个更有趣？更有益？

太过幼稚的问题是吗？

可就是数学家、哲学家罗素也曾在如此幼稚的问题上犯过习惯性的错误。

罗素之所以成为罗素有太多的理由，我只知道一点：他懂得反省自己。

热爱与厌恶

国际著名香料商、护肤权威埃丝黛·劳德曾经谈到自己的经历：

我热爱生活的每一瞬间，我的生命的每一寸光阴都是在辛勤的工作和美满的生活中度过的。美满的生活不应该是一种负担，而是一种高贵优雅、充满乐趣的事情。工作之余，尽情地享受劳动果实会滋润你的心田，给你注入新的活力。毫无疑问，有充分的金钱供你随心所欲地支配是再理想不过的事情，但并不是说经济拮据就是可怕的。我知道很多具有坚定生活信念的人，他们都不是阔佬儿，但却能从五彩缤纷的生活中享受无尽的欢娱。过美满生活是一门艺术，腰缠万贯的富翁不见得有多少优势。事实上，金钱的缺失往往能激发人对高层次美妙生活的向往。我经历过贫穷的岁月，我懂得唯有劳动才能获得幸福。

这就是为什么我发愤工作取得我已经取得的成就的根由。可以说，既使我不再富有，我也会使生活充满欢乐，一定会这样做！

而且，要让我选择美满生活方式的话，我会走一条忘我地工作、尽情地享受的道路，享受生活是对辛勤耕耘者的补偿。

热爱生活的人之所以活得充实，是因为他们内心有所寄托——有自己感兴趣的事做。这寄托或是一个温暖的家，或是一项自己热爱的事业：写作、冒险、经商、画画、科研、唱歌……或是二者兼而有之。

厌恶生活的人之所以活得空虚，是因为身心没有寄托。要做的事、该做的事自己又毫无兴趣。一颗心就变得动荡无依，动荡无依就产生了彷徨、苦闷，又因彷徨、苦闷而感觉生活实在是一种沉重的负担。甚至觉得生活是一种折磨。所以越活越厌恶，越活越空虚，只是一天一天又一天地挨日子。

而热爱生活的人由于自己的心有所寄托，才感觉充实和满足，又因充实和满足，产生继续生活下去的强烈愿望，生活也就越来越多姿多彩。

人生趣味与信念

记得看过一组漫画：

在一个阅览室里，有一本大部头书。

一个中等身材的人走了进来，捧起这本书，很认真地从第一页看起，看了一阵之后，揉了揉眼睛，一脸困惑地走开了。

接着来了个干瘪的瘦子。他站在桌前，从中间看起来，看了不大一会儿，忽地大哭起来，然后，边哭边走了出去。

又来了个圆头圆脑的胖子，他一手插在裤袋里，一手很随意地翻着书，很感兴趣的样子。不一会儿，胖子哈哈大笑起来，随后边抹着笑出来的眼泪边离去。

同样一本书，不同趣味、不同信念的人看了自然会有各自不同的感想。

人生又何尝不是如此呢？

一个人认为人生很困惑，他就必然会在自己的生活中寻找困惑。

一个人认为人生很悲哀，他就必然会在自己的生活中寻找悲哀。

一个人认为人生是快乐的，他就必然会在自己的生活中寻找有趣和美好的事。

镜子的本性是映照。

人的本性是注意。

同镜子一样，人所注意的事物千变万化，而人的注意的本身却是不变的。

人若能回到自己本性的中心——注意（观照）也就能觉悟世界、人生以及自己的本来的一切。

世界还是原来的世界。

不同的只是我们自己的注意力！

充实者与空虚者对比表

充实者与空虚者对比表

充实者的注意力多集中在追求自己的目标，以及自己感兴趣的有益的人、事、物上。	空虚者的注意力多集中在自己的盲目、无聊上。
(1) 充实者更关心自己感兴趣的人、事、物：自己长处的发挥运用，自己感兴趣的各类知识，以及周围有趣的人、事、物。	(1) 空虚者或沉溺在自己的愚昧错误中，或迷醉在过去的成就中聊以自慰，唯独不知现在的时光如何打发得去。
(2) 充实者明确自己的目标，对正在进行的工作全力以赴。	(2) 空虚者不知道或自以为知道自己需要什么，只觉得什么都没意思，日复一日，全都乏味无聊。
(3) 充实者相信自己追求的目标是可以达到的，深信生活是有意义的，于是也就在自己的生活中找到了有趣的事，美好的事。	(3) 空虚者相信生活是无聊苦闷的，于是就在自己生活的每时每处找到了空虚苦闷。

十、青春者与衰老者

青春是滋润的皮肤，健康的身体。

更是自信、热情、希望、乐观等积极的心态。

衰老是鹤发鸡皮，迟钝的身体。

更是自卑、冷漠、绝望、嫉妒等消极的心态。

人人都想永葆青春，但从哪里入手呢？

青春的根源

人都有两种年龄：

一为生理年龄。

二为心理年龄。

长大、成熟、衰老乃是人生不可逆转的趋势。对于衰老，我们可做的，仅仅是延缓它，方法就是适度地运动与保养，即——寻找并运用适合自己的运动及保养方式来尽量维持自己身体样貌的青春与健康。

此外，生活与工作有规律，饮食营养结构的合理调配，适度地工作和锻炼身体，以及注意“病向浅中医”也很重要。

至于说到永葆青春，它的实际意义是指心理年龄的青春永驻，这意义可就多了。

1. 心理平衡。

有较强的自我调适能力，能及时调整自己以适应生活。明白心理平衡其实是自己的能力与自己的真实需要的平衡。

2. 信心。

内心有对自己的信念、能力的坚信，才有神采飞扬、精力充沛的外表。

3. 欣赏。

懂得欣赏每个人的长处及人情世态的美丽。

4. 目标。

永远有值得自己追求的生活目标，有自己感兴趣的事情做。

5. 适度。

工作量保持在自己能够承受的范围，并注意劳逸结合，饮食适量，定时且适当注意营养及身体锻炼。最重要的，是懂得“事到眼前，知足者仙境”。

6. 乐观。

对前途充满信心，注重好的有益的事物，永远向前看，全力争取自己真正需要的。

……

这一切都是我们可以通过自己的努力获得并保持的。

知道了青春的根源，我们也就很容易推知衰老的根源了。

如对自己的种种欲望的放纵，长期的暴饮暴食，把生活定格在吃喝玩乐上。过于安逸的结果是：精神萎靡，四肢乏力，头脑迟钝等衰老症状提早出现；或另一极端，生活只定义在工作工作再工作，过度劳累，久而久之，体力倦怠，心灵疲惫，一样衰老加速……

还有自卑、挑剔、抱怨、悲观、盲目等都是衰老的成因。

想青春永驻，就有必要注意这些衰老的警报，时常注意提醒自己保持心理上的青春。

青春是生理与心理两方面的，只要我们能够适度地兼顾并保持生理与心理的良性循环，就可以长葆青春。

关于青春，一位诗人曾写过一首题为《生日》的诗。

年龄只是精神的体现，
如果你放弃了梦想，
如果你不再希望，
不再展望未来——

如果你的追求之火不再燃烧，
那么你就真的老了。
但是，如果你从生命中摄取琼浆玉液，
如果你保持生命中旺盛的热情，
如果你不断去爱，
那么不管日子过得多么飞快，
不管一个个生日消失得渺无踪影，
你也将永远青春。

在我看来，心态的平衡、自信、平和、健康、积极、乐观才是我们可以真正永葆的青春。

年老的好处

年老的坏处，相信谁都可以举出一堆：眼睛矇啦，耳朵背啦，腰腿硬啦，孤零零啦，美食当前却没牙咬啦……

但是，年老也是有好处的。

年纪大了，再也不必为爱情、为生儿育女而苦恼，反而可以悠闲地含饴弄孙，看人间百态。

年纪大了，对自己能做什么、不能做什么都清清楚楚，不必再去尝试又尝试；对于自己的真正需要更了如指掌，再也不去理会那些美丽而空虚的诱惑。

年纪大了，不必为前途担忧，却能安享自己一生的积蓄：儿女的孝心，孙儿的天真趣闻，老友的情谊，如丝如烟的回忆……

年纪大了，再也不必听长辈的教训，反而可以享受耳提面命后辈的乐趣。

年纪大了，对人生的种种清楚明白，不会再与人斗，与己斗，无谓地折腾自己折腾别人。自己的思想、行为与生活终于和谐起来了，自在地该怎样就怎样了。

一位健步如飞的百岁老人如是说："世界上最可怕的不是

老，而是认定自己老。”

人生的每一阶段自有每一阶段的好与坏。

问题只在于——当事人自己注意什么，又运用什么。

只有懂得把握自己的注意力，又善于运用自己的所有的人才能够——自在自由地活出自己青年、中年、老年的精彩与趣味！

生活方式

世上的生活方式千种万类：悠闲式，忙碌式，无聊式，充实式，朴素式，奢华式，平安式，冒险式，得过且过式，嫉妒式，自信式，狂妄式……

但哪一种生活方式最适合自己呢？

这就要看各人的具体情况了。

个性爱好悠闲的，当然是悠闲的生活方式合适；个性爱好事业的，当然是为事业忙碌的生活方式合适；眼高手低的自然是无聊地得过且过；红眼一族，自己无能偏偏又见不得别人能干，于是，妒红了眼睛，煎熬了心肝，也是身不由己、咎由自取的生活方式……

世界的复杂，不是谁可以一笔描画的，人性的复杂，更叫人顾此失彼，况且世界、人永远在变化中，这就要求我们随时随地地调整自己的生活方式。

现代生活日益繁忙紧张，人人争分夺秒，各为其主。

忙里偷闲，化解烦躁几乎成了特异功能。现代人日趋浮躁、焦虑、紧张。

但是，人人各适其式。

社会趋势是社会趋势，每个人对自己生活的安排方式才真正决定了自己的生活质量。

生活方式也就是自己对自己生活的安排，这就是问题的关键。

觉得自己生活不如意的人，都是由着生活安排自己，而以抱怨、指责度日的人，把自己身为成年人的责任推给社会、父母、旁人，习惯地身不由己地希望坐享其成，只想得到不想失去，于是，恶性循环。

觉得自己生活如意的人大都能主动地去安排、调整自己的生活方式：发觉自己过于忙碌疲倦，就适当安排多些休养时间来放松自己；发觉自己过于无聊，就为自己找事做，找有趣的目标来追求；发觉自己厌倦了没完没了的应酬，则设法调整自己的作息程序……

问题不在于“人在江湖身不由己”，而在于——我们自己对待事物的取舍方式。

凡事有利必有弊，有得必有失。

衡量得失的轻重、利弊的取舍才是每个人真正的问题与考验！

关于生活方式，最重要的是——我们要主动地去安排调整自己的生活，而不能被动地任由生活来安排我们。

如果自己有能力、有抱负，不妨尽自己的才智去建一番功业服务社会，成就自己的理想；如果自己能力平平，且安于悠闲，就找份安稳的工作，过自在悠闲的日子，也是成就了自己的理想。

人生于世，重要的是自己的感受，别人的褒贬永远是次要的。

找到、形成并完善适合自己的生活方式、工作方式，就是快乐的法门之一。

那又怎样判别哪种生活方式最适合自己呢？

凭自己的自在感，舒适感。

而这，只能依靠每个人自己去尝试、自己去体验。

心态与体态

网球名将阿瑟·艾许曾说：“不管你内心感觉如何，都要摆出赢家的姿态。就算你落后了，也要保持自信的神色，仿佛胸有成竹，这会让你心理上占优势，终有所成。”

不知你注意没有，一个身姿挺拔、步态轻捷、面容祥和、双目炯炯、言辞爽利的人，给人的感觉肯定是年轻的。

一般有如此体态的人必然有希望，有信心，有誓愿达成的目标。

因为体态往往可以潜移默化地影响心态。

而一个心态消极、厌倦，无目标，或有目标却不愿身体力行的人，必然身姿萎缩，步履拖沓，面容困倦，目光游移。

心态也无时无刻不在影响着体态。

其实，心态与体态互为因果。而且，心态与体态是一体的，同一系列的。

心态积极上进，体态必青春。

体态迟钝萎缩，心态就会消极悲观。

了解了这一些情况，我们就知道了想青春长驻，可从心态或从体态，或同时从心态、体态入手加以调整。

现在开始，尝试良好的体态——挺拔身姿，轻捷步态，祥和面容。

好的行为一旦成为习惯，就容易而且顺畅了。

青春者与衰老者对比表

青春者与衰老者对比表

青春者的注意力多集中在自己能做好的事与希望发生的事上。	衰老者的注意力多集中在消极、无聊、疲倦上。
(1) 青春者经常设立自己感兴趣的目标，并身体力行去完成。	(1) 衰老者或无所事事感叹无聊，或半推半就无可奈何地做自己讨厌的事。
(2) 青春者对人对事较乐观，经常保持欣赏、开朗的心态生活。	(2) 衰老者对人对事较悲观，生活中总爱抱怨、挑剔。

(3) 青春者注重保持健康的生活方式，起居有规律，工作和休闲搭配得宜。	(3) 衰老者无奈地过着无聊的日子，早晨起来无精打采，要么不知道忙些什么，要么不知道一天如何打发。
(4) 青春者坦然接受人生难免的生老病死，但尽量设法令自己的生活舒适起来，他们更注重生活中有益有趣的事情。	(4) 衰老者注重生活中一切无益无趣的事物，不自觉地、习惯地为自己苦恼、折磨自己。

十一、可爱者与可恶者

通常我们会喜欢什么样的人呢？

我们喜欢的人是懂得欣赏、乐于助人、常能设身处地为人着想的人。

但是，我们常常习惯于更多地为自己着想，更多地欣赏自己。

所以，可爱的人总是少数。

因为太多的人做不到——己所欲施于人。

能做到“己所不欲，勿施于人”已属难得！

高与低

“木秀于林，风必摧之；堆出于岸，浪必湍之；行高于众，众必非之。”

人类与大自然一样，表面看来，好像都喜欢平均主义。而实际上，都在遵循永恒的物极必反——好到极转坏，坏到极转好。

或者，我们也可以说，最根本的原因在于，人性总喜欢自己好过别人。

可爱者深深明白这个道理，所以在获得成功之后，只珍惜重视成就本身的价值，却并不显扬自己比旁人优越，更因明白“山外青山楼外楼，强中自有强中手”而坦然面对世事。

盗亦有道

古时候，大盗跖的部下问跖：“盗贼也有道吗？”

跖说：“什么地方没有道呢？能猜出屋里有什么东西，这是圣；进去的时候走在前面，这是勇敢；出来的时候在后面断后，这是义气；判断能不能下手，这是智慧；分赃公平，这是仁善。不具备这五条想成为大盗，是不可能的”。

现代社会，不，不论什么社会，人们只要有办法生存，谁都不会想去做盗贼的，正所谓“饥寒起盗心”。

不过跖亦启发我们——公平正直，正当宽大，擅长与人合作，走在危险、损害的前面，走在利益、好处的后面等是受人欢迎的品质。

说到底，把别人的利益放在自己的利益之上，别人就一定会喜欢你。

己所欲施于人，太难了。

吸引力

蜜糖吸引大狗熊，是因为甜蜜；磁石吸引金属，是因为磁力。

而一个人吸引其他人的原因却有许许多多。

这里，我们只讲人的吸引力的一种——积极、乐观、开朗的人生态度。

当我们感觉到某人的积极、乐观、开朗的生活态度时，往往会不自觉地被吸引、被感染，总想和这个人多些交往，多些沟通，潜意识里希望感受更多的美好情绪。

其实，我们完全可以改变自己，以积极、乐观、开朗的人生态度，追求属于自己的美好生活。

我们只需要在平时多些注意、欣赏、感受生活中愉快、有趣的事物、人物，自然就会拥有较多的愉快欢悦的美好情绪，渐渐地就会产生我们自己的吸引力，成为自己满意、又受人欢迎的人。

与其被动地仰人鼻息，不如主动去调整自己的生活方式、生活态度。

可爱的方式

人只有一种方式美丽，却有无数种方式可爱。

文雅、礼貌、善解人意、仁爱、聪明、质朴、纯真、顽皮、粗犷、苗条、学识、气质、谦虚、平和、自信、坚强、柔弱……一切的一切，都能够是可爱的。

虽说可爱有无数种方式，但各人心中的可爱就各显纷呈了。

在强者眼中，自信、坚强、练达、聪慧、不屈不挠、勇敢之类是可爱的。

在雅士眼里，文雅、自然、从容、涵养、气质如兰、沉静之类是可爱的。

同类相聚嘛，一般来说人们总爱与同类相亲，只为各人爱好一致、志趣相投。

也有相反的。

强壮的觉得柔弱的可爱，细腻的觉得粗犷的可爱，内向的觉得外向的可爱，聪明的觉得质朴的可爱。

正如广东俗语所说：各花入各眼。

人人各有所爱！

可爱者与可恶者对比表

可爱者与可恶者对比表

可爱者的注意力多集中在欣赏、肯定别人与自己的长处、所有及为人着想上。	可恶者的注意力多集中在挑剔、否定和自己的不满上。
(1) 可爱者尊重自己，也懂得尊重别人。	(1) 可恶者或唯我独尊，或自卑自贬。
(2) 可爱者待人待己宽厚平和，欣赏别人的才智，鼓励支持别人的努力。亦能欣然接受别人的支持和赞扬。	(2) 可恶者严以律人，宽以待己。对别人的缺点、过失津津乐道。总打击别人的积极性，也打击自己的。

(3) 可爱者就事论事，只在乎什么是对的，而不在乎谁是对的。	(3) 可恶者就人论事，有意无意地把矛头指向别人，总以为别人是在和自己过不去。
(4) 可爱者乐意接受别人的建议，同时也乐意为别人提建议。	(4) 可恶者听见好话就趾高气扬，听见坏话就气急败坏，脸若冰霜。十分在意别人的看法，却又老是爱挑剔别人。
(5) 可爱者懂得爱惜自己身边的人，为人处世常能迁就别人，于是就经常获得别人的关照。	(5) 可恶者自以为懂得爱惜自己，但所做的事却令旁人讨厌，最终自己也无法开心。

十二、富有者与贫穷者

什么人才是富有者？

富有者是懂得享受自己的财富、懂得享受自己所拥有事物的人，而不是仅仅占有财富的人。

从这一角度看，一些富人不过是守财奴——是财富拥有他们，而不是他们拥有财富。他们得到的虽然很多，但自己真正拥有的享受与满足却很少。

一些穷人却是富有的。因为他们懂得安分守己，知足常乐，自得其乐。

庄子曰：“古之得道者，穷亦乐，通亦乐，所乐非穷通。”

乐的是什么呢？

——每种境遇中的快乐。（文字上、理论上的快乐）

——心无牵挂，自在逍遥！（真实的超脱的快乐，那是语言之外的。）

因为人生的任何境遇都同时包含了苦乐两方面。

遗憾的是，太多的人见了苦与穷就垂头丧气、怨天怨地。

极少有明智者能够知足——知道并享受自己的满足的这种满足。

与苦乐一样，人生的满足与不满足亦是相辅相成的两面一体。

荒谬而又可悲的是——人们已经习惯了用负面的一切，用自己的痛苦与不满足来不自觉地自我折磨！

鱼与熊掌

人不论处在何种环境里，都会有自己的得失与苦乐，满足与不满足。

以珠宝做身份标志存在的问题是：你如果炫耀它，你就可能失去它；另一方面，如果你存放在保险公司推荐的地方——银行保险柜——那你要它有什么用呢？

霍拉斯·道奇的遗孀安娜·道奇一生都被这个问题纠缠。她叹息道："我的真正珠宝也许比别人多，但我戴的时候却比谁都少。"

鱼和熊掌不可兼得。

好坏总是同时存在的。富人拥有的财物多，顾虑也多。

富人并不代表心想事成，只不过富人多财，东西多些而已。

至于穷人的坏处，众所周知。但穷人也有穷人的好处。

穷在闹市无人问，免去了许多讨厌的人的纠缠。

身体劳累，精神却能放松。一般都有香甜的睡眠。

穷人可以立定目标，全力争取自己的所需，而不用顾虑财物的损失。（本来就没什么可失去的）

总之，不论是穷人还是富人，都有各自的好处与坏处。

至于各人生活中的满足多少与不满足多少，就得看各人自己如何在得失利弊之间取舍了。

佛曰：众生平等。

穷人有穷人的生活乐趣，富人自有富人的生活乐趣。

例如：穷人的美食是肥美的鸡鸭鱼肉，富人的美食却是精做的野菜以及一般人吃不到的珍贵的新鲜的海产。穷人与富人各自的美食不同，但是，各人吃到美食时的快乐又有什么区别呢？

生命的乐趣对穷人对富人都是同时存在的。

对此，钱多的富人并没有多少优势。因为一切都得看各人是否懂得——发觉和享受自己的所有。

外在富有与内在富有

外在富有是什么？

外在富有是：物质+物质+物质。钱多，东西多，享受却不一定多。

内在富有是什么？

内在富有是：满足+满足+满足。自己真正拥有的享受多。

如此看来，我们很难分辨一个人是否满足。

因为个人的满足与否更多的是自己的感觉，而非旁人的看法。

这样，我们就不难理解，为什么有的人拥有了钱能买来的一切，拥有了旁人的羡慕、嫉妒，却深锁愁眉，一脸的落寞，孤寂。

因为他自己不觉得满足。

满足又是什么呢？满足并不等于钱。

钱只是获取满足的一种工具。满足也并不是社会所推崇的东西：名誉、地位、名牌、时髦、流行之类。

满足是——得到自己喜爱的，自己需要的。

这又是个人各有所好的问题。

有人喜爱工作，以工作为享受为满足；有人喜爱某个人，以爱与被爱为满足；还有人爱冒险；有人爱演戏；有人爱金钱；有人时而爱金钱，时而爱自由；有人时而爱工作，时而爱旅游……

各适其式。

总之，你想要更多的满足，就得开始寻找——你自己真正需要的，你自己真心喜爱的，然后，争取得到它，享受它。

这就是世俗的人要走的富有及幸福之路。

而通达的人却明白——自己的满足时时处处都在自己身边。

如：你口渴，然后你喝水;你肚子饿，然后你吃东西;你困了，然后你睡觉。

日常生活的时时处处都有你的满足在，只不过你自己不自觉罢了。

你一直在习惯地不自觉地感受你的不满足。

满足就是不满足的另一面，这谁都知道，但也几乎谁都习惯了不自觉地去寻找、感受自己的每一点不满足。

人们的不满足的绝大部分都是自己找来的。

通达者真正领悟了——满足与不满足是自己感觉的相辅相成的两面一体。

于是，身体力行，全心全意去发现、去细细感受自己的每一点体验——活在当下：

——水的清凉。

——食物的滋味。

——空气的气味。

——行走的感觉。

——云的变幻。

——风的流动。

——花儿的色、香、形。

——工作的过程。

——每一天的过程。

——每一年的过程。

——自己生命的体验过程。

……

结果，多数人时时处处感受着不满足的苦痛烦恼；通达者却时时处处感受着——感受到的一切。

关于内在富有，印度哲人奥修说：

"富有是你头脑的品质，你生命的品质。

"一个只顾虑到东西和数量的人完全不知道有一个不同的层面存在他里面——品质的层面。唯有当你的头脑是正向的，那个层面才会改变。

"环顾四周，试着去找出那喜乐的，让它充满你，在那个片

刻，忘掉每一样东西，让它充满你，品尝它，让它发生在你的整个人，与它合而为一，它的芬芳将会跟随你，它会整天一直在你里面回响。那个回响，那个回响的感觉将会帮助你变得更正向。”

你自己的感受是什么？

命运与自得其乐

《菜根谭》上说：

“天薄我以福，吾厚吾德以培之；天劳吾以形，吾逸吾心以养之；天扼吾以遇，吾行吾道以通之。天岂奈何我哉？”

庄子曰：“古之得道者，穷亦乐，通亦乐，所乐非穷通。”

林语堂则认为：“人生没有所谓的好坏，只有在那一季里什么东西是好的这个问题。”

古今三人就类似的问题，发表了三种不同的意见，意思却是相通的。

自得其乐，知足常乐。

非常地老生常谈。

本来就太阳底下无新事，无非是新瓶装旧酒，形式不同而已。

问题在于：人们总在不自觉地习惯地自我折磨，偏偏习惯地用放大镜去研究又研究自己的痛苦和不满，而面对自己的欢乐与满足却往往“无心对面不相识”。

例如？

不妨数数你有多少时间在忧虑自己的损失和苦闷，又有多少时间在享受自己的所有。

自得其乐，知足常乐——寻找并享受时时处处都存在自己身边的快乐与满足，是非常容易的事情，不明白为什么有那么多人在上演不知足常苦，自得其苦？

并非知易行难，只为不自觉地习惯地去注意负面的一切，更根本不肯去实行自以为懂得的——知足常乐。

一旦开始实行起来，并形成习惯，方始发现，原来世界还别有洞天！

生活从来就不缺少快乐和满足，缺少的只是我们自己的发现与感受。

你尽可以去感受去体验你自己环境遭遇里的一切美好与乐趣。

如果你富有，你尽可以去享受钱给你带来的好处：不必为钱去做自己讨厌的工作，宽大的住房，精美的食物，世界各地的美丽风光，随心所欲地做自己喜爱的事……你可以尽情去享受钱给你带来的好处。

如果你不穷也不富，你尽可以去享受不穷也不富的好处：你既不用担心缺钱花，也不用操心过多财物的管理……

如果你贫穷，你可以去享受贫穷才有的满足与情趣：享受你心神的悠闲与自由，享受你的香甜睡眠，享受你的安全，享受你的生命……

上个世纪30年代有首爵士歌唱道：

没有家，也没有鞋子
没有钱，也没有等级
没有裙子，也没有毛衣
没有香水，也没有啤酒
没有爱人

没有妈妈，也没有文化
没有朋友，也没有学费
没有爱，也没有名字
没有车票，也没有记号

没有上帝

上帝又怎样？
无论如何我还活着。
上帝又怎样？
没有人能夺走！

我有头发，还有头
我有脑袋，还有耳朵
我有眼睛，还有鼻子
我有嘴巴，还有微笑

我有舌头，还有手
我有心，还有灵魂
我有背，还有性
……
我有生命
我还有自由
我有生命
我要一直保有它
我有生命
没人能从我这里夺走
我有生命

总之，不论你处在何种环境，你都可以去体验你自己环境里才有的满足。

然后，学会感受——你能感受的一切！

财富

财富是什么？

金钱吗？

是，但远不止此。

我们要财富，金钱的目的地是求自己的满足。从这一角度来说，金钱只是工具。

财富的真正含义是——为人带来满足、愉悦的事物。

这可就无边无际了。

我们不妨把财富分为两类：

第一是硬件，第二是软件。

财富的硬件是——物质，我们看得见，摸得着的一切物质。

例如：钱币、土地、房子、车子、珠宝、风景名胜、文物古迹、各种家用的商用的机器、田园、空气、水、石油、煤炭、电、木材、天然气、矿藏、药材、森林、海洋、水果、蔬菜、鱼类、贝类、各种家禽……

财富的软件是——意识。我们可以感受到的一切人的意识。

例如：各人的才华，智慧，情感，习惯，性格，思想，注意力的方向与程度，品德，素质，修养，对人、自然、社会规律的认识运用，以及人类思想、才智、情爱的结晶——科学、艺术、宗教、书报杂志、电影、电视、唱片、亲情、友情、爱情、各集团的经营思想、组织架构……

当然，物质与意识永远是相辅相成互相转换的两面一体。

意识可以转换成物质，即财富软件可转换为财富硬件。

如发明家凭自己的思想、才智，借已有的事物，重新排列组合出新的社会需要的事物，现有的飞机、汽车、电灯就是这样发明出来的。又如企业家凭自己的决心、毅力、才智从一穷二白奋斗到公司林立……

物质亦可影响意识，即财富硬件亦会影响财富软件。

如丰富的物质，易使人沉于逸乐、不思进取而逐渐空虚、贫穷；或者，物质的缺乏，可以促使人奋发图强，建功立业。

离开了物质，人的意识无从发生作用；离开了意识，物质只是与人无关的东西而已。物质与意识（财富硬件与财富软件）相辅相成之下，才有了我们今天的一切。

现代竞争已使人们的财富硬件逐渐趋同，从而日益彰显出人们财富软件的重要。

那么，人们又是如何运用自己的财富软件的呢？这可真是八仙过海，各显神通了。我们只能举例：

如才智的运用。智慧，技能的重要，早为社会大众所公认。现在有人提出变人才为人财，就是把人的智慧、技能、思想转化为生产力，转化为财富。这表明，人们已经开始自觉地把财富软件作为重要的生产力。典型代表就是各类高科技公司、电脑软件公司。

而在过去，财富软件只是众人一直在运用，却从不自觉的潜在财富。

如好习惯的运用。勤奋、立即行动及百折不挠的习惯运用得适宜，可助人建功立业，富足生活；而知道满足、懂得欣赏的习惯则可使人更充分地享受生命。

又如感情的运用：几乎人人都是在亲情的呵护、教养下长大的。成年后，友情、爱情、亲情又成了生活的助力乃至动力，这种种的支持、爱护，都是人们生活中的无形财富。

当然，世事无绝对，利害相生相克。

聪明可使人成功、富裕兼左右逢源，也易于聪明反被聪明误，帮了李四，利了自己，不知不觉中却招来了张三的怨恨；把执著用于自己擅长的事业，可建功立业，而把执著运用于自己不擅长的事，只能收获苦累。

若过于张扬自己的巨大财富、超人权势、名誉，也就不自觉地替自己种下了祸根，必有打抱不平者暗地里虎视眈眈。明枪易躲，暗箭难防，终不免因过多的名利、财富害了自己。这就是——“匹夫无罪，怀璧其罪”。

由此我们可以想见财富运用中方向与程度的重要。

所以，通达者说：财富像鞋子，合适最好。

还是那个适度的问题——钱够自己开销尚有少少积蓄以防意外，这就是确保平安的金色中庸原则。

当然，现实人生的复杂根本不是所谓原则、理论所能统一的。

或者，你命中注定大富大贵，那就随遇而安，享受你的富贵好了。只是不必过分炫耀，以免招来祸端。但行好事，莫问前程，平安与否，谁能预料？谁都只能在自己能力范围内，量力而行，尽力而为。但你此刻享受的富贵感觉，却永远是你的。

或者，你确信自己不会大富大贵，那就尽力丰富心灵好了，丰富了心灵就可拥有丰富的精神生活，同样能在平淡中活出属于自己的幸福美满。

满足、幸福、财富都有无限的形式。但是，对个人来说，获得幸福与财富的关键是什么呢？关键是——清晰地界定自己的需要与喜好！

富有者与贫穷者生活态度对比表

富有者与贫穷者生活态度对比表

富有者的注意力多集中在发觉并享受自己的所有与满足上。	贫穷者的注意力多集中在寻找并感受自己的所无和不满足上。
(1) 赚钱赚钱再赚钱，才下眉头，却上心头，只为赚钱不仅是工作，还是一种可以给自己满足感、成就感的乐趣。	(1) 买衣服要钱，交朋友要钱，这也要钱，那也要钱，但算来算去总不够用。烦躁、无奈、苦恼。

(2) 穷日子难过却平安，没钱的穷人尽情享受平安的快乐和平凡日子的恬淡滋味。	(2) 富日子好过却危机常有。好东西总有人争，家里也常演窝里斗。有钱的穷人时常要提防、警惕、算计，身子安逸了，心却要担惊又担忧。
(3) 贫穷不能排遣，因贫穷而生的烦恼却可以排遣开解。同样，因钱而生的烦恼也可以设法解脱，因此，富有者的心境开朗，愉快，自在。	(3) 钱多开销更多，外头玉马金堂，其实卯吃寅粮，有苦不能诉，面子大过性命；没钱日子难挨，什么都想要，又什么都买不起。贫穷者的苦痛、郁闷是一样的。
(4) 不论顺境，逆境，富有者总能自得其乐，心平气和。	(4) 不论顺境，逆境，贫穷者总是自得其苦，自我折磨。

富裕与贫穷不能全凭金钱区分，我们常常忘记：金钱只是提供自我满足的重要工具，但不是唯一工具。

毕竟，我们人生追求的最终目标是——自我满足。这可就有无穷的内容了。而且更加重要的是：自我满足最终是自己内心的感受，而非旁人的看法。

还是那句老生常谈：人生有成败得失，但是，自己的喜怒哀乐就全看自己如何去处理了！

成败平常事，得失寸心知！

十三、分水岭问题

一个星期五的晚上，龙卷风横扫了多伦多北面的一个叫巴里的城市。这场灾难造成许多人死亡，数百万美元的财产被毁。星期天晚上，尼克回家途经巴里的时候，把汽车停在路边，去看四周破败的景象。目光所及，净是些被摧毁的房子和被颠覆的汽车。

同一天晚上，鲍伯也经过这条马路，他也像尼克一样停下汽车，走到车外，看那一片断壁残垣和汽车残骸。只不过，他的想法与尼克大不相同，鲍伯是一家拥有许多电台的公司的副总裁，他认为我们必须利用电台为这些遭受苦难的人提供帮助。

在接下来的那个星期五，鲍伯把自己公司的所有行政人员都召进了他的办公室。在一张活动挂图的顶部，他写了3个“3”。他对那些行政人员说：“从现在开始，你们愿意在3天之内用3个小时为巴里的人们筹集300万美元吗？”房间里顿时鸦雀无声。

终于，有一个人说：“鲍伯，你疯了，我们无论如何也做不到！”

鲍伯说：“等一下，我没有问你们是否能够做到或者是否应该做到。我只是问你们愿不愿意去做。”

他们都说：“我们当然愿意。”听到这个回答，他就在那3个“3”的下面画了个大大的“T”。他在T的一边写下：“我们为什么做不到？”然后又在T的另一边写下：“我们如何去做到？”

“我要在‘我们为什么做不到’这一边画一个×。我们不用浪费时间去考虑我们为什么做不到，那没有任何价值。我们要在T的这一边把我们如何去做到这件事的每一种方法都写下来。除非我们想出了解决这个问题的办法，否则我们就不离开这个房间。”

房间里又沉寂了下来。

终于有人说："我们可以在加拿大全境用无线电播放一个专题节目。"鲍伯说："这是一个好主意。"然后就把它写了下来。他还没写完，就有人说："我们不可能在加拿大全境播放一个专题节目，因为我们的电台频率没有覆盖整个加拿大。"他说得非常对，这确实是一个客观存在的障碍。他们只在安大略省和魁北克省拥有电台。

鲍伯答道："那是我们如何去做到的一个主意。我们先暂时把它放在这里。"不过，因为各个电台之间通常并不能够协调甚至互相攻击，所以这确实是一个很大的障碍。

突然，有一个人说："我们可以让哈维·柯德和劳埃德·罗宾逊——加拿大广播公司里最有名气的人物——来主持这个节目。"这真是个具有创造力的建议。

到了下个星期二，他们就成功联络了多家电台，并策划了一个多家电台联合广播行动，在全加拿大，共有50家电台同意参与这个专题节目的联合广播，而且果然是哈维·柯德和劳埃德·罗宾逊主持了这个节目。他们在3个工作日内的3个小时成功地筹集到了300万美元。

由这个故事我想到了一个普遍存在的错误：大多数人都把自己的宝贵精力花在"我们为什么做不到"这个毫无用处、毫无意义的问题上。

为什么会这样？

因为——不自觉。

也因为——习惯。

大多数人都习惯地、身不由己地、烦躁无奈地、重复地过着没有意义的生活。

而只有少数人能够自觉地、主动地把自己的全部精力用在解决"我如何去做到"这个有价值、有建设意义的问题上。

所以，成功者总是少数。

当然，凡事都有例外，如果把目标定在自己能力之外，仍然要执著于“我如何云做到”，结果只能是：失败+苦累。

另一方面，问题又来了，以我们现在对自己的认知水平，我们并不能确定自己能力范围的大小高低，我们能够做的只有尝试。

分水岭问题是：

A. 我为什么做不到？

——注意力集中在自己不能做的事和自己缺乏的事物上。

B. 我如何去做到？

——注意力集中在自己能做好的事和自己能运用的事物上。

对这两个问题的选择，将决定你会拥有什么样的人生。

分水岭问题的关键是：

——做什么？不做什么？

——怎么做才有用？

我们都习惯了不去想这种白痴问题。

但是，我们真的了解当下自己都在做什么，又是如何做的吗？

做什么？

不做什么？

如何做？

这三个问题几乎每个人都自以为是地认定自己太清楚太明白了。

但是，这个简单的问题一点也不简单。

只有各行各业之中最杰出的那几个人才真正明白这三个看似简单其实复杂的问题。

十四、标准与有无

我们说一个国家强大，并不是说强国的每一个方面都是强的，强国也有它自己的弱处。

我们说一个人是好人，也并不等于说这个好人就完全没有缺点和过失。

世事无绝对，好中有坏，坏中又有好；强中有弱，弱中又有强；福是祸潜伏的地方，祸又是福依附的境地。

一切都是相辅相成的一体两面。

一切都是相生相克的对立统一。

那么世间的美与丑、善与恶、爱与恨、是与非、高与低、能干与无能，乃至圣人与大盗又是如何产生的呢？

因为——标准。

有了标准，本来混沌的宇宙中，一切都产生了。

有了智慧，人们便知道了庸人与愚人。

有了财产，人们就懂得了贫穷与困乏。

有了名誉，人们就晓得了凡人的无奈无能。

有了领土，人们就找到了大国与小国。

有了权力，人们就发现了尊卑与等级。

假如没了标准。

是不是就没了是非、对错、得失、好坏、荣辱、贵贱、利弊的区别了呢？

世上种种是一，般般皆无。

区别都是人为的。

然后，我们又习惯地在人为的区别中成败得失，为之喜怒哀乐，这就是我们自找的生活！

关于标准与有无，老子在《道德经》第二章中说："天下皆知美之为美，斯恶矣，皆知善之为善，斯不善矣。"

我们人类文明、文化的一大困境就在于此！

十五、此中有彼彼中有此

黑白、是非、真假、善恶、美丑都是人为的区别。

事实的真相从来都是一个全方位的、运动的、不可分割的整体。

印度诗人泰戈尔说："最好的是不会独来的，它伴随着所有的东西一起来。"

同理，最坏的东西也是不会独来的，它也伴随着所有的东西一起来。

自信的人，并非没有自卑的时候，只是自信者自信的时候多，自卑的时候少。完全没有自卑的人是自大狂。

富有的人，并非没有穷困的时候。因为人的欲望无穷而满足有限，而且人的满足并不都是钱能买到的，只是富有者善于安慰和激励自己。绝对应有尽有、为所欲为的人只是童话与神话中的人物。

坚强的人，并非没有软弱的时候。只是强者坚强的时候多过软弱的时候，而且发现自己软弱时常能振作自己。绝对强硬的只有死人。

智慧的人，并非没有愚笨的时候。只是智者明智时多过愚笨时，且智者善于学习运用智慧。自恃聪明的人往往成为别人的笑柄。

成功的人，并非没有失败的时候。只是成功者善于从失败中学习，并不屈不挠奋斗至成功为止。从来没有失败过的人，一旦失败，很可能崩溃。

高尚的人，并非没有卑鄙的念头。只是高尚时多，卑鄙时少，高尚在表，卑鄙在里。从来没有过卑鄙念头的人是不存在的。因为同高尚一样，卑鄙亦是人性的组成元素。

反之亦然。

自卑者也有自信的时候。

穷困者也会有富足的时候。

软弱者也会有坚强的时候。

愚笨者也会有聪明的时候。

失败者也会有成功的时候。

卑鄙者也会有高尚的时候。

世事无绝对，此中有彼，彼中有此。相辅相成，相生相克。

问题只在于——哪一方程度高，哪一方程度低而已。

世间任何事物皆有其两面性，且彼此程度的高低并非一成不变的固定静止，而是时刻在运动着，转化着：强与弱，富与穷，成与败，福与祸，得与失，利与弊……都在人们的不知不觉中互相转化着。

强者操纵弱者，凭的是强者的能力满足弱者；而弱者也在操纵强者，凭的正是弱者不能自给自足，但能提供强者需要的劳动力、知识、技能。

这就是需要与被需要的相生相克。

这就是作用力与反作用力。

操纵人者，人亦操纵之。

一旦，强者不能满足弱者，他也就从强者变成了弱者，从而开始需要仰仗别的强者；而弱者若能在自给自足之余尚能照顾旁人，也就渐渐成了强者。

强与弱就是这样互相转化着。

依此类推，一切的一切都在人们的不知不觉间，时缓时急地转化着。

变化——是永恒的不以人的意志为转移的客观存在。

我们能够做的只有——尽量把握人、事、物的有用的一面为自己亦为社会服务。

十六、思想行为互为因果

李鸿章曾带三个人去拜见曾国藩，请曾国藩给他们分派职务。不巧曾国藩散步去了。李鸿章示意那三个人在厅外等候。不久，曾国藩散步回来。李鸿章说明来意，请曾国藩考察那三个人。

曾国藩说："不必了，面向门厅，站在左边的那位是个忠厚人，办事小心，让人放心，可派他做后勤供应一类的工作；中间那位是个阳奉阴违、两面三刀的人，不值得信任，只宜派一些无足轻重的工作，担不得大任；右边那位是个将才，可独当一面，将来作为不小，应予重用。"

李鸿章很吃惊，问："还没用他们，您是如何看出来的呢？"

曾国藩笑着说："刚才散步回来，见厅外三个人，走过他们身边时，左边那个低头不敢仰视，可见是位老实、小心谨慎的人，因此适合做后勤供应一类只需踏实，无需多少开创精神和机变的事情。中间那位，表面上恭恭敬敬，可等我走过之后，就左顾右盼，可见是个阳奉阴违的人，因此不能重用。右边那位，始终挺拔而立，如一根栋梁，双目正视前方，不亢不卑，是一位大将之才。"

曾国藩所指的那位"大将之才"，便是淮军勇将、后来担任台湾巡抚、鼎鼎大名的刘铭传。

人的心态和体态是一致的。

心态自信的人，体态就挺拔，行止就从容。

人的思想、观念、习惯、才智、能力等等不可见的无形的一切，都会自觉或不自觉地在自己的行为、动静中表现出来，变成可见的、可考察的有形的一切。细心的人自能从中观察，分析。

也就是说人的思想与行为是互为因果的。

每个人的思想与行为都是一种循环。

区别只在：

——有人是良性循环。

——有人是恶性循环。

我们来对比。

两种行为对比表

良性循环	恶性循环
(1) 自觉地、习惯地运用有用的一切争取自己的所需。	(1) 不自觉地、习惯地运用无用的一切做无用功。
(2) 相信自己是个快乐的人，在自己的生活中寻找一切有趣的美好的事来证明自己的快乐，于是，就成了一个快乐的人。	(2) 相信自己是个倒霉蛋，在自己的生活中寻找一切可恶的、烦恼的事来证明自己倒霉，于是，就成了个苦恼的倒霉蛋。
(3) 相信自己是个有用的人，在自己的生活中寻找一切可以运用的事物来成就自己的事业，于是，就成了一个有价值的人。	(3) 相信自己是个无用的人，在自己的生活中寻找一切无用的事物来证明自己的失败，于是，就成了没用的人。
(4) 如是反复，因成果，果证因，即成良性循环。	(4) 如是反复，因果相成，即成恶性循环。

前文的12组对比，就是较为具体的证明。

由此，我们可以得出——思想决定行为，行为影响思想。

一切都是因果循环。

注意人生有益的一面，运用自己可以运用的一切来实现自己的理想，即成良性循环。

注意人生无益的一面，拿没用的一切来证明自己无能、无奈，即成恶性循环。

其实，生命本身就是一种因果。

生命是——种瓜得瓜，种豆得豆。

种善因，得善果。种恶因，得恶果。

付出什么，就得到什么。

一切都只是个迟早问题。

只是由于人类对于自身的无知，人们还不能完全了解每个人自身的因与果。

因果？这不是跑到宗教里去了？

事实上，宗教也自有其真知灼见，只是宗教的条条框框太多，自己限制了自己。

可科学、艺术又何尝不是如此？

所有人求知的目的都是——为自己的生活更美好更充实。

但人们求知的方法各异。

有人以宗教，有人以科学，有人以艺术。

那又何苦因方法的不同而互相攻击、排斥，却不因目的的一致而互补互助呢？

为什么人总是相信自己的正确，而一再忽视再聪明的人都难免带有自己的偏见，每个人都会有自己的盲点呢？

十七、一个普遍的错误

想改变自己的人，通常改变的都是自己的习惯、个性及生活方式，这是一个普遍的错误。

因为人的思想、行为的核心是——自我认识。

而人的习惯、个性、生活方式等都是个人自我认识的表现。

一个国家，若有两个国王，必有争斗，争斗就必然出现混乱、伤害。

同样，一个人的脑袋里，针对同一问题有不同的两个意念，必然引起心理上的挣扎。或者，哪个意念强烈，哪个意念得胜——控制这个人的思想，行为。或者，两个意念一样强烈，此人就陷入长期的心理矛盾中。

古时候改朝换代的方式，总是由一个国王替代另一个国王(且一朝天子一朝臣)，而换臣子臣民是无法改朝换代的。因为发号施令的始终是国王，臣子臣民只不过是国王命令的执行者。

人与国一样，对人发号施令的"国王"是——人的自我认识。而人的习惯、个性、生活方式乃至人的一切行为都是人的自我认识这个"国王"命令的执行者。

从来都是国王命令臣子。

从无臣子命令国王的道理。

而现在人们却想让臣子去命令国王，哪有不失败的道理！

只有用甲自我认识去更换乙自我认识——改变自己的注意力、自己的自我认识，才是改变我们习惯、个性、遭遇、生活方式的正确之途。

十八、鸡与蛋的问题

我发现人的注意力与自我认识是鸡与蛋的问题，搞不清谁先有。

因为说谁先有都有理由。

注意力是鸡，自我意识是蛋。

注重好的有益的事物的人，必有自信乐观的自我认识；而有自信乐观的自我认识的人又必然注重好的有益的事物。你怎么去分个主次先后？我是没法分了。

我们还是来做自己有办法的事——注重并运用一切有用的事物来争取自己的幸福生活。

后来，我想通了。

其实，鸡与蛋是一体的。

鸡是蛋的一个状态，蛋又是鸡的一个状态。

注意力是自我认识的一个状态，自我认识又是注意力的一个状态。

一切是一。

一又化为千万。

但我们已经根深蒂固地习惯于执著文字，已经习惯了去忘记、去忽视理解文字所代表的意义。

道、禅、佛、存在、自性是不同的字，但它们所代表的意义是相通的。

重要的是，我们要自己去领悟那个意义，而不是去争辩它究竟应该叫什么。

十九、境由心造

高兴的时候，我们觉得花是鲜的，草是绿的，一切都是可爱的。

烦恼的时候，我们觉得花是枯的，草是黄的，一切都是可恶的。

很多时候，我们都是只看见自己想看的，只听见自己想听的，只做成自己想做成的事情，我们的思想和行为是一致的。

当然，也有人想的全是天花乱坠的好事，做的时候却相信自己只能有坏的结果，他们想的是一套，做的又是一套。

我们来对比：

两种人对比表

想的和做的一致的人	想的和做的不一致的人
(1) 想的和做的都来源于一个信念，所以想的和做的都顺利。	(1) 想的是梦，做的才是真，做的才是他们真正的信念，所以心理矛盾，挣扎，苦恼。
(2) 决定做成一件事，事前做好充分的准备工作，然后相信自己可以把这件事做成。	(2) 想做一件事，同时非常担心自己做这件事会失败。极少甚至从来不做准备工作。
(3) 开始行动了，全心全意地投入。	(3) 开始行动了，一边做一边想："这样做行不行啊，失败了，就倒霉了……"要是成功了，立时陶醉在美梦里。
(4) 由于全力以赴，每一天都做成了事情的一部分，每一天都有小小的满足感和愉快的情绪。	(4) 因为做事半推半就，做出来的事也就马马虎虎，心里觉得疙疙瘩瘩的不舒畅。

(5) 随之而来的感觉是自信，愉快，满足，因而更加相信结果会令自己满意，越做越有信心。	(5) 接下来的感觉是：焦虑，颓废，屈辱，胆怯，患得患失，更加相信结果肯定失败，越做越没信心。
(6) 遇上挫折，总结经验，继续努力。	(6) 又失败了，悲观，懈怠，无奈地环顾四周，等待帮助。
(7) 全心全意地累积起一个又一个小成功，终于实现了自己的目标。感觉心满意足，舒心，畅快，是为乐境。	(7) 由始至终有意无意地累积起一个又一个小失意，终成失败。感觉憋闷，悔恨，无奈，终入苦海。

由此可见，苦亦此心，乐亦此心。

乐境、苦海皆由心营造。

造成乐境、苦海的并不完全是外在环境、习惯、个性、生活环境。

主要是——我们自己的注意力。

你的生活就是你的镜子，你投进去什么，它就反映出什么。

你注意并感觉你的不满足、郁闷、烦躁、无聊、苦痛等负面的一切，你的镜子就把这一切累积成地狱反映出来。

你注意并感觉你的满足、快乐、情趣、信心、能力等正面的一切，你的镜子就把你所有的一切变成天堂反映出来。

天堂与地狱在哪里？

——就在你身边。

天堂或地狱就是你的注意力与想象的结果。

当然，现实生活中谁也不可能只注意好的有用的方面，而全不理睬坏的方面。

我们能够做到的只是——“念头起处，绕觉向欲路上去，便

挽回理路上来，一起便觉，一觉便转，此是转祸为福、起死回生的关头，切莫轻易放过。”（《菜根谭》）

一起便觉，一觉便转。

当发现自己消沉沮丧时，立时振作自己；当发现自己不如意时，设法安慰自己，想想自己的如意；当发现自己懈怠时，即时激励自己，继续奋斗……

总之，始终把自己的注意力控制在好的、有用的方面——这就是我们能够为自己建设的尘世天堂，我们可以自在地在其中休养生息。

《菜根谭》上说：“事到眼前，知足者仙境，不知足者凡境。”

怎么知足？

用心去发现、感受自己身边的满足，用你以前不知足的方式来知足。

当你在某时某处感受到满足时，放慢你的节奏，细细品尝你的满足，将满足的体验扩散到你的全身，沉浸在你的满足里——那就是你的天堂，就是极乐世界。

当然，方向是一回事。程度又是另一回事。

如果你整天吃糖，两天就腻了。

因此，如何保持知足与知不足的平衡，就是我们需要学习的重要生活技巧。

二十、注意力的方向

注意力的方向大致有三——负面的，正面的，全然的。

第一，负面的。

人生的苦痛、不满足、厄运、挫折、烦恼、焦虑……人生一切不如意的感觉。

第二，正面的。

人生的快乐、满足、幸福、健康、自在悠闲……人生一切如意的感觉。

而真相是——人生既不是地狱也不是天堂。人生就是人生。天堂和地狱只不过是我们自己的感觉。

现实生活是任何理论都不能完全描述与界定的一片混沌。它包含了一切我们感觉得到和感觉不到的好坏、得失、善恶、美丑……它从来都是全方位的、运动的整体。

但是，我们已经习惯了片面地去认识，去区别好坏、得失、利弊、苦乐、祸福。

世间本无所谓苦乐祸福，是我们自己早已习惯了分别把人生的种种贴上苦乐祸福的标签，然后让自己在喜怒哀乐中辗转挣扎。

"天下本无事，庸人自扰之。"

是我们自己在用苦乐祸福的区别心来折磨自己。

人的感觉、人的注意力是时常变化的。

而人的感觉本身、人的注意力本身却是不变的。若能觉悟这一点，就超脱了。（在文字上超脱）

第三，全然的。

——这才是真实的人、事、物的本来面目。

它涵盖一切，又超然一切。它就是道、佛所表示的那个东西。

怎样才能注意到那个全然的呢？

或者，注意那好与坏的中间，那个超然于好坏的整体。

或者，投入现在。

现在这一刻，自己是全然的，事物也是全然的。

可惜，我们自己的固有观念、固有习惯令我们视而不见，舍近求远。

注意力集中在那个全然的，渐渐地我们就融入了大我，获得了彻底的解脱和自由。

注意力的三个方向导致三种态度：

第一，注意负面的导致消极被动的态度。

它注重过去，以自己为中心地做着无用功：忧虑，后悔，拖延，无奈，烦恼……

第二，注意正面的导致主动积极的态度。

它注重将来，为实现自己的目标尽力运用一切。

《贞观政要》里记载了唐太宗李世民的用人之道。李世民说："明主之用人，如巧匠之制木，直者以为辕，曲者以为轮，长者以为栋梁，短者以为拱角，无曲直长短，各种所施。明主之任人亦由是也。智者取其谋，愚者取其力，勇者取其威，怯者取其慎，无智愚勇怯兼而用之，故良将无弃才，明主无弃士。"

用人与用物，道理是一样的。

各人、各事、各物都自有其长短，问题只在于——我们自己是否有能力运用它。

古时候有户人家，有五个儿子。但五子各有特征：长子质朴，次子聪明，三子目盲，四子背驼，五子脚跛。

照常理看，这家人的日子很难过，可他家却有办法把日子过得蛮不错的。

他们是这样安排的：

老大质朴，正好让他务农。

老二聪慧，正好让他经商。

老三目盲，正好让他按摩。

老四背驼，正好让他搓绳。

老五足跛，正好让他纺线。

你看，这一家人各展其长，各得其所，也能不愁衣食。

若从人们习惯了的没用的角度看，这家人有三子无用；而从有用的角度看，个个有用。且每个人，每样物，每件事都是有用的，只要我们懂得运用。

运用的程度谁也没法说，而运用的方法可归结为——因势利导，顺势而用。

运用人、事、物可用的一切，是现实社会功利主义者处世为人的最好态度。

当然，凡事有利必有弊。

运用一切的态度，是现实生活中的智慧的态度，可这也给人们带来了狡猾、欺诈、虚伪、争斗，然后，成王败寇。

所谓的"王"不一定就是善，所谓的"寇"也不一定就是恶。可现实社会是功利社会，衡量尊卑的是功利，而不是是非。

大势所趋，人们只能身不由己。

功名利禄，一直是万众向往的。它也就顺理成章地做了人们真正的"国王"，之后，随心所欲地奴役人们。

其实，这只是表象。

实质问题是——真正奴役人们的是人们自己的信念：相信只有功名利禄才能满足自己。

可笑的是：满足一直都在自己身边，它就是人们一直感受着的不满足的另一面。

离开了满足，不满足无法存在；离开了天堂，地狱无法存在。道理谁都会讲，可做起来就糊涂了。

只因为——知道是一回事。做到是另一回事。

所以，人们才会——舍近求远，舍易就难。

醒醒吧，用自己以往感受不满足的态度开始感受时时处处在自己身边的满足吧，如此，现在，此刻，就是自己的天堂！

第三，注意全然的，导致无为的超然态度。

把一切看个通透，于是归于混沌，与自然合一，慈悲地观照一切，悠然，惘然。

或者以平常心持身涉世，无忧无虑，自在悠闲。

关于注意全然的人，有人这样说："他去过很多地方，亲眼见证了许多事情，非常睿智，能用更开阔的眼光看到事物发生的原因和过程，但同时他也能看到个体，看到一件事情怎样影响一个人的生命。我认为这是一种非常宝贵的能力。"（但这也仅仅是某一境界的入门阶段）

三种态度导致的三种境界，并非阶梯状的，它们时刻存在于同一时空里，只是由于各人的注意力、领悟力把人们区别开了。

当然，世间万事万物时刻在变化中，但人的思想、观念、注意力方向及由此产生的态度却是相对不变的，人们一直近乎无意识地在依从自己的习惯思想着，行动着。

以上所述只是三种惯性轨道。

注意负面的——消极被动的态度——负面的惯性轨道。

注意正面的——主动积极的态度——正面的惯性轨道。

注意全然的——自在超然的态度——全然的惯性轨道。

当然，人是万物之灵，完全可以凭自己的灵悟改变自己的惯性轨道。或者，只是因为外部事件、人物的激发而改变自己的惯性轨道。

习惯是我们自己在不知不觉间养成的，我们也可以自觉自动地调整自己的习惯。

选择的权力一直都是属于我们的。

问题只在于：

——我们自己用与不用？

——我们自己怎样运用？

二十一、注意力的来源

其实，注意力所关注的事物都是表象。

是什么的表象呢？

是人的价值观、信念、观念、兴趣、习惯、自我认识、人生目标等等的表象。

注意力的来源是什么？

注意是人的本性吗？

注意是生命不变的本性吗？

注意力是什么？

二十二、注意力的习惯

美国哲学家、人本主义心理学之父马斯洛说：

“人是一种不断需求的动物，除短暂的时间外，极少达到完全满足的状况，一个欲望满足后，往往又会迅速地被另一个欲望所占领。人几乎整个一生都总在希望着什么，因而也引发了一切……”

但是，当我们不断不断地需求时，是我们主宰着需求？还是需求主宰着我们？

让我们从注意力的习惯这一角度来看下述故事。

这是一位92岁高龄、身材娇小但神态自若、并略带几分矜持的女士，每天早晨都在8点钟以前穿戴完毕，头发做成时髦的样式，面部的化妆也是十分精心完美，而她实际上已经双目失明。她今天要被送进一家养老院。她70岁的丈夫前不久去世了，她不得不住进养老院。

在养老院的大厅耐心等候了数小时，当被告知她的房间已准备就绪时，她的脸上露出了甜甜的笑容。她转动步行器进入电梯，护士对她那小小的房间进行了一番描述，包括挂在窗户上的镶有小圆孔的窗帘。“我真喜欢！”她说道，流露出的热情简直和一个8岁的小孩得到一只新小狗一样。“琼斯夫人，您还没有看到房间……再等等。”

“这和看不看没有什么关系，”她回答，“快乐是你事先决定好的。我喜欢不喜欢我的房间并不取决于家具怎么安排的，而在于我怎样安排我的想法。我已经决定喜欢它……

“这是我每天早晨醒来后作的决定。我可以选择接受变化，并且在种种变化中寻找最佳；我还可以选择担忧那些可能永远不会发生的‘假如’。我可以整天躺在床上琢磨我身体哪些部位不灵了，给我带来这样或那样的困难；我也可以从床上起来，对我的身体还有许多部位能工作心怀感激。每一天都是一份礼物，只要我睁开眼睛，我就决定不去老想那些已经‘发生在我身上’的事情，而是专注于我使之发生的事情。

“我有五条简单易行的快乐法则：

“1. 心中不存憎恨。

“2. 脑中不存担忧。

“3. 生活简单。

“4. 多些给予。

“5. 少点期盼。”

事出有因，一个人长寿也是有原因的。

智慧，不只是书本，不只是理论，而更多的是这样一些源自生活的活生生的个人感悟！

华人首富李嘉诚在汕头大学为长江商学院近300位EMBA学生所作的演讲中着重提到一句话：

“栽种思想，成就行为；栽种行为，成就习惯；栽种习惯，成就性格；栽种性格，成就命运。”

你如何看注意力的习惯？

每个人的注意力都有自己的固有习惯，这习惯都是我们每个人自己在自觉或不自觉的时候养成的。

但是，就是这些我们每个人都习以为常的习惯，决定了我们自己的性格，我们自己的生活。前文的12组对比中已经有了许多案例。

我们都可以就此问题进行反省。

然后，每个人都会有自己的答案。

你自己的注意力的习惯是什么？

二十三、注意力的主人

“剪不断，理还乱，是离愁，别有一番滋味在心头。”

这是李清照美丽的词。

而在我们真实的生活中，存在更多的现象却是：剪不断，理还乱，是烦恼，别有多番烦躁在心头。

为什么？

谁是我们注意力的主人？

是我们的信念？

还是我们的心态？

是我们注意的，吸引我们的事物？

还是我们自身的需要？

我们是自己注意力的主人吗？我们可以是自己注意力的主人吗？

如何才能成为自己注意力的主人？现实生活中，注意力的主人往往是那些紧紧吸引我们注意力的东西——名誉、金钱、感情、欲望、权力、物质、别人的所有……

这些紧紧吸引我们注意力的东西往往习以为常地成了我们注意力的真正的主人。

为什么？

因为一直以来，我们都根深蒂固地习惯了把自己的注意力不自觉地集中在外在的事物、人物上。

却又一直都忽视注意力真正的主人——注意本身，忽视我们每时每刻，年年月月乃至一生都相伴相守的我们每个人自己的本性。

镜子的本性是映照，是永恒不变的。

但是，镜子的映照对象却是千变万化的。

人的本性是观照，是相对不变的。但是，人的观照对象却也是千变万化的。

如果真能达此境界，就真正是自己的主人了。但是，真到那时，已无所谓主人不主人了。因为你已经不需要也不必要分辨了。

注意力的主人是谁？

这每个人都可以自由选择。

这是我们每个人与生俱来的权力。

只可惜，许多人都自觉地习惯地放弃了这一权力。日复一日，年复一年地追随了吸引自己注意力的身外物。

注意力的主人是什么？

这可以是个习惯的问题。

也可以是个自我醒悟的问题。

还可以是个人各有所好的问题。

你想如何选择？

法国哲学家蒙田说："世上最伟大的事，是一个人懂得了如何做自己的主人。"

我们都知道——活在当下！

活在当下本来是一件非常简单的事，可在我们的现实生活中，它已经变得无比复杂，原因也变得千变万化。但是，都可以归结为——我们往往都不是自己的主人。

这又是一件荒谬而可笑的事。

我们的注意力当然是我们的。

但是，我们自己的注意力又往往不是我们的。

这又是一个理论上、逻辑上说不通，而在我们的现实生活中却又一直发生着并将继续发生着的事实！

你的注意力的主人是……

二十四、比较与分裂

前述12组对比，其实是——似是而非的！

纯粹的注意是一个全方位、运动的行为。

而只看好的、有用的方面，却是一种似是而非的伪智慧、假聪明。

本来是一个整体的东西，我们如何能够只看一面呢？

问题正在于此。

习惯！

又是习惯！我们早就已经熟视无睹地、理所当然地、根深蒂固地习惯了——片面、静止的思维习惯！

当然，我并不知道却又非常想知道的是：

如何专注？

如何全方位、运动地专注？如何专注每一刹那？这些其实都是一个问题，但我无能亦无法更加准确地表达。

每个人原本都是一个整体。

每个人的注意力也是一个整体。

每个人的意识也是一个整体。

但是，我们自己早已根深蒂固地这样：

——习惯了分裂。

——习惯了对比。

——习惯了我们的习惯。

日复一日，年复一年都在习惯的轨道上转转转转转……

克里希那穆提在他的《重新认识你自己》中说：

如果我一天到晚拿自己和你相比，努力模仿你的长处，那么我就否定了我之为我，因此我就是在制造一个假象。任何形式的比较，都会导致幻觉和痛苦，而且愈陷愈深，难以自拔。我们或者分析自己，想一点一滴地增加对自己的认识；或者不断强迫自己向某种境界、某个救世主或观念等外在的存在认同……这种种努力，不外乎是勉强自己顺从外在的权威罢了，因而带来更大的挣扎。

如果我能亲眼识破其中的原委，我就已经从这种束缚中解脱了。我的心不再向外寻求，这就是关键所在。然而我的心不再摸索、寻找和质疑，这并不表示我的心已经满足现状了，只是不再制造任何假象罢了。这样的心才能朝向完全不同的次元迈进。我们的日常生活充满了痛苦、快感及恐惧，它们限制了我们的心智及其本质。只要这些痛苦、快感及恐惧消失了（并不代表你再也不感到喜悦，喜悦与快感是两回事），心智就能在截然不同的次元中运作，那儿既无冲突，也没有相对性。

在语言上，我们只能说到此为止，以后的境界是无法用文字来表达的，因为文字并不是那个东西本身。到目前为止，我们只能在描述解释，可是没有任何语言文字可以为我们开启那扇门。

若想开启那扇门，我们必须每天都保持全观而且充满觉察力，觉察自己的每一个思想和言行。如果以清理房间为例，使房间整洁有序，从某个角度来看是很重要，但是从另一个角度来看，可能一点也不重要。房间的整洁有序确实有必要，但并不能为你打开门窗。为你打开门窗的，绝不是你的意志力和愿望，“那个东西”是邀请不来的。你所能做的只是保持整洁而已，换句话说，就是没有任何目的地为了整洁自身而保持整洁。

如果你一直能保持健康、理性和井然有序，运气好的话，也许有一天窗子会自动打开，吹进习习凉风，也许不会，这全凭你的心智状态而定，也只有你才能了解自己的心智状态，尽量观察它，不要为它定型设限，也不要设定立场，既不反对，也不同意，更不批判谴责。总之，就是观察而不带任何拣择之心。在没有拣择的心智状态下，也许大门会在刹那间开启，让你一

睹那既无挣扎又超越时间的境界。

克里希那穆提就是克里希那穆提！

我无言，我迷惘……

第三章　你的需要

人生其实就是两个问题：

第一，你需要什么？

第二，怎样实现你的需要？

人生的所有问题均由此引发。虽说世界永远不会以某个人为中心，可几乎人人都一厢情愿地以自我为中心，在需要的满足与不满足的轮回中——耗尽了自己的一生！

但是，我们真正的问题是——我们一直都是自以为明白自己的需要，而实际上我们几乎从来就不清楚——自己真正需要的到底是什么？

一、你的需要

快乐的人懂得——追求自己需要又适合自己的事物。

幸福的人知道：

——珍惜自己拥有的。

——欣赏生活中的美好与趣味。

但是，大多数人却不自觉地习惯地：

——清点自己没有的。

——追求自己得不到的。

人的需要

一般来说，人的需要有三部分：

一是，生存需要。

生存需要包括衣、食、住、行、安全、养育后代……

二是，情感需要。

情感需要包括爱护、关心、理解、爱恋、同情、照顾、沟通、交流等。

三是，精神需要。

精神需要包括肯定、尊重、荣誉、欣赏、表现自己的才能智慧等。

这三部分需要又各人有各人的程度。

如追求事业成就的人，常因心系事业的进展而随便吃些简单的食物；有钱又无聊的人则常常呼朋引类大排宴席。

现实生活当中，人们的生存需要、情感需要、精神需要并不总是孤立存在的，它们时常会几种不同的需要不同程度地出现在一种行为之中。

如穿衣，现代人再也不像古代人那样，穿衣只为避风挡寒，而更多是追求穿着之美观与舒适。通过服装的色彩、款式、质地、搭配体现个人的风格、个性、气质、精神风貌和文化修养。

同样，吃饭也再不仅仅是喂养自己，现代人多借此联络感情，扩大交际，获得味觉、视觉、情调，甚至听觉上的享受。

一般情况下，人们的生存需要基本满足，才会去追求情感需要的满足，或追求精神需要的满足，或同时追求情感需要和精神需要的满足。

每个人的自我需要都有主次，这一主次由种种自我需要的强弱程度确定。

有人一生都在追求生存需要的满足，衣、食、住、行等再不仅仅是维持生存的方式，而且是满足自己的享乐欲，向别人炫耀的手段。他们的生活重心倾向生存需要，那么同时花在情感需要与精神需要上的精力、时间就非常有限了。或许对于他们来说，获得尊重、荣誉的唯一途径，就是锦衣玉食、华厦名车。

有人一生都在追求精神需要的满足，生存需要和情感需要都只维持基本满足的水平，这类人的代表就是那些为科学、为艺术、为宗教、为祖国、为民族等奉献毕生精力的人士，我们的生活正是由于他们的存在而变得丰富。

还有人一辈子都在追求情感需要的满足，相应就比较轻视生存需要与精神需要，这类人的代表就是千百年来总是赚人眼泪与同情的情痴们。

以上，只是大略分析，人性的复杂很多时候令人难以捉摸，也正因此，作家们才有写不完的情理之中、意料之外的精彩故事；而且现实人生往往是混沌的，根本不是任何理论或信念所能强求的一律。

人各有志，人们需要的主次也因此各异。

同样是艺术品收藏家，有的志在欣赏艺术品的艺术魅力；有的只在乎艺术品的金钱价值，借此为金钱保值并标榜自己的身

价与品位；有的兴趣仅仅在于艺术品的收藏数量。

其实，人的需要种种，主次并不重要，重要的是——弄清自己的真正需要。

别人的需要

人生于世，总不免受旁人、环境的影响。但受什么影响，被影响到什么程度，却是自己可以选择与控制的。

处在同一环境中的人，如成就、声望、衣食住行都差不多，自然相安无事。一旦有人异军突起，发财了，出名了，升官了，周围立即起了恐慌，心眼大些的，会研究别人如何成功，以吸取经验，从而更好地追求自己的目标。心眼小又自卑的："哼，就凭他，什么玩意。"眼睛一红起来，那位行高于众的仁兄就有麻烦了。

人性的丑恶就是这样："我活得不好，你也甭想活得比我好。"

其实又何苦损人不利己！人生于世都是为求幸福美满，把那份损害别人的心机用来建设自己的幸福岂不更好。

当然，一切都是相辅相成的，互动的。

若那位行高于众的仁兄懂得"行高于众，众必非之"而先行谦虚谨慎，必然更得人缘，也更易于从成功走向成功。

环境的影响，别人的议论，都是别人的事。

而自己听什么、做什么才是自己的事。

人生于世，不论做好做坏，都会有人议论。别人的议论或者出于无聊，或者出于关心，只有老于世故的人知道——实际上别人的议论大部分都是出于无聊无心时的信口开河。

可年轻人耳朵软，又特别在乎旁人对自己的看法。四周人稍有议论，恐慌即起。恐慌来恐慌去，最后麻木了。才开始领悟——世界是各人自扫门前雪的世界。

至此，方才明白——别人的议论，是别人的需要。而自己听什么，做什么才是自己的事。

于是，开始实行——走自己的路，让别人去磨牙好了。

一种错误观念

人的欲望无穷，而满足有限。

这是一种普遍的错误观念。

为什么？

首先，许多所谓的自我需要并不是真正的自我需要，而更多的是种妄念（盲目的欲望）。

社会以过度丰富的物质来标榜成功者奢侈华丽的生活。于是，许多人都幻想自己也需要拥有华厦、名车、巨大的名誉。

但事实是：从古到今，成名的，巨富的，成功的，从来都是少数。大多数人都只能拥有平凡的生活。平凡的人并不可能拥有奢侈华丽的生活，那种生活只是传媒对大众的一种误导而已。

当然，传媒是传媒，我们自己相信什么、做什么才更重要。

能力强的，尽可以在事业上全力以赴，然后建功立业，实现自我需要的满足；能力弱的，那就做好本职工作，于平凡的生活中寻找生命的乐趣，一样是快乐的生活。

其次，许多人实际上都并不明白自己需要什么，却又盲目地把别人的需要、社会潮流的需要当做自己的需要来追求，而别人的需要，社会潮流的需要是不断在变幻中的，因此，所谓的自我需要便成了一种虚幻的东西。

再次，现代社会竞争激烈，常人想升职，想发达，想实现自我需要的难度越来越大，人们的心理普遍失去平衡，而且人们的注意力又一再习惯地放在自己巨大的不满足以及成功者巨大的满足上面。

于是，在习惯的放大镜下，自己的不满足和成功者的满足一

样越来越大。另一方面，对于自己本已拥有的满足却又习惯地无缘对面不相识。

你需要什么？

如果你真的明白自己需要什么，就一定知道自己的需要非常有限。当然，贪得无厌的人除外。

自己的满足有限，而成功者的满足无限。

这是不可能成立的。因为满足与不满足永远是相辅相成的一体两面。

问题只在于——你自己怎样看待它们，又如何处理它们。

人的需要与满足基本上都是可以平衡的。但是，如何平衡自己的需要与满足，就得看你自己的智慧了。

一种普遍的错误观念是——人们往往把欲望等同于需要。

而生活当中的真相却是：自己的欲望是一回事，自己真实的需要又是另一回事！

想要的与需要的

人生最大的苦恼，不在于自己拥有的太少，而在于自己想要的太多。

想要的太多，而自己的能力又无法使自己全部得到，就容易产生失望和不满。在对环境对自己都长久地感到不满和失望的情形下，就很容易产生自卑、怀疑、恐惧，乃至内心的紧张、冲突。

人性的愚昧就在于——只关注自己没有的和强求自己得不到的。

我们不可能要什么有什么（谁也不可能），那又何必自寻烦恼。因为对我们来说，得到需要的一切显然更为重要。其实我们就像婴儿一样，自我真正的需要得到满足就会心满意足。

想要的更多的是大众传媒对昂贵物品的渲染引诱而来的，以及别人有的自己也想要。

需要的是——自己内心的渴求。

你特别需要什么，你就总能设法得到它。

区别“想要的”和“需要的”，是我们每个人生命中必然经历的自我认识的取舍过程。

美国名嘴奥普拉·温弗瑞说：“20岁时我们不知道自己应该做什么，30岁时终于知道做什么，不过才开了个头，40岁时各种事情纷至沓来，忙晕了头，50岁时我们才能大步往前。”

这是她的个人体验，你的呢？

活着为什么

一位曾经是农夫的都市人说起自己的经历：

我出生在50年代，中学毕业前一直住在一处农作物遍布、鸡犬之声处处可闻的大农场里。父亲是个淳朴的庄稼人，天生具有勤俭节约的美德。因此，我们并不拥有许多闪闪发光的新式农具，大部分的农活都靠双手完成。

记得那时曾有人问我，日后是否会子承父业，仍然做一名农夫。当时，我斩钉截铁地回答：“决不，只有傻瓜才愿一辈子种地，我要到大城市去寻找前途……”

然而，现在的我却在想：“我是否能够重返往昔？”

离开了土地，我生活在喧嚣的大都市中。在过去二十年中，为了生存我开足马力，拼命挣钱，再也不复拥有昔日农场中那种安逸悠闲的田园生活。

如今，我已年近不惑。每当我驱车经过路边的农庄，看着牧场上肥美的牛羊，树枝上丰满的果实，由衷的钦羡与向往便会在心底悄然而生，在我的耳旁仿佛重又荡漾起儿时在溪畔嬉戏时的欢声笑语，眼前重又浮现出雪后农场的那一片银色世界……

我日夜渴望重返那静谧安逸的乡村生活。我怀念着打牧草的日子，我怀念着热火朝天的农耕生活，我怀念洋溢着激动与喜悦的收获季节，我怀念劳动间歇那可口的三明治和阵阵醉人的牧歌……

至今，我仍然清楚地记得有一年，弟弟得了重病，被送到很远的依阿华城。父母为照顾弟弟，不得不留在那里终日守护。

一个星期天的早晨，正当我为家里的庄稼无人收割而焦虑不安时，十多台联合收割机和采摘机浩浩荡荡地开进了农场，后面紧跟着拖拉机和小货车。

那真是一幕令人难以忘怀的情景！我坐在高高的谷仓上，眼见着一层层的麦浪转眼间变成黄澄澄的小麦，这些善良的乡邻们中的许多人来自几公里以外的地方，我深深地把他们每个人的名字铭记在心。然而今天，我却连住在对面房子里的那家人姓什么都不知道。

时至今日，我仍然完好无损地保存着一套农具。但几个月前，当我不得不卖掉我那大个头的约翰·迪沃牌的细晒机时，难过得几乎流下眼泪。因为，这是我最后一件大型农具，它使我回忆起夜晚从地里归来，浑身是土但却满心欢喜的那些日子。

周末的时候，我常常一边在沙发里观看体育转播，一边在心里叹息着新的一周又要来临，又要重新面对严酷的现实生活，而自己却早已不堪重负。我感到烟瘾日增，肌肉也在一天天地松驰，衰老、身心的疲惫总是使我身不由己，言不由衷。

我常常独自思考，我还能重新拥有从前的那种生活吗？在这个世界上，仅仅只有我一个人这样想，还是许多人和我一样？

许多人和他一样，明知自己需要什么，渴求什么，却不去追求，只是无奈地习惯地把自己困在苦恼中。

人在江湖身不由己吗？

不，其实是舍不下现有的利益，更害怕变化，可这大得过自己心灵的空虚和疲惫吗？

人活着究竟是为了什么？

你需要什么

能否尽量发挥个人才华，以及能否获得更多幸福的最大区别在于——是否明确自己的需要（目标）。

在1953年，有人对耶鲁大学毕业生做过的一次研究，足以说明上句话的正确性。当时那些毕业生被询问是否有清楚明确的目标以及达成的书面计划，结果只有3%的学生有肯定的答复。二十年后的1973年，重新调查了一下当年接受访问的人，结果那些有达成目标书面计划的3%的学生，在财务状况上远高于其他97%的学生。虽然这项调查只限于财务方面，但根据调查人员的侧面观察，似乎那3%的人在幸福及快乐的程度上也高于其他的人，这就是明确自己需要的力量。

这真是个奇怪的事！

许多人愿意花许多时间去做无用功，却少有人愿意花时间去弄清楚自己到底需要什么。

稍稍留心，我们就可以看到许多矛盾的事：

——人人需要快乐幸福，却又几乎人人都在点完又点自己的不如意。

——人人需要自信，却又几乎人人都只看得到自己的缺点过失。

——人人都想发财，却又几乎人人都在上班领工资……

很多人会感叹理想是美好的，现实是残酷的，然后让“人在江湖身不由己”来安慰自己。

究竟为什么？人们为什么对这个关系自己生活质量的重要问题视而不见？

——习惯！人们已经习惯了现有的生活，习惯了让生活来安排自己。人们害怕失去习惯了的熟悉的生活，害怕失去已经拥有的一切，更缺乏意志力来把自己松散的注意力、精力集中在一项追求上。

极少有人会主动去安排自己的生活，弄清楚自己的（真实）需要，强烈渴望实现自己的理想。

人们只会给自己找一大堆借口来证明理想是可望而不可及的，而习惯才是真实地在折磨自己苦恼自己的现实。

于是，感叹、苦恼归感叹、苦恼，人们的生活仍旧在并不舒适的习惯中重复着继续。

当然，也有人不这么做，他们在生活中渐渐明白了自己的需要是什么，然后，什么也阻挡不住他们去实现自己的需要。最后，他们大多能过上自己满意的生活。

你真正需要的是什么？

对这个问题的清楚认识及不懈努力是你对自己的生活满意的开始。

盲目

《新共和》周刊的前资深编辑迈克尔·金斯莱辞职去为微软电脑公司编一份网上杂志，许多人都大感意外。但是金斯莱的朋友、政治评论员查理斯·克罗撒莫却不以为奇，他说："迈克尔为什么放弃他的专栏、地位、金钱、名誉这些华府政客会不择手段争取的东西？道理很简单：他不稀罕。他只做自己爱做的事。觉得没意思了就离开。"迈克尔在《新共和》工作时，就曾经放弃最高的职位，搬去过道尽头的小房间，为的是要专心写作。

有一次他问我："人为什么要争权？"

"因为他们要支配别人。"

"这个我知道，"迈克尔不耐烦地说，"但是他们为什么要支配别人？"

这就是他一再放弃高职的原因。

支配别人就为了别人的羡慕，嫉妒？

我们的注意力一直集中在——别人怎样看自己。

这就是我们盲目的根由之一。

不明白自己目标的人，我们称之为盲目。盲目，或导致无所事事，或导致成功——成就别人的愿望。

前一种盲目，是因为没有目标，自己也不愿意去找，于是游手好闲，得过且过。

后一种盲目，是因为没有目标，但却勤快地把别人的目标当做自己的目标起劲地追求。结果是：达成了别人的目标必然会收获一些东西了，或名或利，虚荣心很满足了一阵子。过后，自己内心却空荡荡的并不舒服。出门见某某得了什么，又去追求。如此周而复始，内心始终不得满足。

如父亲是一位成功的商人，于是期望儿子能继承自己的事业，可儿子却对经商毫无兴趣，偏偏只爱数学。儿子为了孝顺，只得遵从父命学习经商。经过努力，小有成就，但是自己心里却空虚厌倦，因为所做的事自己并不喜爱，做成了只是完成任务，心里并没有满足感。

甲之熊掌，乙之毒药。

甲非常喜欢吃鱼，乙见了鱼就反胃。只有自己喜欢的才吃得满意。人们对食物如此，对做事也一样。自己喜欢的事，做起来才会全力以赴、快乐忘忧，做成了才会有满足感。

而无视自己的喜恶，只求做热门行业，实际上更多的是——在苦恼自己去满足自己以为的别人的看法！

谁都知道只有自己需要的、喜爱的事物才会令自己真正满足。那又为什么不去寻找自己真正的需要来满足，寻找自己喜爱的事来做呢？

是否寻找到自己的真正需要，我们可以通过分析、比较自我种种行为在自己内心深处的满足程度来判断。

追求自己的真正需要，我们才会得到更多的乐趣、满足和内心长久的充实!

为了什么

工作是为了什么?

——为了生计。

——为了钱。

——为了混日子。

——为了乐趣，爱好。

——因为工作就是自己的一大享受。

旅游是为了什么?度假又是为了什么?

——因为别人都去过了，我也要去。不然，就给别人比下去了。

——度假是想放松自己的精神、身体。

——旅游和度假不就一回事嘛!

——不，旅游是游历。度假是休养自己的身体、精神。

——因为想去参观一下别人的生活。

——因为想去欣赏美丽的风景。

——想在旅途中结识各种不同的人。

——因为跟旅行团，所以不得不走马观花，上车睡觉，下车拍照。

恋爱是为了什么?

——为了寂寞。

——为了钱。

——为了美貌或帅、酷!

——为了性。

——为了给自己找个伴。

——因为他或她可爱。

——为了……我也不知道为什么。

结婚是为了什么？

——想要有个家。

——想找个人陪伴自己。

——周围的人都结婚了，我也得结婚。

——为了钱。

——为了套牢他（她）。

——想要个孩子。

——开始是因为爱他（她），后来是因为习惯，再后来就腻了，烦了。然后，就是剪不断理还乱！

——因为某种不可告人的交易。

——因为年龄大了，父母亲朋催催催……

——害怕孤独。

交朋友是为了什么？

——想互相帮助，互相关心爱护。

——想利用朋友的好处达成自己的私利。

——想与朋友交流思想与喜怒哀乐。

——想告诉世人："我的朋友遍天下。"

——因为寂寞。

——朋友多，好一起混吃混喝混日子。

——朋友多了好办事。

吃饭是为了什么？

——因为习惯，习惯了到点就吃饭。

——因为人是铁，饭是钢，一顿不吃饿得慌。

——讲气派，讲排场，我有的是钱！

——吃饭是为了什么？这叫什么问题，傻瓜都不想这些，什么毛病！

买房子是为了什么？

——旧房子太小，不够住。

——我有的是钱，就该住豪宅，住别墅。

——见朋友买了别墅，我得买个更大的。

——为了孝敬父母。

——为了自己需要不同功能的房间：书房，起居室，浴室，视听室，会客室等等。

——为了自己在不同季节、不同心情下的需要。

买汽车是为了什么？

——办事方便。

——我也买得起车了。

——为了炫耀自己的金钱，品位，买齐天下名车。

——汽车是身份的象征。

学习是为了什么？

——拿文凭找份好工作。

——充实自己的思想、精神。

——父母要我学的。

——为了各种事物、各门学科各自不同的乐趣。

生活是为了什么？

——不知道，也不想知道。就那么混吧。

——衣食住行。

——事业！伟大的光荣的神圣的事业！多少有才华的男女心甘情愿地为了你抛头颅洒热血！

——啊！权力！你是多少男人真正的终生都梦寐以求的伟大目标！

——艺术，或科学，或宗教。

——乐趣，生活中点点滴滴的情趣。

——为了自己的心头好：写作，或画画，摄影，探险……

出名是为了什么？

——为了别人的羡慕、嫉妒。

——为了别人认为自己有地位、有价值。

——原来，出名是为了那个别人眼中看起来了不起的自己！

这又是一个荒谬得几乎不可能是的答案。

可悲的是——它恰恰是我们现实生活中一直进行的并将继续进行的事实！

荒谬的、可悲的事实！

生活中的许许多多的问题我们都习惯地自以为是地认定——自己非常清楚。

然而，事实呢？

你自己的事实是什么？

想要问问你敢不敢：

——真诚地面对自己的心灵！

人的需要的变化

一天一天又一天，人不是在长大，就是在衰老。因性别的不同，环境、年龄的变化，人的需要亦会随之改变。

少儿需要玩耍，学习；青年需要工作，需要建立自己的家庭；中年人需要奉养老人，养护幼儿；老人需要儿孙共聚天伦……

人的需要在变，主、客观条件都要求我们自己灵活地把握自己的真正需要。主动的人才会有选择的自由，被动的人只能无奈地随事由人摆布。

生活得充实、愉快的人，总是知道自我需要的主次、条理。即使发现自己在自我需要的局外浪费了精力，也能很快调整过来。明智的人不是不犯错误，而是懂得及时纠正自己的错误，调整自己的方向、方法。

当然，人生活在社会中谁都难免有意无意地互相牵制、阻碍。但是，成功的人总是能够明确自己的目标，即始终如一地认清自我需要这个目标，所以他们也就不会在人生的旅途中迷失自己的方向。

人的需要无穷，而人的满足却总是有限的。这句话是针对做无用功的人说的，因为他们的注意力只集中在自己的不满足上。

其实，一个人的满足多少全看自己怎样去处理。

每个人的生活当中时时处处都有满足与不满足、快乐与痛苦。

总是数完又数自己的不满足，当然不满足多，痛苦也多。

而珍惜自己的所有，欣赏和感受自己生活中的美好和趣味，才能够使自己的忧愁失落少下去，快乐满足多起来！

以下问题供有兴趣者参考研究。

人们如何认识自己的真正需要？

人的需要有多少种？

人的各种需要的内容、性质各是什么？

人的种种需要之间的关系如何？

人的需要因环境、年龄、经历、文化、民族、性别、教育等的变化怎样？

不同性别的人在相同的年龄段的需要有何异同点？

不明白为什么——我们可以把苍蝇研究得细致入微，而对我们自身的观察研究却总是大而化之？

自己与别人

看个故事：

那是学校最有名的一位教授开设的讲座。讲座准时开始，教授没有拿粉笔，而是径直走下讲台，来到大讲堂最后面一排的座位上，向那位同学深深地鞠了一躬。

大讲堂里一下变得鸦雀无声，大家不知道发生了什么事情。

“我之所以向这位同学鞠躬，是因为他选择坐里面位置的行动让我充满敬意。”

教授继续用不高的语调说道：“我今天是第一个来大讲堂的，你们入场时我发现，许多先到的同学，一进来就强占了靠近讲台和过道两边的位置，在他们看来那一定是最好的位置了，好进好出，而且离讲台也近，听得也最清楚。这位同学来的时候，靠前和两边的位置还有很多，可是他却径直走到大讲堂的最后面，而且坐在最中间、进出都不方便的位置。”

教授接着说道：“我继续观察后发现：先前那些强占了他们认为是好位置的同学，其实备受其苦，因为座位前排与后排之间的位置小，每一个后来者往里面进时，靠边的同学都不得不起立一次，这样才能让后来者进去。我统计了一下，在半小时之内，那些强占了‘好位置’的同学，竟然为他们只想着自己的行为，付出了起立十多次的代价。而那位坐在后排中间的同学，却一直安详地看着自己的书，没人打扰。同学们，请记住吧：当你心中只有你自己的时候，你把麻烦其实也留给了自己；当你心中想着别人的时候，其实他人也在不知不觉中方便了你……”

这仅仅是位置的问题吗？

不，类似问题其实一直发生着并将继续发生在我们现实生活当中的方方面面。

利人与利己一直是矛盾的。

但是，利人和利己也可以不矛盾。像这位同学，方便了别人的同时，也方便了自己。

这也就是——自立立人，自达达人。

利人完全可以是利己的根本和发源。

而这也教会了我自己从一个新的角度去理解那三个并不简单的问题：

做什么？

不做什么？

如何去做？

我不禁深思：

——什么是自己的需要？

——什么又是别人的需要？

——自己的需要与别人的需要到底是一个什么样的关系？

——自己的需要与别人的需要之间的关系应该如何处理才最佳？

自己的需要

我们都自以为非常了解自己的需要。

但是，事实恰恰相反。

我们根本就不明白，一点也不明白自己真正的需要。

不可能！

绝对不可能！

好，我们来玩一个心理游戏：

这个游戏在哪里都可以做，但为了效果准确，最好还是在夜晚或黎明你独自一人在一个安静的房间里最好。

先拿出一张白纸，再准备一支黑色签字笔。

做游戏的时候，最好能够放松。放松可以使自己的身体和心理平静、安定。

准备好后，在白纸顶端，写下“某某某的五样”。这个某某某就是你的名字。

至于是哪五样，可得靠你自己选择。

我们每个人的一生当中都会拥有许多东西，父母、丈夫（妻子）、儿子、女儿、理想、信仰、写作、音乐、歌曲、舞蹈、旅游、家庭、爱情、工作、绘画、艺术、科学、读书、交际、名誉、权利、金钱、健康、爱、生命、国家、民族、生活、朋友、住房、汽车、舒适、体育……一切有形的人、事、物。在你自己所拥有的一切当中，你自己认为最重要的五样是什么？

想清楚之后，请你用黑色签字笔在雪白的纸上飞快地写下你生命中最重要的五样东西。

不必思来想去，脑海中涌出什么念头，就提笔把它写下。最先涌出的想法，必有它存在的深刻理由，如实记载即可。

从这一刻开始，你知道了什么是你维系生命的理由。

游戏做到这里，已经完成了一半。现在，我们要做另一半了。

生命就是一个得与失的轮回过程。

我们在得到的同时也在失去，我们在失去的过程中又在得到，问题只在于我们自己感觉得到与感觉不到而已。

在现实生活当中，我们得到每一样东西都要付出代价，但是我们真正付出之后，得到的却往往不是我们的所需。

其实也不为什么，为的是——我们极少有人明白自己真正需要的是什么。

现在，你的白纸上写着你生命中最珍贵的五样。

下面的玩法很残酷。

但是，如果你是真的想知道自己的真实需要，就请你认真、诚实地面对自己：

从你宝贵的五样当中，完全彻底地舍弃一样。

从你宝贵的四样当中，再完全彻底地舍弃一样。

从你宝贵的三样当中，再一次完全彻底地舍弃一样。

从你宝贵的两样当中，选择一样。

这个游戏我自己做过，那个过程很痛很痛，痛得我几乎不想再做下去……

但是，当我完成之后，我终于明白了在我的生命中，我自己真正在乎的是什么。

你最后保留的那一样就是你生命中最重要的东西。

你舍弃的顺序，就是你生命中最珍贵的东西的排序。

现在，再请你回头想想文章开头的那个——不可能！

二、享受拥有

有人说，人生有两大目的：

一是追求自己想要的；

一是享受自己拥有的。

但是，只有智者方能享受自己拥有的。

为什么享受自己拥有的会如此困难？

因为不自觉的习惯。

大多数人都习惯地——忙于点算自己没有的和失去的。忙于不自觉地苦恼自己，折磨自己。

他们不自觉地无奈地做着无用功：烦恼，无聊，胡思乱想，怨恨，愤怒，焦虑……沉溺在不知足常苦里，挣扎，彷徨。

其实，享受拥有是很简单的事。

享受拥有就是——享受自己生活中时时处处都存在的美好、乐趣、满足。

如：

——清新的空气。

——香甜的睡眠，柔软的枕头。

——醉人的乐曲。

——温馨的亲情、友情、爱情。

——工作的乐趣。

——偶尔的休闲。

——忙碌的充实。

——食物的滋味。

——鞋子的舒适。

——旅途的顺利。

——人际交往中的默契

……

现在开始，去发现并享受你自己的拥有。

你的不需要

我们拼命追求的许多自我需要，其实都是：

——我们的不需要。

古希腊最著名的犬儒主义者第欧根尼认为：伟大哲学教条认为人类幸福所需要的一切文明结果，并非人类一概都需要。事实上，他争论说，这些结果正是人类不幸的根源。在第欧根尼看来，我们一生多数时候所追求的事物，有的不可能追求到，有的不必要，有的本来我们就已经拥有。这种自我折磨妨碍了一个人的自由行动和思想。假如没有这些视为必要的文明成果，一个人会更加安逸地享受生活的乐趣。他还认为，太多的人都是花时间解决一些他们自己创造出来的问题。

(在我看来，一些哲学家也是在花毕生的精力解决他们自己创造出来的问题。)

这真是值得我们好好反省的观点。

巨大的财富，盛大的名誉，许多人都在拼命地追求，但是，绝大多数人都是与之无缘的。

这一追求就是佛家所说的“妄念”，对大多数人而言都是不可能得到也是不必要的。

而有些东西我们本已拥有，却偏要去满世界寻求。

我们每一个人都始终是自己，都拥有自己的独特天赋、气质、性情、喜恶、本性、才华。但是，我们早就已经根深蒂固地故步自封地习惯了我们自己的习惯：

——用自己的所无去比别人的所有。于是嫉妒。

——用自己的短处去比别人的长处。于是自卑。

——去争去抢去钻营功名利禄来标榜来彰显自己的与众不同，出人头地。也不管自己的能力、背景、资源是否合适，总之不惜一切去争。

让我们好好反省第欧根尼的观点——我们一生当中多数时候所追求的事物，有的不可能追求到，有的不必要，有的我们本来就已经拥有。太多的人都是花时间解决一些他们自己创造出来的问题。

第欧根尼关注的是——问题的根源、问题的本身。

我们人类的问题究竟是如何产生的？又是如何消失的？

我们人类发展到现在是否到了应该正本清源的时候？

这些究竟是人类的问题还是我们每个人自己的问题？

你的真正需要是什么？

你所拥有的是什么？

你真的明白自己在做什么吗？

你的不需要是什么？

人的需要与被需要

同样是一辈子，为什么有的人成功幸福，有的人失败痛苦呢？

一个主要原因是：

前者能够通过满足社会需要——即某些人或某个人的需要而赢得自我需要的满足；后者既不能满足别人的需要，也就不能满足自己的需要。

一位诗人通过自己创作的诗篇引起人们情感思想的共鸣，使人们平日无法言表的情绪感觉得到某种程度的理解表现，从而满足了人们精神生活的需要。诗人自己也因为表现了自己的才华得到了满足，同时也赢得了人们的肯定、称赞，以及生活所需的物资。（可惜，这已经是很久以前的事了。）

在一对恩爱夫妻之间，彼此都能够满足对方精神、情感等方面的需要；而且越能满足对方，自己得到的满足也就越大。

(这也不多见了)

更典型的是：商人通过提供可以满足众人某种生活需要的商品，达到了自己赚钱的目的。政客因能满足某政党或某些财团的需要，而换得了自己的权势和利益。

那些面临倒闭的工厂的毛病大多在于他们生产不出顾客满意的产品。

那么，我们又该如何通过满足别人的需要而获得自我需要的满足呢？首先，我们要了解自己的需要和擅长。

其次，我们要尽量了解众人的需要。

当然，众人的需要方方面面，层出不穷，谁也无法全面、详尽地了解，我们只需从自己能力可以做到的入手。

一旦，我们找到了自己能力可以满足的某种众人的需要时，就尽自己的最大努力去满足它，然后我们就可以间接地满足自己——得到别人的服务。这就是人人为我、我为人人的道理所在了。

例如，你长于踢球，就尽力把球踢好，然后就可以获得你自己需要的；你长于唱歌，就尽量提高歌艺，满足人们欣赏的耳朵，欣赏的心，人们就会满足你的表现欲，也满足你的衣食住行。

这样，我们就可以得出——个人需要的满足是通过满足别人的需要来实现的。

那被需要又是怎样形成的呢？

世上每个人都有自己的需要。人们的这些需要虽然有些不同，却也有很多是相同的。这些相同的需要，就形成了社会的需要。而社会的需要不论其大小，都会有某些人或某个集团来提供满足的。

个别的，如成年男女成双成对组织家庭来满足彼此的情感和生理需要。

集体的，就好像生产生活物资的各类工厂；提供各种享受的美术馆、图书馆、博物馆、电影院、歌舞厅、游乐场……

由此，我们又可得出——人的被需要是由人的需要促成的。

综合上述，我们不难理解：人的需要与被需要是互相依赖，又互相对立的。人有需要，才有被需要。失去了被需要，需要也就不存在了。

人的需要与被需要是相辅相成的、对立统一的两面一体。亦可说是种微妙的作用力与反作用力。

人的需要是苦恼的来源之一。

为什么？

人的需要是索取，且人性往往习惯于单纯的索取。要了还要，要了还要，不知满足。

特别是现代社会，经济繁荣，引逗得人们的物欲膨胀再膨胀。结果，一个个拥有多多，张张脸却苦恼困惑。

但是，人最大的需要是——被需要。

人的被需要是快乐的来源之一。

因人性最爱表现自己有作用，有价值，有才干，总之是强过别人，而且人性恐惧孤独。

当然，现实生活中的人的需要与被需要往往会缠成一团，令人难以分辨。而对需要与被需要的程度的把握，就是对各人智慧的考验了。

苦乐，乐苦。人们就是这样在苦乐的循环往复中过完了自己的生命。

满足别人与满足自己

有一天，上帝对教士说："来，我带你去看看地狱。"

他们走进一个大房间，许多人围着一只正在煮食的大锅坐着。他们又饿又失望，每个人都有一只汤匙，但是汤匙太长，所以食物没法送到自己嘴里。

“来，现在我带你去看看天堂。”

上帝又带教士进入另一个大房间。这个房间的情景跟上个房间的一模一样，也有一大群人围着一只正在煮食的锅子坐着，所不同的是，这里的人又快乐又饱足，而他们的汤匙跟刚才那群人的一样长。

教士奇怪地问上帝：“为什么同样的情景，这个房间的人快乐，而那个房间的人都愁眉不展呢？”

上帝微笑着说：“你难道没有看到吗？这个房间里的人都学会了喂对方。”

这么个简单的故事，却讲了个不简单的道理。

生活还是原来的那个生活，天堂与地狱都是我们自己的思想行为造成的。

如果，我们都坚持要别人来满足自己，帮助自己，自己却一点也不肯去满足别人、帮助别人，我们就如同把自己关进了地狱——在愁苦、怨愤中苦熬时日。

如果我们都学会了满足，帮助别人，迟早必会得到别人的帮助而满足我们自己。我们也就如同把自己送进了天堂——在那里快乐、满足地欢度生命之旅。

这就是为什么——施比受有福！

当然，现实生活已经被世世代代的人们弄得繁复杂乱，我们在人际交往中还需要智慧来防范一些无耻小人，掌握好为人处世的方法以及善良和诚实的程度。

人与人的区别

人与人的区别主要是：

——注意力的区别。

——想法的区别。

有成就的商人

注意：客户需要的，自己能做的。

关心：怎样既能满足客户又自己赚到钱。

一般商人

注意：怎么把商品卖出去，客户需不需要是他们的事与我无关。

关心：自己怎么赚钱。

有成就的电视台节目主持人

注意：观众想看的，自己能播的。

关心：怎样使观众看到满意的节目。

一般的电视台节目主持人

注意：如何表现自己的才能技艺。

关心：自己可以得到什么。

出色的电影演员

注意：怎样把角色演活。

关心：如何提高自己的演技。

一般演员

注意：怎样表现自己的容貌演技。

关心：怎样得奖，如何炫耀，谋利。

卓越的科学家

注意：运用自己的能力为事业服务。

关心：如何把一项研究做成功。

一般的科学家

注意：怎样炫耀自己的渊博知识，

关心：如何用自己的成就来求名得利。

受欢迎的教师

注意：把课讲得更好。

关心：提高学生的学习兴趣和效率。

一般教师

注意：有教材就照本宣科。

关心：自己的种种不如意。

好的广告制作人

注意：顾客需要的，自己能提供的。

关心：引导并抓住顾客的消费心理。

一般的广告制作人

注意：把自己的广告塞给顾客。

关心：自己获利几何。

杰出的企业家

注意：市场和本企业员工现在及将来需要的，自己可以做到的。

关心：如何满足市场和员工以及自己的需要。

一般的企业家

注意：如何使自己的企业发达。

关心：自己赚钱。

受欢迎的歌星

注意：把每首歌唱好，表现真我。

关心：提高自己的歌艺，听众的需求。

一般的歌星

注意：表现自己的歌艺。

关心：自己可以获利几多。

从以上对比，我们可以清楚地知道：

——有成就的人常注意满足别人，最终满足了自己。

——一般的人多关心自己，别人也就少关心他了。

总而言之，人可分为吉人、凶人。

吉人想：你好我好大家好——双赢。

常思：让人，利人。

结果：心平气和，安详快乐。

凶人想：你好过我，我定要如何如何——双输。

只想：利己，损人。

结果：损人损己，毁人毁己。心浮气躁，纷争时时，危机处处。

规律是——作用力 =反作用力。

你怎么对人，人怎么对你。

但是，规律是规律，人性是人性。

在现实生活中，规律并没有书上写的那么直接、简单，而是复杂、曲折得多。

所以有了这些话：

——路遥知马力，日久见人心。

——害人之心不可有，防人之心不可无。

我们得把矛和盾都握在手里，需要什么就用什么。

孙子不是说“最好的进攻是防御。最好的防御是进攻吗”？

所以，精明人时刻都在警惕着：

——出矛，还是出盾？

三、人以自我为中心

任何人追求任何事物，都是间接为别人，直接为自己。

人们去工作，去娱乐，并非是为了工作而去工作，为了娱乐而去娱乐，而是为了满足自己的某些需要才去工作，去娱乐的。

艺术家创作艺术作品，丰富人们的精神生活，陶冶人们的情操只是艺术家创作的间接目的。直接目的是为了满足艺术家自己的某些需要，如表现自己的才华、思想、兴趣、爱好，赢得人们的肯定、尊重，获得人们的理解、欣赏。

商人经营商品，直接目的是自己赚钱，间接目的才是满足人们对商品的需求。

罪犯不是为了犯罪才去犯罪的，而是为了满足自己的某些循正途得不到满足的需要，或金钱，或情感。

如此说来，有人很容易把人以自我为中心与自私自利、损人利己等同起来。

在人的需要中我们已经说过，每个人的自我需要的主次都是不同的，真善美与假丑恶在各人的心中自有偏重。

人以自我为中心，只是说人们处世为人的动机是自我需要，至于动机本身的好坏，起于各人内心的善恶程度。

比如交朋友：有人交朋友是为了利用朋友的好处谋取自己的利益；有人是为情感的相互交流；有人是为智慧的相互交流；有是为排解自己的寂寞；有人只为互相帮助……

人生而自由，又因社会、家庭、环境等处处受约束。随心所欲、为所欲为是不可能实现的，每个人都只能有相对的自由。

同样，无论贫富贵贱，谁的自我需要都不可能获得完全的满足，只有相对高一些的满足，因为满足与不满足是随时随地共同存在的。

任何形式的随心所欲、为所欲为都只是相对而言的。这也就是不知足常苦、知足常乐的根本原因了。

于是，为了满足那些没有得到满足的需要，人们各显神通，采用种种不同的方法。最常见的是替代法。即得不到甲事物，便用乙事物来替代。如工作狂。工作狂并不一定都是热爱工作胜于生命的人，他可能因为自己有某种需要无法满足，才用工作来淹没自己。

人真是矛盾，曾经为了社会的文明进步而制定了形形色色成文不成文的规章制度，现在却又在这些规章制度中苦苦挣扎，感觉压抑、苦闷、烦躁。

但是，我们毕竟是有理性的高级动物，在向文明进化的过程中，不断压抑着与社会礼法规范相抵触的这样那样的自我需要，可这些自我需要却并不知趣地自动消失，反而潜入了我们的深层意识，并不时地以新的变换了的形式冲动，用突然袭击的方式重新获得了对我们的控制权。

结果，我们还是我们，自我需要与礼法规范却轮番做起了我们的主人。

于是，我们又不自觉地习惯地侍奉起“主子”来。

我们的自由、主权、能力、精力、勇气通通都献给了我们自己的欲望及社会规范。

这就是现代人的通病：一方面追求自我需要，一方面又给自我需要管束。

这也就是文明社会难免的弊端，社会规范一方面保护人的自由，一方面又约束人的自由。凡事有利必有弊，此乃客观规律，谁也无可奈何。

我们还是来做自己有法子做的事好了，设法去追求我们自己可以享受的快乐、幸福。

事有利弊好坏，人有成败得失。

当取舍运用之际，用主观挑剔的眼光来看待一切，只得厌

烦、悲观。

用客观欣赏的态度来观照一切，方能常保愉快的情绪、宁静的心态。

更会因此产生清醒的自觉态度——毫不犹豫地放弃那些捉摸不定、富有魅力却又难以达成的目标，而紧紧抓住仅有的几件自己清楚能够给自己带来满足的事物。

你自己的幸福、快乐终究是你自己的感受与体验，而非旁人眼中的好坏。

四、苦乐的根源

人们苦乐的根源之一是——以自我为中心。

人性是以自我为中心的，但是，世界是不会以人为中心的，而且人毕竟是在社会、人群中生存的，必然要受自然规律、社会规范、人际关系的制约。

于是，为己与为人就成了一对矛盾：为己是天性，为人是社会习俗成就的理性。

过分为己，一味向别人索取自己的需要，必引致众人的嫌恶、离弃，自己也会孤独、怨愤、烦恼。因为人性自私地不自觉地期望别人无私。于是，折磨自己而全心全意地服务别人的人，就成了众人推崇的圣人！

过分为人，全心全意为人民服务，除了圣人，恐怕无人做到。凡夫俗子就是凡夫俗子，总会有自己的私欲，而且完全为别人一点也不考虑自己，也是在虐待一个生灵——自己。毕竟，自己也是个健康正常的人，有权享受属于自己的应得利益和乐趣。

过分为人与过分为己都是苦的根源。

过分为己是自私之苦，过分为人是自虐之苦。

为人与为己两极都苦，怎么办？

有了，走国人最擅长的中庸之道——通过同化彼此的某一需要达到共同谋利的目的。（双赢）

通晓中庸的人都是各行各业的成功者。

如服装设计师，通过设计生产顾客喜爱的服装，既满足了顾客对舒适美观的服装的需要，也满足了自己的服装设计需要和经济需要。

这并未远离人以自我需要为中心的本性，只是它通过寻找满足自己和某些人的共同需要来实现自己的需要。这是一种间接为自己的欲取先予，是一种才智的表现，更是快乐的根源。因为它不仅可以同时助人助己，更为自己赢得了充实快乐的生活。

有趣的是：人与人的苦乐关系也就是人与自然的苦乐关系。

以往，人类过度为了自己而肆意破坏自然，致使自然生态失去了平衡。人类在获得了丰富的生活物资的同时，也污染了环境，日益枯竭了自然资源。

现在，我们终于醒悟到——爱护大自然就是爱护我们自己。

迟来的环境保护虽属亡羊补牢，然而多多少少可以抑制环境的继续恶化。

人与人、人与自然的关系实质都是作用力与反作用力的关系，不是你好我好大家好，就是你坏我坏大家坏。

当然，现实生活因各人不同的私欲而复杂曲折，但我们总能透过现象看本质——作用力与反作用力作为一切关系的本质，是任何人也无法逆转的客观规律。

人最大的快乐，不是需要，而是被需要，是感觉自己有价值。

快乐的根源之一是——既满足别人又满足自己，皆大欢喜才是相对长久的快乐！

五、人性

人类的每一个都包含了人性的全部内容。人与人的区别只在于——人的各个性质的排列组合及程度的不同。

列夫·托尔斯泰有一段话非常形象地说明了这一观点：

“人好比河，所有的河里的水都是一样的，到处都是一个样子，可是每一条河都是有的地方河身狭窄，有的地方水流湍急，有的地方河身宽阔，有的地方水流缓慢，有的地方河水澄清，有的地方河水冰凉，有的地方河水混浊，有的地方河水暖和。人也是这样，每个人身上都有一切人性的胚胎，有的时候表现出这样一些人性，有的时候又表现出那样一些人性，常常变得不像自己，同时却又始终是自己……”

一个人不论怎样特殊，总脱不了人的共性。人都有欲望，由此生成种种人性，种种人性在每个人身上的反应又有强弱之别，这就形成了每一个人的个性。人的共性一致，而每个人的个性都是独一无二的。只是个性强的人忍不住总爱表现自己的个性，个性弱的，则习惯于隐藏自己的个性。

人性是抽象的概念，表现在不同的人身上就有了千差万别的具体生动的内容。人世间也因此而变得纷繁复杂，苦乐难辨。

但是，人性毕竟有它共同、共通的部分，我们来看：

1. 人性的变化是绝对的，不变是相对的。

人性会因为时间、空间、事件、人物、关系、年龄、社会潮流、经济、学识、环境……的变化而变化。

如，人会因为贫困无助而奋发图强或自暴自弃；而舒适富足的环境亦会令人懒惰、懈怠，或尽情享受生活。

年轻人因阅历浅薄，遇事偏激，好走极端；中年人碰多了钉子，开始四平八稳地奉行中庸之道。

所以，人性时时处处都变得不同以往，可同时，人性又是相

对保持不变的。

如，气质、器量、风度、习惯、容貌、嗜好、兴趣、性格、注意力方向、生活方式……

最明显的例子是：各人的样貌再怎么变化，也还是各人的样貌，驻颜有术的人就更是如此。

2. 人性以自我为中心。

可世界永远不会以某个人为中心，矛盾就此产生。

但是，人性是一回事，处理人性的态度又是一回事。各人处世为人的态度往往决定了各人的环境和遭遇。

人处世为人基本以自我需要为最终目的。人最关心的是自己，其次是：按与自己关系的亲疏程度来确定自己关心的深浅。

这仅是一般规律，具体怎么操作就是每个人自己的活生生的生活故事。

3. 人性喜爱自己强过别人。

这根源于自卑。因对自己没信心，所以期望，甚至渴求别人的赞同。这种自卑无一例外不同程度地出现在每一个人的身上。

这就演化出：爱好名誉，好为人师。

别人认为或自己感觉自己重要，有价值就快乐，就幸福；反之，就苦恼、怨恨、嫉妒、自卑。

和自己某方面或各方面相同的人就喜欢，而且相似的地方越多就越喜欢。反之，就厌恶，越不同越厌恶。

有趣的是：人们最讨厌的那些人性，如虚伪、做作等，恰恰也是自己本身具有的，只不过极少有人发觉而已。

乐意自己强过别人最终导致：

正面的——好荣誉，争气，进取，尽量在生活上、事业上表现自己的价值，争取更多的成就和情爱。

负面的——好虚荣，嫉妒，无奈，自怜，在日常琐事上与人争长较短，以此安慰自己的好胜心。

现代人从早到晚，为着一些空洞的欲求或理想而忙忙碌碌，真正静下心来反省一下时，会突然发现——那个自己撞得头破血流、费尽心机、踏破铁鞋所要追寻的东西，竟然只是一种渺小的愚昧的虚荣心（人们的自尊往往是由他人的尊敬成就的）时，哭还是笑，就成了问题。

人性需要从自己周围的人那里得到肯定、欣赏的信息。这种信息带给人快乐和自信。

滑稽的是：我们在现实生活中从自己周围那里得到的，多是否定和挑剔。因为我们自己给予别人的也多是否定和挑剔，这已经形成了一个习惯性的恶性循环。这就是为什么自卑和烦恼的人总是多过自信和快乐的人的主要原因。

4. 人性总是情感与理智矛盾。

人的情感是出于人天性的需要，人的理智则出于社会、道德的约束。若理智强过感情，人就会因压抑而虚伪；若情感强过理智，人轻则受白眼，重则遭刑罚。在夹缝中做人，就只好在东倒西歪中学习平衡了。

5. 人性习惯。

人性习惯——注意自己的、别人的、事物的坏的一面。清点自己没有的和失去的事物。

因为以自我为中心。

因为贪婪。

因为比较。

因为传统。

更因为——不自觉所造成的坏习惯。

此习惯与人类文明社会一起产生，之后世代相传，而且社会越是文明，此习惯就越是顽固。

因为社会越发展，人的物欲就越膨胀，真我的本性就越小。

一直到人的物欲膨胀到极限，人才会也必然会返回真我——

追求精神上的满足。物极必反嘛。

动物界有食物链，以食用连接。

人类亦有无形链，以利用或帮助连接——能力大的人帮助（利用）能力小的人。或者，会利用的人利用（帮助）有才能却不会利用的人。

强者自立，弱者依附。

自然界与人类的规律实质一样。

人类本来就是自然界的一部分。只是人类习惯了一厢情愿地认定自己是自然界的主人。

问题就是这样产生的。

就像池中的水泡，小水泡聚积成大水泡，大到一定程度，必然破灭。

有的越有，无的越无。皆因惯性定律，只不过现实生活中的规律并不那么明显。

人的共性就融在人的个性里。

刚出世的婴儿就由父母那儿承继了善恶的天赋比例。婴儿在长大的过程中遭遇善的力量大，而且自身天赋善的程度高，即成善良人；遭遇恶的力量大，而且自身天赋恶的程度高即成恶毒人。成年之后，如果遇到可以使人有很大改变的非常事件，或者由善变恶，或者由恶变善，这就要看非常事件及各人天赋的具体情况了。这一点，只要稍稍回想一下我们看过的、听过的、经历过的故事就清楚了。

我们每个人的心中都是真、善、美与假、丑、恶共在的，没有人至真至善至美，也没有人至假至丑至恶。

善人不是没有恶的念头，只不过恶念总不如善念强烈。

恶人也不是完全没有善的念头，做了坏事却怕人知道，就是善的源头。

只是相对来说，有的人好的程度高，我们称这种人好人；有的人坏的程度高，我们称之为坏人；有的人一时好一时坏，我们称之为时好时坏的人。

现实生活往往更复杂，我们更多的时候如非必要根本不会去分辨好坏真假，因为分辨太累了。

但是，我们谁也摆脱不了真假好坏善恶的矛盾（这早就已经是我们根深蒂固的习惯）。除非我们能够达到真假好坏善恶化一的境界，可那也就无所谓矛盾了。

对于世故的人来说，他们的矛盾是——实利与道义。

社会鼓励实利，那求实利的人就多。

社会提倡道义，那讲道义的人就多。

谁不懂得顺势者昌？

谁又不知道：人在江湖身不由已？

六、人的价值

先听老人言：

惠子对庄子说："魏王送我一个大葫芦种，结成的葫芦能盛五石米，用来盛水，因葫芦皮脆而不敢提起。剖开做成瓢，又太大而缸里放不下。并不是它不空不大，我只是因为它没有用而把它砸了。"

庄子说："先生太不会使用这些大物件了，宋国有个人善造一种使手不皲的药，世世代代以漂丝洗絮为业。有人听说了，出价百金买他的方子。他就把本族人召集在一起说：'我们世世代代漂丝洗絮，所得寥寥无几。今天一旦卖出这个技术就可得百金，就给了他吧！'那人得了药方，就去游说吴王。越国侵犯吴国，吴王命他为将，冬天和越兵水战，大败越军，于是获得了吴王的封地。一样的使手不皲，有的人得到封地享受富贵，有的人却依然免不了漂丝洗絮，这是因为各人使用的方法不同。现在你有可盛五石米的葫芦，为什么不把它做成腰舟在湖上渡人，却忧愁什么太大无处容纳？那么先生你用心还是茅塞不通啊。"

物的价值是物本身的作用。

人的价值也是人本身的作用。更是：

——运用自己与别人的能力的能力。

——运用事件与物品的能力。

如用人：

有人既能用己之长，更能用人之长以发展自己的事业；有人善于运用别人的长处，以弥补自己的不足；老谋深算之辈则仔细考虑时间、环境、事件、人物，然后轮番运用利害得失以操纵别人；而大多数人则——不自觉地习惯地运用自己的短处令自己自卑，运用别人的长处令自己嫉妒。

如用物：

商人善用钱；钢琴家善用钢琴；厨师善用刀菜肉；专家善用本行知识；舞蹈家善用自己的肢体；歌唱家善用嗓子音乐；政客善用权力、机构、人性……

用事如：

成功者用来使自己成功的机会，失败者用来使自己失败的事情，以及生活中时时发生的事情都会对各人产生不同的作用。只是多数人都习惯于被动地由着事情摆布，少数人才能主动地去运用事件来达成自己的目标。

如此，我们可以得出，人的价值是——在适当的时间、地点以适当的方式发挥人、事、物的作用。

运用越适当，人的价值就越大，得到的满足也越多。

当然，世上只有极少数人才懂得人的价值是充分运用可用的一切。做得到的就更少了。而大多数人都只不过尽量发挥自己本身的作用而已。

但是，人表现自己价值的最终目的是——自己的满足幸福。从这一角度说，许多的英雄伟人都是悲剧人物。如诸葛亮，智谋盖世，仍不能得偿心愿，以致抑郁而终。而许多庸人，无智无谋，却拥有太平安乐的生活。庸人福厚，只为其少欲求。如此看来，上天也不是不公平的。

言归正传。庄子故事中，有人用药方得封地享富贵，有人用药方避免手皲，却依旧日日辛苦劳累。

他们运用的事物相同，而运用的方法不同，结果，各人的收获就大大不同。

葫芦不论其大小，只可用来装水，人们早已习惯了如是思想，如是认为。

其实，物是给人用的，如何用更好本无人规定，但是，人们

习惯，或者说人们的思维定式确定——历来如此，破例？万万不可！

这也就是创新、突破的阻碍及难点之所在，因为成年人的成见太深太重了。

对于现实生活中的我们来说，重要的是——怎样运用效果更好？而非习惯、传统怎么做，怎么认为。

世间事物有穷，而人的运用方法却是无穷的，所以人的价值难以限量。因为凡是有人想得出来的事，总会有人做得出来。

人的价值有两种衡量标准：

一是，金钱、名誉、社会的认同。

现代社会的影星、歌星、体育明星、政治明星、亿万富豪……层出不穷，前赴后继，我们可以轻易找到许多人的价值标准，但这些传媒的宠儿自己是否感到满足幸福，自在安逸，就只有天知、地知、他们自己知了！

“子非鱼，焉知鱼之乐乎？”

你又不是他，你怎么知道他心上是否满足？

很多时候我们都习惯于——想当然地自以为是。

而这个“是”，是否就是真的是呢？还是个大大的问号！

二是，自己的满足程度。

一些伟大的音乐家、科学家、作家、哲学家、画家，贫困一生，却给我们留下了许多不朽的精神财富。

他们呕心沥血创作的作品虽未能给自己挣得温饱，却获得了精神上的满足。做自己喜爱的事所得到的满足感、成就感是再多的钱也买不来的。

人们可以买到服务，但买不来才能，以及勤奋、乐观、敬业、精益求精等好品格。

人的才能、智慧、良好的品格是人所有财富中最保值而且永远不怕失窃的东西。正像俗语所说：“家有万贯，不如薄技在身。”

人的价值，最终取决于能否相信自己的能力，又能否运用自己的能力为社会服务。（这只是部分的答案）

人的价值是什么？

你的价值是什么？

七、走出烦恼

任何人处于任何环境都会有自己的烦恼。

区别只在：

——烦恼的大小远近。

——各人对待烦恼的态度。

所谓烦恼，就是一种促使我们去寻求解脱的困扰，而找到解脱的办法，我们的身心才会平衡下来。否则，我们就只好继续烦恼下去。

烦恼本身于事无补，它不能解决任何问题，我们只能依靠自己的思想、行为以及智慧来解决。

而光靠忧虑，只能扩大烦恼，产生怨恨、自怜、嫉妒等自伤情绪。

我们绝对不肯让别人用烦恼来折磨我们，但却一直任由烦恼的习惯来折磨我们自己而——不自觉。

因为，最能折磨我们的恰恰是——我们自己的烦恼习惯。

有趣的是，解铃还需系铃人，最能解脱我们的恰恰也是我们自己——造成我们新的思想行为习惯的我们自己。

石油商人保罗·盖蒂曾讲过他的一段经历：

我记得年轻的时候，曾向人学习到一条宝贵的教训，而这人后来成为全美最富有的工业家之一。我和他虽然很熟，但自从在芝加哥旅行大厅巧遇之后，我却有好几个月没再见过他的面。

“一切还顺利吗?”这是巧遇时，寒暄后我问他。

“不好，——事实上遭极了。”他平静地微笑回答，“我的公司之一，已经被同业竞争逼进死角。另一家已出现赤字，第三家连清偿本月短期债务的现金都不够。”

“看来你并不像担心得要死的样子。”我惊奇地说，我很难相信：任何生意人在面临这样明显的麻烦时，还能处之泰然。

“我的天！保罗，我可一点也不担心。”他回答，“老实对你说，我也需要这样的事来让我忙一下，长久以来一切都太过于顺利了。偶尔遇到难关，对生意人会有好处！再没有比偶尔发生几桩需要清理的问题更好的运动了。”

不久后，我听说我的朋友花了不到半年的时间，已清理好他的问题。虽然他另外还拥有或控制着许多其他的公司行号，但他却狂热地着手解决困难，亲身处理这三家问题公司的重整及复苏工作。

他很快把被竞争逼进死角的那家公司拉了出来，开始改良旧产品，发展新产品，以及建立一套充满创意而有力的销售计划，使得敌对的厂家反而遭受困难。然后，他替第二家公司设立新的政策及方案，减低成本而增加产量，使得它的财政得以自足。至于第三家公司，他安排清偿债务，做了必要的人事调动，不久这家公司的经济开始好转，并且还赚了一大笔。

“我把这些事情料理妥当，可真花了一番精力。”不久之后他对我说，“但的确忙得高兴——打赢一场困难的仗，比打赢一场容易的仗要有趣多了。”

任何领域的成功者都认为自己的工作是种乐趣，由此产生热忱，充沛的精力，不屈不挠的斗志，以及沉着冷静、乐观积极的为人处世态度。

对付烦恼的最佳态度是——沉着冷静地找出并解决问题的症结，走出烦恼。

而沉溺烦恼只能自寻苦恼，自我折磨。

当然，凡人就是烦人！

不是所有的烦恼都可以立时解决的，对于暂时无法解决的问题暂缓考虑而去做别的有益有趣的事以及自己能够做好的事，是明智者的处事态度。

八、走过奈何桥

人生总有无奈：

全力以赴的事情不一定成功；真心对人，人不一定真心对你；急着赶路偏偏遇上塞车；现实永远比理想实际；不如意的事好像老是比如意的事多……

无奈人人有，但是，各人对待无奈的态度不同：

有人遇上无奈的事，或慌忙四顾，或自怨自怜，把无奈看得天大，终日凄惶自怜，无所适从。

有人先把无奈研究一番，弄清楚自己是否真的无法奈它何。

全力以赴的事情不一定成功，还是义无反顾地身体力行，因为做事才有成功的希望，如果失败再作打算。

真心对人，人不一定真心对你，发现某人不值得交往，少理他就行了，这么做是被动，但你尽可以把自己的真心来个虚虚实实的处理。办法只要肯去想，总是会有的。

急着赶路偏遇上塞车，与其干着急——急自己，不如找些事来做：听广播，打电话，与人聊天，想问题，看书看报……

现实永远比理想实际，那就调整自己的理想，切实可行地追求可以满足自己的事业。

不如意的事总比如意的事多，不一定，少理那些不如意的事，多去数数多去享受自己身边如意的事，很可能得出“世如意事十居八九”的结论。

还有更高的境界——一样看待。(平常心)

如意与不如意一样看待，好与坏一样看待，得与失一样看待，是与非、成与败一样看待，这是道的境界，我们望尘莫及！

我们只要“生活有无奈，我们有办法”就行了。

遇上实在无计可施的无奈，踢到一边，从我们自己的心上放下它，去做可使自己如意的事好了。何必跟自己过不去，明知自己无可奈何，仍不甘心地与无奈斗争，不自觉地去打那必败的仗呢？

走过奈何桥，你将发现——人生如意事多还是不如意事多，就看你自己怎么去处理了。

九、压抑

这是大多数人都曾感觉苦恼的问题。

我们先来看看压抑的症状：无奈、郁闷、胆怯、彷徨、过度的罪恶感、失眠、神经过敏、脾气暴躁、自闭、无法与人沟通、自我意识太强……

那么，产生压抑的原因是什么呢？大致有三点：

1. 欲望的增长远远超过能力的增长。

现代社会的股票、期货、各种奖券使一夜暴富成为可能，街市丰富的物质又处处引诱人们去拥有，于是，欲望的增长远远超过能力的增长作为一种心理失衡现象就成了现代人的通病，其后果就是压抑。

当然，也有人没有染上此病，他们又是怎么做的呢？首先，他们清楚自己的真正需要与自己的能力，又对社会的潮流、世俗的时尚之类始终保持着清醒的认识。别人的、社会的需要姑且观之赏之，自己的需要则全力争取。

其次，尽力加强自己的能力，对照自己订下的目标，检查自己的差距，不足之处就虚心学习。

然后，选取某种自己能力可以满足的社会需要去满足，终于可以获得自己的满足。

2. 想做成一件事，努力再三，还是失败，放弃又不甘心。

失败之后，我们最好寻找自身的原因：是自己不适合做这件事，（方向错误）还是自己做事的方法不对。（方法错误）

若是方向错误，就应该明确调整自己的方向，寻找适合自己的事来做。

事实证明：没有经商才能的人，继续经商，只能自讨苦吃。若能转而寻找适合自己的事情来做，才是成功和快乐之道。

若是方法错了，就去寻找一种新的方法，然后一直努力到成功为止。

彷徨、患得患失、苦闷、烦躁，都是些折磨自己的无用功。

3. 自我意识太强。

说话、做事总担心别人怎么想。

人性往往重视别人对自己的看法，这就是人们为自己建造的无形监狱——不自觉地习惯地用别人的眼睛来监视自己。可这只不过是人们自己的习惯了的错觉而已。

只有成熟世故的人才真正明白各人自扫门前雪的道理！

其实，每个人最关心的只有自己，接下来的只是个别和自己关系亲密的人，其他人，不过闲了拿来磨磨牙而已。

知道了自己怎么想别人，也就知道了别人怎么想自己。

如此，就很容易实行——自然轻松做自己，任别人去磨牙好了。

十、男女之外

男女之外是什么？

男女之外——都是人。

已往，我们都太过于习惯——重视性别。

而其实，男女在性别之外，才是主要的。

人嘛，大同小异。

女人需要与男人需要的区别是——形式不同，实质相仿。

而且，不同层次的女人与男人的需要不同。

女人与男人都需要吃得好，穿得漂亮，住得宽敞，行得舒适，更要有丰富的精神生活。

其中，有些女人与男人偏重吃喝玩乐，有些女人与男人则看重精神上、事业上的追求。

女人与男人都需要表现自己的价值。只是以往女人在家庭中表现自己的才能价值，男人在社会上表现自己的才能价值。到了现代，已经有了一些相反的情况。

女人需要男人的爱护，好像天经地义。

男人需要女人的爱护，只是嘴上不认心里渴望而已。

人都有脆弱的一面，男人与女人都一样。

但是，女人与男人对自己需要的表达方式不同。

因为传统，女人对男人说：我需要……

男人对社会说：我需要……

到了现代。

有些自信的女人开始对社会说：我需要……

有些自卑的男人开始对女人说：我需要……

关于女人，以往有太多的偏激。

我们说男人是坚强的，女人是软弱的，实际上的意思是：有些男人是坚强的，有些女人是软弱的。

我们说男人是能干的，女人是无能的。实际上的意思是：有些男人是能干的，有些女人是无能的。

并非所有男人都能够像达尔文、爱迪生那样对人类作出大的贡献，也并非所有女人都只懂得做饭、洗衣服、生孩子。

女人与男人的比较应该是同一智力、能力层次的比较。

其实，女人有女人的能力，男人有男人的能力，女人与男人各自拥有对方所不及的长处，谁也无法取代谁。

女人在家里做主人非常容易。

女人若想在社会上表现自己的才能智慧，取得自己应有的地位，就必须比男人多付出几倍的努力。

因为传统、舆论、家庭、社会处处都有形无形、有意无意地阻碍女人迈向成功，而这一切女人取得成功的障碍物却正是男人迈向成功的加速器。

女人为人的价值、自我需要的满足要靠自己主动去争取——争取自给自足。自给自足之后才能够自主，自主之后才会自立。

现代女人正在争取学习的机会，争取能够表现自己价值的工作。她们已经懂得：像以往一样被动地等待，至多只能得到一点可怜的施舍。只有主动去争取，才能得到自己想要的，尽管这样要付出许多，可绝不会比等待付出的更多。

不仅女人如此，男人也如此，国家、民族、集团亦如此。

只有基本自给自足的人，民族，国家，集团才能够真正拥有自主权，也才能够成为自己的主人。

正所谓：人到无求品自高。

道路是曲折的，前途是光明的，面对不如意的现状，抱怨、指责、愤怒等等，不仅于事无补，反而会伤害自己，更浪费生命。最好的解决办法是：尽量培养积极向上的情绪，保持宁静、稳定的心态，把全部的精力都用在争取自己想要的生活上。

当然，女人争取在社会上表现自身价值，并不等于说，女人都应该成为唯我独尊的“女强人”，或无所不能的“女超人”。

前者只会招人嫌恶，后者则容易像王熙凤一样，因好胜心过强而积劳成疾。

明智的女人，懂得量力而行，尽力而为。

如果有事业心，又有相应的才华，不妨在事业上尽心尽力。若没有事业心，又没有相应才华，那做一个好的职员或家庭主妇，同样可以度过快乐的一生。

不论是女人，还是男人，首先都是一个人，然后，才是一个女人，一个男人。

女权运动争取了女权，而实际上女权运动争取的是——女人为人的权利。

同时，男人也在争取男权——男人为人的权利。不过，只是悄悄地，自觉不自觉地争取。

传统观念要求男人必须流血不流泪，可男人毕竟也是人，同样是血肉之躯而非钢铁铸就，他们同女人一样，也有软弱胆怯自卑的时候，只是屈于世俗、传统的束缚，或责任感的驱使，强撑着一个刚强勇猛的外表。但是，人的任何不自然的表现，都会不同程度地带来身心双方面的疲累，甚至疾病。

于是，现代男人已经逐渐开始要求做一个自自然然的人，而不是按照世俗传统的某个程式，做一个做作的男子汉。

任何解放都是双方面的，因为压迫者与被压迫者是相辅相成的两面一体。

男人不再俯视女人，女人也就不会去仰视男人，反之亦然。平等也就在平视中达成。

随着社会的发展，人们文化素质的提高，男女正在逐渐走向平等。

当然，现实生活中绝对的平等是没有的，不论是女人与男人，或女人与女人，男人与男人的平等关系都只能是相对的。

一直以来，女人恐惧自己没有男人可以依赖，而男人恐惧女人依赖自己。为什么？

女人恐惧失去“长期饭票”。于是，有些女人“为悦己者容”。男人看准了这一需求，生产了大量的化妆品、时装、鞋帽、珠宝……这些女人从这个男人手中拿到钱，又去交给另一个男人，自己变成花花绿绿的“圣诞树”，尽力成为男人的“依人小鸟”。

又有些女人，“天生容貌难自弃”，就想起了“女子无才便是德”。于是，努力在三从四德上下工夫，以笼络自己的“长期饭票”。

有些明智的女人却已经明白——大多数男人并没有他们自己说的和女人自己想象的那么坚强能干，他们恐惧女人依赖自己。

因此，这些女人开始学习依赖自己，运用自己的才华服务社会，以取得社会的奉养。她们依赖自己的才智自给自足，而后自立自主。社会称之为“女强人”。真正明白的女人并不稀罕“女强人”这顶华丽沉重的帽子，而只在乎自己的才智服务社会所获得的满足，更因为和男人互相扶持鼓励而拥有美好的婚姻，她们是明智的现代女人。

或者，女人乐意做家庭主妇，学习和男人共同分担大家的生活，乐意全力支持男人，她们是男人心目中的贤妻良母。

男人之恐惧女人依赖自己，乃是因为对自己的能力缺乏信心。他们心里明白，真正强悍、能干、精明的男人并没有多少。但是，许多人嘴里却习惯地高唱：男人都是强者。于是，背着一个又一个沉重的面具，强装出一副又一副强者状，有人处神气活现，无人处凄凄惶惶。

有些男人已经觉悟出这样做的可笑、辛苦、无用，开始量力而行、尽力而为地主动寻找适合自己能力的工作和生活，过起了表里如一的自在舒服的日子。

毕竟，人生的最终目的是自己感觉的满足，而非旁人眼中的辉煌。

男人与女人都是人，都有自己的依赖性。人本来就是互相依

赖着生存的。

只是，坚强的女人、男人主要依赖自己。

软弱的女人、男人主要依赖别人。

每一个人都不同程度地希望得到别人的关心，爱护。只是社会、传统鼓励女人依赖男人，却约束男人依赖女人。尽管依赖是我们共同的天性，但我们既是自然人，又是社会人，我们在服从自身天性的同时，更需要服从社会、传统留给我们的习俗、规范。至于各人服从的方法及程度就是各人的事了。

自在的人总找得到自己自在的方法。

男婚女嫁，自有许许多多理由。在此，我们只谈其中最舒服的一种——合适。

甲男人的所有可以满足甲女人的所需，而甲女人的所有亦可以满足甲男人的所需，供求平衡，是为合适。

彼此满足的程度越高，就越合适，婚姻也就越美满。

至于爱情，则是可遇而不可求的另一回事了。

人们追求事业和婚姻的道理是一样的，要事业成功，最主要是入对行，做适合自己的事；要婚姻成功，最紧要是选对人，挑适合自己的人。而其中的知己知彼、天性、喜好、志趣、吸引力、经营、供与求的种种就衍生了千姿百态的生活故事。

幸福的婚姻，无一例外都是因为合适。

或者，开始就彼此合适，这是稀有的。

或者，开始有些合适，又有些不合适。经过双方共同的努力调整适应，终于彼此和谐起来。这就是幸福的家庭。

英国曾有位不爱江山爱美人的国王，抛弃皇帝不当，却迎娶了一位三十多岁的寡妇。举世皆惊，众人都把自己当成那位国王，深以为不值。可只有那位前国王自己才明白是怎么一回事……

画家黄永玉有句妙语：“婚姻像鞋子，舒不舒服只有脚指头知道。”

我们都清楚自己的家事，而别人的家，我们只看得见外表，只猜得出大概，具体细节只有当事人自己知道。

总而言之，合不合适、满不满意终归是自己的感觉，而非旁人的看法。

这就是为什么：

——世上聪明的女子，总是寻找适合自己的男子做丈夫。

——世上聪明的男子，总是寻找适合自己的女子做妻子。

其实，男女都一样：

——一方面要独立，自主。

——一方面又期望另一半的爱护关心。

那又何苦争来斗去？互相合作岂不更好？

现代女人的问题是——男人到哪里去了？

现代男人的问题是——女人到哪里去了？

共同的问题是——爱情到哪里去了？

男女之外，说来说去，怎么还是男女呢？

因为男人的一半是女人，女人的一半是男人。

人与人本来就是互相依存的。

男人与女人，人与人都无法逃避的一个选择是：

是针锋相对，相残相害。

还是相亲相爱和平共处。

或者，视同陌人，两不相干。

关于如何做一个女人，如何做一个妻子，如何做一个母亲，如何做一个男人，如何做一个丈夫，如何做一个父亲，从来就没有必要的专门的知识，专门的研究。我们现有的只是每个自己的零星、片段的辛苦积累。

某夜失眠，胡思乱想。

忽然发觉爱情是变数多过是定数，是过程多过是结果。

今天爱了，不等于明年还爱；今天爱了，也不等于一生都爱。其中的信爱与疑爱、狂热与麻木、习惯与新鲜、斗争与妥协……各适其式，各有所好。

如果是真爱，自可无怨无悔，不计回报，全心全意地奉献自己的一切。

如果是为钱、为名、为权，甚至为积怨、为自尊的爱情，当然得斗智斗勇斗狠，而最后得失是否平衡，只能是当事人自知自明的一个游戏。

为人处世到底为什么？

这一直是个我们都自以为明白，其实却一点都不明白的问题。

爱情可以是个名词（对把爱情看成定数的人），可以是个动词（对把爱情看成变数的人），可以是个定语（对把爱情看成灵欲合一，追求真我的人），还可以是个代词（对追求名、利、权的人）。如何选择，就是各人的私事了。

爱情是个公认的符号，至于这个符号的真正含义，就看你自己的理解、行动和机缘了。

爱情是什么？

女人是什么？

男人是什么？

人又是什么？

十一、魅力

大自然充满魅力，因为它永远自然真实地表现自己的本来面目。而不停变幻的雨雪晨昏，又产生了难以捉摸的神秘感。

真实的同时又是神秘的，这就是魅力的本质。

我们因为不了解那个真实的，所以觉得它神秘。对大自然，对我们自己，我们的了解都非常有限，而虚假的东西迟早都会被我们识破。

作家福克纳在1950年接受诺贝尔文学奖时说："作家在他的作品里除了不渝的真理和心头的真话外，不容有其他东西存在。没有爱、廉耻、怜悯、自尊、同情和牺牲等普遍真理，一篇故事便会昙花一现，注定要被人遗忘。作家除非这样做，否则他所写的就不是爱（奉献）而是欲（索取)，是无关痛痒的失败，是没有希望的胜利，更要不得是没有怜悯和同情的胜利，他的忧伤引不起共鸣，也留不下创痕。"

魅力，不论它是艺术的，还是某个人的，之所以感人，都是因为真实，而神秘感，则体现在欣赏中，体现在变化里，体现在难以言传未知却又想知的欲望里。

魅力的本质是——真实和神秘。而魅力的形式则数之不尽。

它可以是外貌的美丽、英俊，气质的雍容、优雅，亦可以是性格的细腻、柔弱、粗犷、刚强，还可以是为人处世的圆熟练达，清纯质朴，或者是一个人一切表现的综合……

魅力只是一种天性、涵养的自然流露，勉强表现魅力反而显出做作。种种魅力在旁人眼中如何，就得由个人的喜恶、天性、志趣、视角而定了。很多时候，在甲看来充满魅力的事物，在乙却毫无反应。这就是广东俗语所说的"各花入各眼"。

魅力是只可意会，难以言传的。

也不必言传，沉浸在魅力之中的享受远胜过千言万语！

十二、安身立命的根基

安身立命的根基是什么？

安身立命的根基是——自己的原则与自己的能力。

有人说：“除开混乱，没有地狱；除去清晰，没有天堂。”

人的一切行为都起始于心上的意念。此处的混乱与清晰就是指心理上的。心理上混乱，行为必惶惑，慌乱；心理上清晰，行为就安详，自在。

身心一体。人的思想与行为总是互为因果，心上的标准也就是行为的原则。

现实生活中，人们常会觉得自己活得累，活得紧张。为什么？

主要原因在于：人们或以别人的标准来衡量自己，或以自己的标准去衡量别人，心理失衡、疲累、紧张就此产生。

每个人都是一个与众不同的个体，每个人都有自己的能与不能，每个人都有自己的是非善恶标准、自己的需要。每个人做事都有自己一定的理由，只有用自己的标准原则来衡量自己才是合适的。如果勉强一个人去适应另一个人的标准，自然会出问题。

足球有足球的比赛规则，篮球有篮球的比赛规则。如果拿足球的比赛规则来比赛篮球，必然出现混乱。

人也一样，用甲的标准来衡量约束乙，必然会引起一系列的身心压抑和烦乱，结果只能在苦恼、失败中烦躁自己。又如内向的人非要把自己弄成外向，喜欢不停地说话的人偏要学人扮“酷”之类。人的天性不会因为压抑而改变，反而容易成为烦躁，甚至疾病的主要成因。

国有国法，家有家规，每个人也应该有自己处事为人的原则，如此方能在社会站稳脚跟，不至于东倒西歪，盲目无依。

概括起来，自己的原则可分为二：

1. 认识自己。

认识自己能做什么，不能做什么，做什么做得最好；认识自己拥有什么，又没有什么；认识自己需要什么，自己又能怎样去实现自己的需要……总之是尽可能去了解、认识自己。

这样，我们才不会盲目地顺从社会潮流，盲目地跟从这个典型、那个模范，才不会盲目地用自己的所无去比别人的所有，才不会对自己的工作半推半就、挑三挑四，才不会去做这样那样没用的事。

只有对自己有一个清醒的认知，我们才能够形成并把握自己的原则来处事为人。

2. 客观地看待外界的人、事、物。

我们知道了自己有自己的长处、短处、得处、失处、利处、弊处，也就容易理解别人的长短好坏利弊得失，渐渐地就会以每个人的本来面目待人待己，再也不会自卑、嫉妒，或骄傲忘形了。

把握好自己的原则，安守自己的本分，尽力而为，量力而行地做事做人，我们的生活自然就会安稳、轻松起来。

世间万事万物无时无刻不在变化中，相应的我们的原则也应该随之变化，这一变化又有两方面：

一是，自我的天然。（内部）

顺应自己的天赋、性格、志趣来形成和完善自己的原则。

如性格坚强又有才华，就去成就一番自己的事业；性格软弱但有才华，就去帮人成就事业；有数学天赋，就去研究数学；有运动天赋，就去做运动员……

人的天赋、志向、性格在未成型之前都是变数。于是，人的原则也要随之变化。

二是，事物的天然。（外部）

顺应外界客观条件如环境、遭遇、社会、家庭、经济……的变化而变通。

人的骨头是由脆硬的无机物和柔韧的有机物组成的，所以人的肢体能屈能伸。

同样，一个成熟干练的人待人处世既灵活又有节制，结果往往皆大欢喜，因为这人既有原则性，又有灵活性。或者我们可以称之为灵活的原则。活人当然得用活的原则，用僵死的原则岂不是跟自己过不去？

所以，我们需要自觉地去形成、完善自己的灵活的原则。

我们都熟悉“靠山吃山，靠水吃水”及“在家靠父母，出门靠朋友”之类的话。

其实，我们真正能够依靠一辈子而别人又抢夺不去的东西只有——自己的能力。

就说靠山吃山。能力大的，可以靠植树造林、种果树、药材、找矿藏等使自己的生活富足；能力小的，只能拾些枯枝，种些蔬菜水果维持自己的基本生存。

靠水吃水。能力大的，或者弄些大鱼、龙虾、海参、鲍鱼等珍贵海产品，或者依靠海洋运输而富裕；能力小的，只能用些小鱼、小虾来解决自己的温饱。

在家靠父母，父母只能够帮助自己而无法代替自己生活。

出门靠朋友，朋友只能靠一时，不能靠一世，最终还得靠自己的能力成家立业。

生在什么人家，谁也无法选择，但是，培养并运用自己的能力服务社会服务自己，却是每个人都可以通过自己后天的勤奋努力做到的。

生在富贵人家，不愁衣食住行，若不事生产又习惯于挥霍，一样会败了祖业，穷困起来。

生于清贫之家，努力进取，一样可以自力更生，创下自己的家业，生活得幸福快乐。

亨利·福特就是白手起家的杰出技术家、企业家。在他八十三年的人生岁月中，始终热爱自己的工作。他认为：“世人之所以会有许多麻烦事，是因为许多人只希望别人来替他工作。”

他对人生的看法是：“人生是经验的累积，能够通过每一经验的磨炼，才能成为有用的人。虽然人生难免有失望、失败、悲伤等不幸，但无论如何，我们都要鼓起勇气，本着坚忍不拔的精神，继续向前迈进。”

别人至多只能帮助我们，但是，谁也无法代替我们去过我们自己的生活。

自己的事就只能自己做。

人性有种可笑的品性，它希望别人来代替自己工作，解决一切问题与麻烦，自己只享受就好了。虽然这不现实，但是，人性仍然不自觉地习惯地这样渴望。

于是，就有了拖延，有了依赖，有了等待。

可现实是：别人，无论是父母、夫妻、儿女、亲朋，给予我们的只有帮助，只有支持、鼓励，事情最终要靠我们自己去做，我们自己的人生最终只能靠我们自己去度过。

这也不是什么难事，画家郑板桥就说过：

> 淌自己的汗，
> 吃自己的饭，
> 自己的事情自己干，
> 靠天靠地靠祖宗，
> 不算是好汉。

那份自给自足的自豪与满足真是千金难换！

十三、寄托

能够做自己喜爱的事情的人是幸福的，能够爱人而又被人爱的人也是幸福的，因为他们的精神、能力、情感、希望有了归依，有了寄托。

人长大了，总会自觉不自觉地寻找自己的寄托。因为寄托是我们的归属，是我们身心的停泊地，在此，自我被肯定，被重视，心灵也能够享受安慰。

人各有志，人又各有所好。人的寄托也就由此各异。但大致都以事业寄托自己的才智、荣誉，以家庭寄托自己的爱情、亲情，以孩子寄托自己的希望、未来。

寄托正体现了我们最大的需要——被需要。因为我们都恐惧空虚、孤独，于是就不断地找寻事，找寻人来充实自己。

可现实就是现实。

谁都想做自己喜欢做的事，但世上大多数人或屈于责任，或迫于生计，或因为习惯，都在半推半就地拖拖拉拉地做着自己不喜欢甚至讨厌的事情。

在外奔波劳累了一天，终于回家了。亲人互爱，温馨洋溢，这样的幸福家庭人人向往，但许多人都只有一个充满种种问题的家。

于是，有人一有空就养花，有人一有空就下棋，有人一有空就集邮，有人一有空就看书，有人一有空就钓鱼……这也是寄托，但有一种退而求其次的自我安慰。

这也就是心理平衡的一种自我调节技巧，它让人在不尽如人意的生活中找到了自己的满足和乐趣。

其实，任何环境，无论贫穷或富裕，成功或失败之中，都各自有它同时存在的如意处与不如意处，如果我们开始发觉、清点、感受自己生活中的如意——寻找自己生活中的每一点满足与乐趣，我们的生活就会美满如意得多。

不信，你可以自己去尝试：

——去感受自己所做事情的乐趣。

——去感受自己与别人美好的一面。

还有更好的——如果你能够时刻保持全然地投入现在，你就会找到自己永恒的寄托——你自己、你的自性、你的存在。

这就是人类最漫长而其实最短暂的生命轨迹——走向自己!!!

十四、人的变与不变

“流光容易把人抛，红了樱桃，绿了芭蕉……”

日子一天一天在过，我们并不觉得它少了，我们一天一天变青春，变衰老，也并不觉得。

蓦然回首时，往往才惊异地发觉：日子在飞逝，生命也在飞逝。

人总是在变的，只是有的时候我们感觉到了，有的时候又没有感觉而已。人相对不变的是已经成型的性格、原则、观念。

人们已经成型的性格、观念、原则，只有遇到对自己触动很大的非常事件，才可能改变。

一般来说，人在未形成自己的人生观之前，可塑性较强，容易变化。在自己人生观形成并稳定之后，可塑性较弱，难以变化。

每个人都有自己的天性和观念。若想让一个有着稳固天性和观念的人为别人而改变自己，往往是费力不讨好的无用功。

例如，朋友、夫妻间一方想让另一方完全听命于自己，必然引起反感和反抗；父母让子女学他们自己没兴趣的事情，孩子不喜欢画画，偏偏逼着孩子去学画画，不喜欢弹钢琴的偏赶孩子去学弹钢琴……

我们若想让别人改变，就得去顺应别人的天性和观念——因势利导，顺势而化。

想让孩子多学些东西，就得先了解清楚孩子的天赋、喜好、个性，爱画的才让他学画，爱弹钢琴的才让他学弹钢琴。如此方有自觉自愿、事半功倍之效。

想让别人听自己的，就得先听听别人的想法，再谋求共识。

人往往互相迁就才会有友好合作，而单方面的迁就往往长不了。正如俗话所说的：强扭的瓜不甜。

因此，若想让别人改变，就要学习——因势利导，顺势而化！

十五、自制力

每个人生来就是自由的，可生活在社会中又必然要接受来自社会的种种约束，更何况人的欲望无穷而满足有限，这就要求我们有自制力——有能力控制自己的注意力、思想、行为。

自制力正是强者与弱者的分水岭。强者自制力强，常能控制自己；弱者自制力弱，常被自己的种种欲求牵制着。

自制力要控制的对象因人而异。脾气暴躁的人，要控制自己的脾气；性情懒惰的人，要限制自己的懒惰；暴饮暴食的人，要控制自己的食欲；工作狂，要限制自己对工作的过度投入；自负有涵养的人，要尽力维持冷冰冰的礼貌……

总之，几乎人人都需要有自制力。那么，如何培养自己的自制力呢？

我们可从日常琐事入手，而且最好从有关自己健康的琐事入手。这样，既可锻炼身体，又可培养自己的自制力。

如定时作息、起居有规律性是对健康大有益处的事情。又如每天定时定量运动身体，选择自己喜爱的一项运动持之以恒地坚持下去，如瑜伽、慢跑、散步、太极拳、气功等。现代人日益舒适的生活，也使人日益养懒了身子，而经常适度地锻炼身体，不仅可以常保充沛的精力，还能延年益寿。再如坚持饭吃八分饱，这不仅可以充分享受食物的美味，还能保持肠胃的健康，更能保持健美的身材，一举三得只维系在你良好的自制力上。

自制力的培养步骤有二：

一是，定下目标。

根据你自己的需要定下一个可以经常实践的目标。如每天早晨的晨运。

二是，坚持。

每天坚持晨运，日积月累地坚持再坚持之后，你的自制力和身体都会在不知不觉中得到增强。

当然，开始的时候，谁都难免反复，有不愿意做或者觉得难以坚持的情况发生，这很正常。但凡新习惯的形成，都会有反复，只要你能够坚持下去，那么，最终你一定会赢得非凡的自制力和良好的身材。

坚持虽然做起来困难，可它带来的结果却可喜可贺。

有利的情况和主动的恢复就产生于再坚持一下之中！

在方向正确的情况下，坚持就是胜利。

十六、压力与动力

人的压力与动力都有两种形式：

一是内在的，自给的。

一是外在的，别人强加的。

我们来分析。

两种感觉对比表

时常感觉压力的人	时常感觉动力的人
(1) 任何一种力量，当事人只注意到它对自己不利的一面，它就成了当事人的压力。	(1) 经常注意人、事、物对自己有利的方面，并运用它去争取成功。
(2) 往往不自觉地同时做两三件事，三心二意的结果只能是心理负担重，精神紧张，焦虑，烦躁，压抑。	(2) 一次只做一件事，身心较轻松自然，精力集中，做事的效率高。
(3) 做人做事强求完美，有一点不好就心神不安。	(3) 做事做人都量力而行，尽力而为，对人对事都不奢求完美。
(4) 不自觉地习惯地期望所有人都满意，一遇批评便觉压力沉重。	(4) 先自我肯定，有主见，遇事更坚定自己的信念，懂得自己不会满意所有人，而不论自己怎么做，都会有人不满意。
(5) 或者用自己的短处去比别人的长处；或者自以为无所不能，结果，或自卑自怜，或四处碰壁。	(5) 恰如其分地看待自己，把所有的精力都用于发挥运用自己的才智。

(6) 或逃避现实，逃避责任；或万事一肩挑，骑虎难下。	(6) 面对现实，既勇于承担责任，又敢于摆脱负担。
(7) 人际关系紧张，要么想讨好所有人，要么不自觉地要求所有人都以自己为中心。	(7) 人际关系融洽，与人为善，尊重、关心、欣赏别人，也获得别人相应的回报。
(8) 沉溺生活中的无奈、烦恼、抱怨、焦躁、忧虑。	(8) 把无奈放在一边，暂缓考虑自己一时无法解决的烦恼，只抓紧现在，不做无用功。
(9) 压力的主要来源是——注意并运用没用的事物，做无用功。	(9) 动力的主要来源于——注意并运用有用的事物，做有用功。

由上述对比，我们得知了压力与动力的主要成因。由此，我们也可以看出压力与动力是能够互相转化的，而转化的关键就是——每个人自己的注意力、观念及态度。

这就好像柔道。若一味与敌人对抗，敌人的力量就变成了压力；而巧妙地利用敌人的力量，就可以轻松地运用敌人的力量击败敌人——借力打力。

同理，生活中的压力与动力，有利与不利都是时时处处共同存在的两面一体。若一味反抗，就是给自己制造压力。而冷静地分析、处理，寻找可利用的一切为自己的需要服务，才能够轻松地化压力为动力。

当然，生活是复杂曲折的，我们不可能什么事都清清楚楚，我们能做的只是——量力而行，尽力而为。这也就足够了。

生活中我们感觉到一种力量，首先是因为它与我们的某种需要有关系，如果与自己无关，我们才不会理它呢。

因此，我们可以说，人的压力与动力，不论外在的内在的，从根本上说——都是源自人的自我需要。

其实，压力都是人为自己架设的一种束缚，只要我们对自己的追求不附加任何欲念与负担，压力就只会是一种挑战，成为动力的源泉。

十七、做人难

这是成年人无可奈何之时最爱的一句感叹。

那么，做人难，究竟难在何处？

主要在于——取舍、知足、适度、认识自己。

我们先来看“取舍难”。

有位政坛红人，于功成名就之际，遇上了一位红颜知己，情意缠绵。

但是，政治需要忠实保守的形象，其原配夫人又是德高望重的政界名流。

于是，在事业与爱情之间，他选择了事业。

爱情只能留在眉头、心上——徘徊！

人生时时处处都有选择，各人都依据自己的喜恶来取舍，一喜一恶当然好办，可两喜当前，就不知所措了。

鱼与熊掌不可兼得。只因凡事有利必有弊、有得必有失是谁也奈何不了的客观规律。

取舍表现在日常生活中无非衣食住行。生活中的每个人都根据自己的喜恶而各有侧重。有人食不厌精，其他就随便；有人讲究穿戴，别的就马虎了。

人生总有不公平，对此气愤是正常反应。愚昧的人会久久地沉浸在愤恨、气恼中自我折磨；而明智者则把自己无可奈何的不公平弃置一旁，全力去争取自己可以得到的公平，这其中的取舍进退就需要智慧了。

取舍之难，就难在明白——生命中的一切都是相辅相成的一体两面。有生就有死，有得就有失，有利就有弊，有成功就有失败。而我们的所有选择都只想要好的不想要坏的，这实际上是在——妄想客观规律如我们的愿，妄想世界以我们为中心，是在强求那不可能的事。这就是我们最大的无用功！

我们总是一方面不自觉地习惯地自我折磨。一方面又感叹做人难！

什么时候我们学会了全然地接受一切，不再去分辨好坏得失利弊，才能够完全解脱取舍之难。

这说来简单，但是，叫我们怎么舍得了“两害相权取其轻，两利相权就其重”的习惯！我们早就已经是，而且一直都是习惯的奴隶了！

难与易本身就是相生相克的两面一体。

取舍之易就在于——接受并放下无奈，而把自己的精力都用在去争取、感受自己可以得到的满足。

我们再来看“知足难”。

凡事有利必有弊有得必有失，这就是在提示我们知足了。

知足其实很容易，常常清点感受自己的所有就完了。

问题不是做不到，也不是知易行难，而是：

——我们根本不去做。

天堂和地狱都是我们自己建造的，从清点哀叹自己的所无和损失转向——清点享受自己的所有和收获，只需跨出这简单的一步，我们就可以从地狱升上天堂。

问题在于：我们已经根深蒂固地习惯了——相信困难和复杂。

“这么简单，这么容易，可能吗？”——这就是我们的思维定式。真不知要到什么时候，我们才不再为难自己！

一切是一。

难与易，远与近，都是相辅相成的一体两面。就看我们自己以什么态度去处理，从哪个角度（难或易）进入。

做人难，还难在适度。

在表情上，眉飞色舞，是过于轻浮；目瞪口呆，是过于木讷；昂首向天，是太过傲慢……什么表情才叫做适度？这就得由

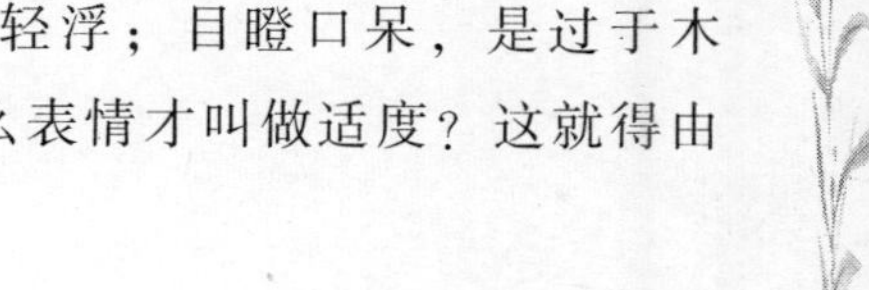

当事人、对象、环境、事件而定了。

美食当前，苗条淑女只有望食兴叹：还是身材要紧！这是过于刻薄自己；而大肚胖汉仍口不停食，是过度放纵。饭吃八分饱，既享受了美味，又益助了身体，还保持了身材，一举三得。只可惜，极少有人能够如此适度。

适度的奥秘就在于：各人的情况不同。一位壮汉的八分饱，足以当一位苗条女子两天的食量了。因此，各人的度还得靠各人自己逐渐去调适。

在人际关系上，适度就难在自己需要与别人需要的平衡。

过度为别人是虐待自己；过度为自己，又赶跑了别人。

既满足别人又满足自己才是适度。可究竟彼此各得几分满足才算适度，谁也说不清道不明，这只能由当事人自己去分析人物事件环境以及将来的发展，再定取舍之度了。

我能说的只是：各人的度，只能靠每个人自己去探索把握。

互害互辱，只能纷争处处。

互利互荣，才有长久的友谊与合作。

做人最难的就在于——认识自己。

如果真能认识自己，就没有什么取舍、知足、适度的问题了。

认识自己，这可是个大题目。我们已经在第一章讨论过一些了。

十八、知足知不足

知足不一定常乐，不知足不一定常苦。

世事无绝对，完全要看对象、事件、环境而言。

知足常乐，对安于现状的人是好事，对不安于现状的人却是坏事。

不知足对弱者是痛苦的无奈，对强者则是促使其奋斗的加速器。

凡事都有其两面性。

知足一方面予人快乐，安慰；另一方面又使人平庸，懒散。

不知足一方面给人痛苦，烦恼；一方面又促使人奋斗，进取。

凡事都有个度的问题。

过分知足，过分知不足都是走极端，都会出问题。

那么，怎样才适度呢？

适度是——知足知不足。

既适度地知足，同时适度地知不足。

可“度”是个玄妙的东西，完全因人而异。

对乐观者，六分知不足，四分知足是合适。

对悲观者，四分知不足，六分知足是合适。

对强者，六分知不足，四分知足是合适。

对弱者，六分知足，四分知不足是合适。

这也只是个大概，具体到某个人头上又得具体问题具体分析了。

适度地知足与适度地知不足，可使人在拥有安慰快乐的同时，更能奋斗、进取。

当然，如何适度？还是一个每个人都必须自己去面对的问题。

十九、主动

现实生活中，强者总是受到众人的敬仰、羡慕。而强者之所以成为强者，是因为他们深深懂得——为人处世唯有采取主动，才能主宰自己的生活，进而控制自己能够控制的人、事、物。

那么，强者是如何争取主动的呢？

第一，知己知彼。

就个人而言：

知己知彼就是了解自己能力的局限、自己能做的事的范围、自己的需要、自己的弱点，了解社会的需求以及社会的发展趋势。

其中，社会的需求是很繁杂的，我们只需对其大略知道，重要的是——抓住自己能够满足的某种社会需要。

就个人所从事的事业来说：

知己知彼就意味着：了解自己所从事的事业的内容、性质、现状、需要、过去的以及将来可能的发展情况、人际关系及与相关行业的联系等等，了解同业中相应的种种情况，了解市场需求、市场的发展趋势，然后——找出自己有何种才能可以为事业中相应的某种需求服务。

唯有对这些事情都有了较深入详尽的了解，才能够谈得上争取主动权。即由自己决定：做什么，怎么做，何时何地做。

第二，扬长避短，避实击虚。

就个人而言：

扬长避短就是避开自己的短处，尽量发挥自己的长处为相应的社会需求服务。

避实击虚的一个好法子就是——攻冷门。即寻找自己擅长的而众人还未得满足的某种社会需要来设法满足。

因为热门做的人多，而且竞争激烈，但是社会需求并不会因为满足它的人多而增大。相应的，冷门做的人少，甚至根本没人去做，一旦成功，就会比热门的收益大。

当然，有好处就有坏处，冷门需要独到的眼光去发掘，而且冷门做起来没有先例可以借鉴，一切都得靠自己去摸索。

美国诗人罗伦特·弗罗斯特写道：

香槐树下分出路两条，
何去何从费思量，
我停下脚步，久久伫立——
向这一条极目远望，
只见它曲曲弯弯隐入林莽。

平心静气再来打量另一条，
也许这条路更好，
因为它少有人迹长满草。

树下分出路两条，
我踏上少有人迹那一条，
顿时耳目一新乐陶陶。

走少有人迹的路，遇到的困难多，同时得到的喜悦与满足也多。

就个人所从事的事业来说：

扬长避短就是尽量表现自己专业的长处为本行业服务。如技术、才能、智慧等。

避实击虚是讲在同业竞争中，尽量避开同业的优势，而针对同业的虚弱处下工夫。

再强盛的集团都有其虚弱处，其强盛也只是就某些方面而言的。完美的集团同完美的人一样，在我们的现实生活中是不存

在的。

还有更聪明的做法：

避实击虚，针对自己的虚弱处下工夫完善自己。最好的进攻是防御。“为战者，先为不可胜，以待敌之可胜。”

毕竟，竞争的最终目的是发展壮大自己，而不是打败敌人。

当然，好的方法还得用在恰当的时机场合才会有好效果。如此，更有利于长远发展。

第三，控制自己。

人的欲望纷乱繁杂。

可强者总是能够明晓自己的需要、事业的需要的主次条理，并依据这些主次、条理来安排自己的工作与生活。

他们知道如何控制自己的消极情绪，及时振作自己的精神，更懂得根据自己的人生目标来管理自己的生活。

当然，和常人一样，强者也并不能只顺应自己的意愿为所欲为，只是他们明白，真正决定自己遭遇的是——自己对遭遇的看法及处理态度。

强者承认自己不能完全控制外部环境，但他们能够控制自己的注意力和态度。

他们懂得顺应客观事物的变化，适时调整自己的目标及相应的实施步骤。

以上只是大概，至于具体细节则因人而异，千变万化。

人们争取主动，全是为了争取自己的主权，做自己的主人。但是，世间万事万物都是由相生相克的正反两方面构成的，有主人就一定有仆人，有强者就一定有弱者。

一般情况下：

女人失主权——多是因为把男人当主子。把自己的一生幸福全部寄托在男人身上，为男人牺牲自己的一切，这是大多数女人痛苦和灾难的根源。

男人失主权——多因把名利权当主子。因此授人把柄。为之牺牲自己的一切。这就是大多数男人苦痛和灾难的根源。

世事如翘翘板，你看得它重，它就看得你轻。

世上人亦然。甲把乙顶在头上，乙自然就把甲踩在脚底。

平等是我们永远的愿望。

但是，现实是：有平等必有不平等。这是谁也奈何不了的客观事实。

凡事有利必有弊。主动给了我们选择的自由，也给了我们对事情的责任。在争取主动的同时，我们又不得不舍弃一些自由，为争取主动，我们就必须约束自己。

主动和被动都是相对的，而且往往是主动中有被动，被动中又有主动。主动与被动本来就是相辅相成的两面一体。

如知己知彼的开始和过程都是被动的了解，而知己知彼的结果却成了主动的。

此外，主动和被动是永远互相转化的，而不是一成不变的。

如，常能控制自己的人，多能冷静理智地处理问题，这就主动了。而急躁冲动的人，往往突然就发现自己陷入了被动的局面。

又如知己知彼从另一角度来看，是对别人对自己极为小心地观察伺候，这就是弱的表现，可就是由于这种小心谨慎的结果，把一个人由弱变强。

通达的人明白——弱是强的根本和发源。强的最终趋势又成了弱。这很正常，物极必反嘛。

于是，顺其自然，该强则强，该弱则弱。不强求而随顺，顺其自然所以无事。

争强好胜的人常常为强而强，喜欢无事生非、炫耀自己、好出风头，结果总是烦恼、纷争不断。

通达的人明白无事就是好事，所以遇事唯求化解——大事化小，小事化了，乐得自在逍遥！

主动者强，被动者弱。但是，世事无常，强者不一定就快乐，弱者也不一定都痛苦。

人生一世，当强者还是做弱者不一定重要。因为强弱只是追求自身幸福的手段。

天性强的人，成为强者才快乐。

天性弱的人，做弱者才快乐。

所以真正的问题是：

——你自己需要什么？

——你自己喜欢什么？

——你想怎样安排自己的生活？

二十、毅力

锲而不舍，金石可镂。

毅力是在强烈的信念下产生的不屈不挠、不达目的不罢休的力量。

信念人人都有，但是大多数人的信念都比较脆弱，根本就不可能产生毅力。

才智，决心，信心，许多人都有，但毅力才是真正的人生考验。

人的一生会有很多愿望，正是由于有了这些愿望的存在，人们才能容忍生活的平庸，并不断努力改善。

但是，当挫折和灾难接踵而来，又有多少人还能坚持原来的愿望？也许一年两年还可以将就，但是五年十年的屈辱和痛苦又能否承受呢？

从妥协，到认命，再到熟视无睹、习以为常，人一旦放弃了自己的信念，逆来顺受的麻木就会吞噬人本性里的尊严。

才智、决心、信心，许多人都有，但是，唯有毅力才是真正的人生考验。

毅力是怎么产生和保持的呢？

毅力是从个人强烈的持续的愿望中来的，也是在个人强烈的持续的愿望中实行的。

二十一、信念

信念就是信心就是一种强烈的持续的相信。当你强烈地持续地相信某事，你就一定会尽力去使它变成现实。这就是信念信心的真正源泉——你自己强烈的持续的相信。

当然，人各有其能与不能，信心的发生也不会凭空而来，我们都是在看到了自己的能力之后才会产生信心的。

如前文提到的创造学的创始人奥斯本，是在发现自己的创造力之后，才逐渐在不懈的努力实践中建立起自己创造的信心的。

创业容易，守业难。同样，信心的建立容易，信心的保持却难。

因为我们的情绪会有起伏，事情的发展会有成有败，而信心是一样随我们的生活共同前进的东西。因此，信心难免会受到我们情绪和环境的影响。那么，如何保持信心呢？

1. 自我肯定。

如实地肯定自己的长处、才华，肯定自己目标的正确性。只有相信自己有能力，相信自己能够实现目标才能坚定自己的信心。

反之，若一味否定自己就只能自卑了。

2. 常回忆过去的成功经验和感受。

如果我们能够常回忆以往的成功感受，就会把我们的情绪导向正面的一切，这对信心的保持大有益处。

3. 培养成就感。

就是再有信心的人，都难免有怀疑自己的时候。

当靠自我肯定、回忆成功的感受都不能维系信心时，就有必要依靠成就感，做一些比较容易的事以获取成功的感受。许多自信的人都是靠它渡过信心危机的。

其实信心的保持无它，不过是经常调整自己的注意力和情绪，保证它们导向正面的一切而已。

当心生懈怠时，和强过自己的人比比，自然就“愤”发图强起来，信心也就在积极向上的努力中得以巩固。当心灰意懒时，和差过自己的人比比，自会得到安慰和激励，继续努力。

严格说来，信念有两方面含义：

相信自己能——寻找证明自己能的方法。

相信自己不能——寻找证明自己不能的方法。

王太太在婚前上了好几年班，非常喜欢她的工作。

“可是我现在有两个孩子要上学，一个家要料理，三餐要准备，哪还有时间上班嘛！”她对朋友抱怨着。

谁也没有想到一个星期天的下午，王太太一家在外出途中发生了车祸。她和孩子侥幸逃过一劫，她的丈夫却因为脊椎受伤而终生残废了。

为了生活，王太太只得重新出来工作。

车祸几个月后，她的朋友见到她，非常惊异她的变化。

王太太感慨道：“你知道，六个月前，我想都没有想到过我可以同时兼顾家和工作，但车祸发生后，逼得我不得不找出时间。你知道，我现在可是百分之百有效率，我发现很多事情其实都不必做，我也发现孩子也乐于帮忙，同时，我也找出了许多节省时间的方法，比方说少上市场，少看电视，少打电话。”

原来信心还可以逼出来！

不仅信心，人的能力、精力、都能给生活逼出来——这就是逆境和压力的好处。

王太太发现——其实很多事情都不必做。

这真是一个珍贵的发现！

我们只要仔细留意一下自己的生活，也会发现自己做了太多根本不必做的事。例如：后悔、患得患失、过度烦恼与恐惧、嫉妒、生气、忧虑、拖延……

“我一定能”的信念使我们产生克服万难的力量、技巧与精力。一旦，我们相信“我一定能”，“如何做”也就应运而生。

你的潜能正跃跃欲试呢！

二十二、生命力的来源

人的生命力来自——人的需要与被需要。

人在幼儿、少年、青年前期及年老的时候，需要父母、子女、亲人的爱护，关怀。

而在青壮年时又被自己的儿女及衰老的父母需要，付出自己曾经获取的爱护和关怀。

人们就是这样彼此需要地生活着。

不仅在家庭，在社会也是如此：人们为养家去社会工作，而社会的各种机构、集团，如工厂、商场、学校、娱乐场所等，又都是为社会中的每个人服务的。

人们的生活就是这样彼此需要，又被彼此需要地度过。

一旦，一个人觉得自己再也没有什么需要，也不再有人需要自己时，他也就不再有活下去的愿望了，因为他的生活失去了动力，又找不到出路，继续生活的只剩下他麻木的肢体，他的眼中满是厌倦、疲惫。

有些人则由于受到了某种强烈的刺激，即某种强烈的愿望落空，就像巨大的疼痛降临后必然出现麻木一样，冻结了自己所有的欲求，一叶障目，不见世界。这就是造成疯子和自杀者的重要原因。

为什么有些老人年龄很大了，依旧精力充沛一如强壮的中年人；而有些青年人却老气横秋如入暮年呢？

因为前者有自认为重要、有趣的事情做，而后者不是对所做的事情提不起兴趣，就是无所事事。

兴趣其实就是爱。

爱人爱事业的人，才能够活力充沛，神采飞扬，身心愉悦。

做自己认为重要的、有趣的事，并不是指做什么惊天动地的大事，做人做事重要的是自己感觉是否有乐趣，而非旁人的看

法。如果一味辛苦劳累只是为了别人的褒贬，那不就成了别人的奴隶了吗？自己就是自己，别人就是别人。什么事情自己做来会觉得有意义，只有自己真实的感觉才能鉴定。

所以真正懂得自己的人，多数时间都在做自己觉得有趣的事，因而获得的满足感和成就感也较多。

法国著名电影明星杰哈德·巴狄厄说：“我真正热爱演戏，我的目的不是想成名得利，而是为了满足我的表演创作欲，每一部新片都给我带来了一次新的挑战，我必须尽全力去完成它。”

一位母亲在儿子两岁时得了癌症，更凄惨的是，她丈夫在她发现癌症的三个月前去世了。但她并不绝望，她决心一定要看见儿子大学毕业，接掌她丈夫留下来的商店。她经历过多次开刀手术，每次医生都说：“只能再活几个月了。”癌症并没有治愈，但几个月延续成了20年。

她见到了儿子大学毕业。

六个星期以后，她去世了。

一种强烈的心愿，将一个垂死的生命延续了20年。

我们每一个人都是觉得活得有意义、有必要，才会越活越有滋味。

所谓保持年轻的心——无非就是保持有趣的活动，生命中永远有值得追求的目标而已。

做有趣的事，生命中有值得追求的目标——乃是唯一焕发生命力的东西。

二十三、享受

我们总是习惯地认为：有许多钱，有高高在上的地位，做官，周游世界，功成名就……一些对我们来说其实遥不可及的事情才是人生的享受。

而这恰恰是传统、传媒、习惯、思维定式对我们的误导。

其实，享受可以是一件时刻发生的因人而异的非常私人的事情。

每个人的享受都是与众不同的，因为每个人的兴趣、爱好、志向、环境、经历、修养、经济、信仰……都与别人不一样。

例如：

——爱吃水果的人，正在品尝自己喜爱的水果。

——爱音乐的人，正在全神贯注地倾听自己心爱的音乐。

——爱喝茶的人，正在享受茶的色、香、味。

——爱旅游的人，正在一个新的旅游区悠闲游荡。

——爱烹饪的人，正在试做一个新式菜。

——爱写作的人，正当意到笔到之时。

——爱孩子的人，正与孩子游戏。

——爱插花的人，正在凝神插花。

——爱喝酒的人，正在品尝美酒。

——爱下棋的人，正和棋力相当的人下棋。

——爱看电影的人，正在看一部有趣的电影。

——爱读书的人，正在捧读一本好书。

——京剧票友，正在欣赏京剧名角的经典唱段……

又如：

——火热的七月，突然的一场阵雨。

——夏日晚上，树木花草发出的忽隐忽现的清香。

——“绿蚁新培酒，

“红泥小火炉。

“晚来天欲雪，

“能饮一杯无？”

——与朋友交往默契的时候。

——和爱人心意相通的时候。

——和父母子女团圆的时候。

——鲜花、森林、山河、湖海等大自然一切的色彩，光影，声音，形状。

——可口的饭菜，可心的香水，合体的衣服，顺畅的交通等人工的一切。

这一切都可以是我们的享受。

事实上：

——全身心地投入就是享受。

——做自己喜爱的事就是享受。

——当某事如意时也是享受。

只是我们常常习惯地忽略这些几乎每时每刻都发生在自己身边的享受，却盲目地去拼命追求那些世俗的太高、太远的特定的某种“享受”。

人性常常愚笨得作茧自缚。

值得庆幸的是，我们完全可以自我调节。

让我们开始体验：

做自己喜爱的事就是享受。

和自己喜爱的人相处就是享受。

细心感受自己所拥有的就是享受。

享受就是全身心地感受自己身边时时发生的点点滴滴的如意。

且看人们如何全身心地享受美食、美酒：

某酒店的特色朱古力：

由于以鲜奶和忌廉打得细滑，是要一口一口慢慢品尝的：从热朱古力被端至面前开始，夹杂着奶香的朱古力香徐徐溜进脑海的嗅觉感官，呷一口，先感受到忌廉本身因打得润滑而做成的微凉，之后微甜的奶味渗出来，缓缓咽下，口腔里萦回着淡淡的朱古力，“咔嚓”，把松化的蝴蝶酥放到嘴里咬上一小口，和先前的滑不留口正好来个对比，咀嚼过后，对热朱古力的思念又再袭来，就这样，你会重复以上步骤，直至热朱古力被完全喝干——好一道充满诱惑的飨宴！

又如：

喝香槟要适可而止，浅尝很好，令我放松，那些气泡非常轻地在舌尖轻戳，令人有一点点的愉悦，就是要一点点，让人飘飘欲仙。

那么，你自己的享受是什么呢？

享受还有更高一重境界：

奥修说：“把生活当游戏，享受它的每一面：失败，胜利，走入歧途或是找到正确的途径，夜晚的黑暗或很美的黎明。两面都享受，享受所有的可能性，从每一个经验学习某种能够使你更成熟的部分，学习比较不要那么严肃，而比较有了解性一些，具有一点幽默感……”

活在当下就是享受！

但是，如何才能活在当下？

这是我的问题。

也是你的问题。

二十四、爱

人生的目的意义从内容上说，是爱自己喜爱的事业，爱自己心爱的人。

那么，究竟——爱是什么？又为什么爱？

爱就是我们生命的真意吗？

爱与自己与人生一样，都是一个全方位、运动的整体。

一个既简单又复杂，既浅白又玄奥的整体。

或者，爱只是表象，爱只是一个导引。

爱只是导引我们回到未生之初、已死之后，那种与一切融合为一的境界，回到我们真正的来源、最终的归宿，那个一无所有又拥有一切的境地。

是这样吗？

爱有无限的种种类类的形式，但是，到了最终的最终，最后的最后，无一例外都是殊途同归——与……化一，与……融合。

这是宿命？还是人生必然的归宿？

爱是什么？

“人生自是有情痴，此恨非关风与月。”

作家爱写作，画家爱画画。

你爱什么？

爱在我们的自以为是的习惯中早已定格为情与欲，而其实，真正的爱是什么我们知道吗？

一个家住曼哈顿的非裔美国籍家庭，从他们父亲的人寿保险中获得了1万美元的意外之财。母亲认为这笔遗产是个大好机会，可以让全家搬离哈林贫民区，住进乡间一栋有院子、可以种花的大房子。

聪明的女儿则想利用这笔钱去医学院念书，以实现她当医生的梦想。

然而，一向老实的儿子提出了一个难以拒绝的要求。他乞求获得这笔钱，好让他和“朋友”一起开创事业。他告诉家人，这笔钱可以让他功成名就，并让家人生活好转。他答应只要取得这笔钱，他将补偿家人多年来忍受的贫困。

母亲虽然感到不妥，还是把钱交给了儿子。她承认儿子从未有过这样的机会，他配获得这笔钱的使用权。

不难想象，他的“朋友”很快带着钱逃之夭夭。

失望的儿子悲痛万分，只好带着坏消息，告诉家人未来的理想已被偷窃，美好生活的梦想也成为泡影。

儿子的遭遇令女儿咆哮如雷，她用各种难听的话讥讽兄长，用每个想得出来的字眼来咒骂他。她对没出息的兄长生出了无限的鄙视。

当女儿骂得差不多时，母亲插嘴说：“我曾教你爱他。”

女儿嘴一撇，不屑地说：“爱他？他没有可爱之处。”

母亲平静地望了女儿一眼，显得有些不以为然，她轻轻地说：“总有可爱之处。你若不学会这一点，就什么也没学会。”

女儿看了看母亲，不再吭声。

母亲叹了一口气，继续说：“你为他掉过泪吗？我不是说为了一家人失去了那笔钱，而是为他，为他所经历的一切以及他的遭遇。”

这样的话从母亲口里说出，让一向认为母亲没文化的女儿有点儿吃惊。

(我不明白什么叫有文化？有学历有文凭就叫有文化？)

“孩子，你想什么时候最应该去爱人？难道是当他们把事情都做好了，让人感到舒畅和为之骄傲的时候？”母亲猛地停下，盯着女儿的眼睛，以毋庸置疑的语调说：“若是那样，你还没有学会，因为那还不到时候。”

“我明白了，妈妈。”女儿已经泪流满面，“应当在他最消沉、不再信任自己、受尽环境折磨的时候。”

“孩子，经历了这一遭，你终于改变了人生态度。现在这个样子，才像一个长大的人。未来的路，我就可以放心地让你走了。”

说完，母亲张开双臂，女儿扑进了母亲的怀里。

母亲抚摸着女儿的头发，轻轻地说：“孩子，衡量别人时，要用中肯的态度，要明白他走过了多少高山低谷，才成为这样的人……”

这时，一个满脸憔悴的大男人流着大颗大颗的泪，走了过来。三个人紧紧地抱在了一起。

“哥，原谅我。”女儿说，“妈妈说得对，这个时候，我应该更加爱你才是！不是装出来的那种爱，而是发自内心的真爱。”

男人的泪流得更凶了。

母亲放开他们，说：“行了，一个大男人的可爱之处可不体现在眼泪上。”

儿子记住了这句话。五年后，他成了曼哈顿有名的富人。十年后，他成为美国赫赫有名的家电用品推销商。克林顿执政期间，他曾获得过总统亲自颁发的“美国十大杰出人士”奖，包括哈佛大学在内的世界知名学府纷纷请他去讲学。他给大学生讲的主题总是不变，那就是“学会爱人”。在演讲中，他喜欢重复母亲说过的话：“一个大男人的可爱之处可不体现在眼泪上。”

他的名字叫汉德林。

他的妹妹叫尼娜，因为母亲教他学会爱人，她不仅激发了兄长汉德林的推销天才，而且实现了自己当一名医生的梦想。

这个从黑人贫民区搬进白人富人区的幸福家庭，一向勤俭的母亲仍然做着的自己的传统手工，她不愿花儿女孝敬她的一分钱。

当美国《国家地理》电视专题片著名节目主持人盖斯先生问她为什么这样做时，这位满脸皱纹的可敬的母亲平淡地说："我一向主张学会爱人，当然也包括爱我自己。我现在能走能动，自己能够养活自己，干吗要去依靠儿女们呢？"

这位"没文化"的母亲比我们这些自以为"有文化"的人更懂得——什么是爱！什么是人的尊严！

爱可以是形形色色的欲望。

爱还可以是一种品格，一种境界。

爱不是所谓的知识、能力、文化、等级所能涵盖和专营的。

爱就是爱！

爱是一种每一个人都能够亲身感悟、体验、沉浸、发现、传播的会心微笑！

我们如何才能够学会爱？

第四章　规律

规律是不以我们的意志为转移的客观的真实存在。

面对规律，我们有三种基本态度：

如果我们被动地由其摆布，只会无奈、苦恼、郁闷。

如果我们与之对抗，就会像把大石头往山上推一样，烦躁，苦累，徒劳无益。

如果我们能够主动地去了解它，运用它，才能更顺利、更快捷地获取我们的所需。

老子在他的《道德经》七十九章说："天道无亲，常与善人。"

自然规律对任何人都无所偏爱，却永远帮助善于顺应自然规律做事的人。（这是功利的层面，另一层面是道的境界——无为！无所为而为。）

一、有所能必有所不能

有个人对他的朋友说："今天我赢了两个世界冠军，一个网球世界冠军，一个象棋世界冠军。"

这个人说完，得意地欣赏着朋友惊讶的表情，然后继续说："我同网球世界冠军下象棋，结果赢了网球世界冠军；接着同象棋世界冠军打网球，又赢了象棋世界冠军。"

"哈哈，你真聪明。"

莫扎特7岁那年，在莱茵河畔法兰克福开完音乐会之后，有一个14岁的少年走到他跟前，对他说："你演奏得多么精彩！我可总学不好。"

"为什么，你再试试，如果不行，就作曲去吧。"

"我写诗……"

"那挺有趣，写诗大概比作曲还难吧？"

"不难，容易极了，你可以试试……"

同莫扎特谈话的少年是——歌德。

那位赢了两个世界冠军的先生很懂得避实击虚。

而歌德、莫扎特则擅长于扬长避短。

他们三人都以不同的方式运用了有所能必有所不能这一规律。

有所能必有所不能，也就是有长必有短。能与不能，长与短都是构成人、事、物的两面一体。

它不仅适用于个人，同样适用于各类集团，如民族、国家、社会、城市、学校、公司……

在今天激烈的各式各样的竞争中，扬长避短、避实击虚已被广泛运用。

各人、各集团都在充分发掘、塑造、运用自己的长处为社会服务以换取自我需要的满足，而各人、各集团的短处，则成为竞争对手的攻击目标。

于是，一些成功的个人、成功的集团看到这一趋势，开始居安思危起来。他们在继续发挥自身优势的同时，也注意起完善自己的不足之处了。开始实行孙子的教导——“为战者，先为不可胜，以待敌之可胜。”

运用自己的短处去做事，只会失败自卑。

运用自己的长处去做事，才有自信成功。

临渊羡鱼，不如退而结网。

与其羡慕别人的事业成就、舒适生活，不如尽全力去发掘、培养、运用自己的才能智慧，争取属于自己的幸福生活。

后来，有一天我忽然明白了，前文的笑话还有一个更重要的启示：

——每个人都是无知的，只是各人无知的范围不同而已。

——所有的人必然是也必须是互相依存的。

作家、商人、艺术家、科学家、美容师、歌星、体育明星、教师、学生、工人、农民、政治家……每个人都只在自己的本行内是有知的，在自己的本行之外基本上都是无知的。

所以“人人为我，我为人人”才会存在。

所以人与人之间只能是互相依存的。

二、在局限内求最大值

每一个人的精力、时间、钱财、资源、才能、智慧等等都是有限的。

而把自己有限的东西发挥出最大的作用就是——智慧。

“不浪费自己的精力去做不适合自己的工作的人是聪明人，在做得好的事当中选出做得最好的并锲而不舍的人，是更聪明的人。”

“一个人不能同时骑两匹马，骑上这匹，就要丢掉那匹，聪明人会把凡是分散精力的要求置之度外。”

人的精力、生命是有限的，世上的事物是无限的，不自量力的人常想同时做好许多事。

但是，谁都没有办法只用自己的两只手，同时抓住10个足球。如果一个人把自己的“战线”拉得太长，就只能收获疲累和失败。

锯子能锯断粗壮的大树，是因为锯子的力量都集中在锯齿上。

钻子能够钻透厚厚的钢板，是因为钻子的力量都集中在钻尖上。

同理。人做事成功，是因为人的精力都集中在自己所做的事情上。

人就好像一棵树，要剪去多余的旁枝，才能壮大。

莫泊桑是“短篇小说之王”。

爱迪生是“发明大王”。

王维是诗人，也是画家。

李清照是词人。

苦瓜和尚石涛是画家。

我们所知道的卓越人物都只在一个，至多在几个领域内杰

出，而在此外的其他领域，则和芸芸众生一样平凡。

成功者都懂得——在自己能力的局限内，寻求自己的最大价值。

在局限内求最大值，是在自己能力的局限之内追求自己才能智慧的最大价值。

问题又来了，许多人都并不知道自己能力局限的范围。因此，这一规律的运用有其正负效应。

正面的是：运用得宜，可以较大程度地发挥个人的潜能。

负面的是：在不知道自己能力局限的情况下，盲目运用这一规律，将抑制甚至封闭自己本来具有的能力和尚未觉察的潜能。

在局限内求最大值的局限，不仅仅是指个人能力的局限，也可以是金钱局限。

美国“汽车大王”亨利·福特一世发明了生产线来装配汽车，促使产量大增，成本下降。

但他并不满足于此。

他说：“我先定500美元的价格，使全体员工不得不发挥最高效率，以创造出更多更有效的制造与销售的办法。这种强迫式的做法，比其他无压力的研究调查管用得多。”

从1906年福特推出第一辆售价500美元的汽车，到1908年每辆206美元的黑色T型车问世，风靡全球，不到七年的时间，福特就使自己的公司一跃成为世界上最大的汽车制造公司。

在局限内求最大值的局限，还可以是时间的局限。

我们都知道在一定的时间限制内做完某事与在无限制的时间内做某事的区别。

前者会因为时间的限制产生一种紧迫感，他会想：快做，快做，期限就快到了。而后者因无时间限制，高兴就拿起来做一阵子，不高兴就丢过一边，也许他终有一天会做完，但比前者花了更多的时间，也许他永远都做不完。

在局限内求最大值，亦可分解为量力而行，尽力而为。

量力而行

人生最大的苦恼——不在自己拥有的太少，而在自己想要的太多。

想要的太多，而自己的能力又无法使自己全部得到，就容易产生失望与不满。在对环境与对自己都长久地感到不满和失望的情形下，就易于产生自卑、怀疑、恐惧，乃至内心的紧张、烦躁。

人性的愚昧就在于只关注自己没有的和强求自己得不到的。

而超越这一愚昧只需——转移自己的注意力。

开始关注与享受自己拥有的。

开始追求自己能力可以做到的。

任何人的经历、智力、体力、学识、领悟力、适应能力都有自己的局限，世上谁也无法做到时时处处都第一。

我们只能够在了解自己能力局限的基础上，尽全力追求在自己擅长的领域内做得更好。

尽力而为

吉米·卡特童年时代的理想就是成为一名海军军官。

1943年，他进入美国海军学院学习，在校时，他成绩优异。1946年毕业后军衔晋升得很快，同年他申请参加海曼·里科夫上将的核潜艇计划，于是他与这位严厉的、令人望而生畏的特殊任务领导进行了一次紧张万分的谈话。在长达两小时的谈话中，海曼接二连三地提出问题，使吉米认为自己的知识没有那么渊博。最后，海曼提出了一个似乎很简单的问题："在海军学院你名列第几？"

"先生，"吉米回答，"全年级820人我排在第五十八位。"

海曼非但没有表示祝贺，反而接着问："你尽力而为了吗？"

"是的，先生。"吉米犹豫了一下又说，"不，先生，我没有时时尽力而为。"

海曼对他凝视片刻后问他："为什么不尽力而为？"

吉米被这句话震慑住了，尽管他被准许参加核潜艇工程，可他永远没有忘记最后那个问题："为什么不尽力而为？"

志在必得的人全都——尽力而为。

三、有所不为有所必为

这也就是明白自己：

——能够做什么、应该做什么？

——不能够做什么、不应该做什么？

这又是一个我们每个人都自以为非常明白，而实际上90%甚至更多的人根本就不明白的问题。

1897年，意大利学者帕列托发现了“二八法则”。他在自己的研究工作中偶然注意到19世纪英国人的财富和收益的模式。在他的取样中，他发现：大部分人的所得和财富，流向少数人手里。或许这没有什么值得大惊小怪的，但他同时发现两件非常重要的事实。其中一项认为：某一个族群占总人口数的百分比，和该族群所享有的财富之间，有一项一致的数学关系。帕列托真正感到兴奋的是另一项发现，那就是这种不平衡的模式会重复出现，而且有数学上的准确度。

可惜，在那个年代，“二八法则”的重要性并未显现，尽管有一些经济学者已经意识到它的重要性，但直到第二次世界大战之后，人们才开始运用“二八法则”，引起了世界骚动。

在发现、运用“二八法则”这一点上，IBM是最早也是最成功的一家公司。1963年，IBM发现，一部电脑约80%的执行时间，是花在20%的执行指令上。所以公司立刻重写它的操作软件，让大部分的人都容易接近这20%，进而轻松使用电脑，因此，IBM公司制造的电脑比其他竞争者的电脑更有效率，速度更快。

现在，“二八法则”已在各行各业广泛运用，而且已经造就商业学和经济学上的重大突破。

在商业社会里存在许多“二八法则”的情况：

20%的产品，或20%的客户，涵盖了约80%的营业额。

20%的产品或顾客，通常占该企业组织约80%的获利。

在社会里，20%的罪犯占了所有罪行的80%。

20%的汽车狂人，引起了80%的交通事故。

在80%的时间里，你穿的是你所有衣服的20%。

而和我们每一个人的切身利益都有关系的是：

——一些人80%的工作只产生了20%的成果。

——一些人20%的工作却产生了80%的成果。

人们80%的成就和快乐，只占掉了人们20%的时间，而这些是可以再扩大的。

这说明：大多数人的时间、注意力、精力、能力都浪费在无用无益的工作、生活上了。

绝大多数人根本就不明白：

——自己应该做什么？不应该做什么？

——自己真正需要什么？

——自己真正擅长什么？

——自己真正喜爱什么？

80%甚至更多的人早就根深蒂固地习惯了——自以为是、自欺欺人。

我曾经在一家公司的墙上看到：

你不能左右天气

　　但你可以控制心情

你不能控制容颜

　　但你可以展现笑容

你不能控制他人

　　但你可以掌握自己

你不能预知明天

　　但你可以利用今天

你不能样样胜利

但你可以事事尽力
你不能决定生命的长度
但你可以改变他的宽度

生活中总有我们无可奈何的事，如天气、自己的相貌、寿命、过去、规律、风俗、舆论、旁人的看法……

愚昧的人全身心地投入无奈，不自觉地徒劳无益地想使无奈迎合自己，不自觉地做了又做无用功。

明智的人则接受自己无可奈何的事实，却并不与之纠缠，不做无用功，只把自己的精力都用来做有用的事：如控制自己的注意力，调整自己的情绪、态度、目的，实施自己要做的事……

又如与人交往过程中，遇到有人言语尖刻，愚昧的人会十分计较，与之争吵，过后仍然念念不忘、仔细玩味，独自气恼数小时甚至数天；智者呢，或者似听非听，或者反唇相讥，然后继续做自己的事。

世上人人都有权议论别人，又人人都会被人议论。

人言是否可畏，在乎各人听什么，不听什么。

古人说——见贤思齐。就是在叫我们多看看别人优秀的方面，学习别人的长处。

而日常生活当中的大多数人所做的却是习惯的挑剔、指责、自责，然后习惯地烦躁、气恼自己。

问题的关键是——各人对自己遭遇的处理态度，而非遭遇本身的好坏。

听什么，不听什么；看什么，不看什么；做什么，不做什么；说什么，不说什么；吃什么，不吃什么；穿什么，不穿什么；用什么，不用什么……

看似简单，其实复杂。

这些都是选择。

这些都是考验。

这些都是需要时时学习探索的学问。

所以才有了："世事洞明皆学问，人情练达即文章。"

就说吃什么，不吃什么吧。我们每一个人都相信自己只会吃对自己的健康有好处的食物，但是，现代社会方便面快餐为什么会广泛流行呢？众所周知不吃早餐对身体有害，为什么许多人都习惯不吃早餐呢？

再说穿什么，不穿什么。女性大多数都喜欢穿高跟鞋，因为高跟鞋可以让女性的双腿显得更修长，但是穿过高跟鞋的女性都会发现自己的脚很痛，腰也会很累甚至会痛，这就是美丽的代价。多数女性都已经习惯了，也就不去理会了。然而认真谈论起来，每一位女性都会认定，自己一定不愿意做让自己痛苦的事情。男性也是一样，他们的紧束脖子的领带，紧身的牛仔裤也是他们已经习惯了而不去理会的危害健康的另类"紧箍咒"。

我们以为的是一回事。

我们实际在做的又是另一回事。

又如做有用功还是做无用功，认真说起来谁都不会做无用功，可行动起来，却又不自觉地习惯地做了习惯的奴隶。

所以，人做什么都容易，最难的就是做自己的主人！

好在生活除了无奈，还有许多我们可以尽力做好的事。

有人把经过四十年研究之后发现的每一种"速效成功法"一一衡量之后，认为有一种方法对每一个人都有用。

这种观察你是否具有事业及生活成功的方法，是由英国科学家赫胥黎首先提出来的，它们是：

1. 强迫自己做应该做的事。

2. 在应该做好的时间内完成。

3. 不论自己是否喜欢，该做就做。

这就是我们需要学会的最可贵的速效成功法，只要能把应该做的事情做好，就能解决你的大部分问题，那又何乐而不为呢？

要是我们此生的所余光阴都能够尽力做自己该做的每一件事，我们的成功机会就能增加许多，不要等自己找到时间的时候，或方便的时候才去做，而是该做的时候就做，不论我们自己是否喜欢。

有很多我们应该做的事情，也许都不是我们特别喜欢做的事，甚至有些是我们根本就很讨厌的事。

喜不喜欢是一回事，该不该做又是一回事，重要的是应不应该去做。

只要是应该的，不管是否喜欢都要去做，这就是规律。绝对不容逃避，亦绝对不容忽视的规律，它是强制性的，由不得我们挑选。

等我们接受了这种生活规律，把它变成做任何事的习惯时，我们做起每一件事都能够得心应手，再不会有——跟自己争辩的挫折感、疲倦感。

我们将不会再在内心挣扎，自问是否愿意做某件事，只要是应该做的，我们都不会迟疑不决地再三考虑。以往我们用来犹豫的时间，现在都会用来好好做事。

这一切只因为我们改变了自己的习惯。

我们的新习惯是：只要是该做的，立即去做，而且我们一定会在该完成的时间内做好。

有所不为——接受并放下无奈，不做无用功。

有所必为——该做的事，立即开始做。并尽全力做好。

有所不为有所必为其实就是——取与舍。

取与舍，看似简单，其实复杂。

因为取舍真正需要的往往是智慧。

我们来看比尔·盖茨的取与舍。

以比尔·盖茨的实力，他可以做房地产，可以做他愿意做的所有生意。

但是，他只专注在自己的操作系统、软件开发，而不被市场中别的诱惑所吸引。

他的成功，不仅表现在——他做了什么，也表现在——他没有做什么！

做什么？不做什么？如何做？

这三个问题看似简单，其实复杂。

几乎每个人都——自以为自己当然知道这三个问题，但是，现实生活当中存在的真相却是：只有各行各业的顶尖人物才真正懂得这三个简单的问题。

我们再来看一位智者关于怨恨与宽恕的取舍：

宽恕是一个放弃的过程——放弃那些本来是虚假的，而我们却以为是真实的东西。它可以用积极的力量去取代那些不够积极的东西，如用爱去取代不够友爱的行为。一旦我们对他人显示宽恕的态度，我们就是在从头脑中扫除那些徒劳无益的念头，这样，我们就能全身心地投入到历久弥新的生活中去。

忘记的价值在于——有利于我们去获取。

其实，最大的伤害，莫过于牢记我们曾经的伤痛。

当真正的宽容产生时，没有疤痕留下，没有伤害，没有复仇的念头，只有愈合。宽容是一种治愈的力量。宽容可以挖掘出你身上的伟大之处。

心灵总是具有宽容的力量。

四、平衡

任何人、事、物，达到平衡才能够更好地更健康地发展，而不平衡就会出现种种问题甚至危机。

自然界有生态平衡，国家、企业等各式集团有其自身的财力、物力，以及人的智能、个人都必须关心的问题——心理平衡。

心理平衡是——人的能力与愿望的平衡。

心理平衡不是人的需要与满足的平衡。

为什么？因为人最大的需要是被需要。

我们每个人都是需要亲人和朋友的爱护、关怀的，都是需要社会的欣赏、肯定的。而被爱、被欣赏只能通过自己的才智、能力的价值表现来争取。

所以，心理平衡是人的能力与愿望的平衡。

我们也可以由物极必反这一规律来证明，什么事情到了极端都必然走向它的反面，需要的极致，只能是被需要。

心理平衡是人的需要与满足的平衡一直误导人们不自觉地习惯地相信：自己需要什么就可以得到相应的满足。

然而，事实是——有能力的人方能满足自己的愿望。

于是，在需要长期高于满足的状况下，心理不平衡的症状就产生了：焦虑，紧张，不安，郁闷，烦躁，苦痛，懈怠，疲倦，抱怨，愤怒，患得患失……

我们来看心理不平衡的两类典型：

一是，愿望高于能力。

生活中的大多数人都有这毛病，什么都想要，却又很多东西都没有能力去获取。于是自怨、自怜、嫉妒，成天以无用功消磨自己的精力、能量。

不思进取的富家子在外人看来应有尽有，在自己看来却应有

尽无。他们极少感到幸福，因为他们的注意力都集中在自己得不到满足的愿望上了。

而不思进取的贫家子也犯了同样的错误，愿望似万花筒令他们目迷神驰，而他们本可以运用的能力却束之脑海。就这样，愿望被高高吊起，成了酸葡萄。

愿望高于能力只是表象。

实质是——当事人的注意力只集中在自己层出不穷的愿望上，而他们的能力却极少被运用。

二是，愿望低于能力。

由于现在的我们都不知道自己的能力到底有多大多强，于是就普遍低估了自己的能力。

愿望一旦低于能力，能力就萎缩了。同时，当一切都伸手可得，人生也就失去了意义。不经努力就获得冠军，这样的满足也就不成其为满足了。

人真是奇怪，既恐惧困难烦恼，一旦事事如意，又开始无聊起来。

心理平衡可以也只能通过自我调适来达成。我们可以尝试由以下方面来自我调适。

1. 自我调适的方向性。

许多人的坏习惯，或者说思维定式是："此情此景，自己怎么倒霉，别人又怎样走运。"因而导致消极、悲观、等待。

他们的注意力在于——以自己的所无去比别人的所有。

而一些人的好习惯是：此情此境，自己怎么做更好。导致的态度是：进取、乐观、积极。

他们的注意力在于——珍惜自己的所有，争取自己的所需。

这也就是自我调适的正确方向。

2. 平衡自己的能力与愿望。

当愿望高于能力时，就调低自己的愿望，同时培养、运用自己的能力去争取实现调整后的愿望。

当愿望低于能力时，即达成愿望之后，发现自己尚有可资运用却没有用过的能力，那就重新设立与自己能力相对应的愿望好了。

此外，更有明智者常常设立适度超出自己能力的愿望。如此，不仅可以促使自己全力以赴，更能激发自己的潜能。

3. 认清自己的需要。

面对社会越来越多的诱惑，冷静地分析、观察自己的需要，排除因诱惑而产生的需要，只去追求自己内心真正需要的东西。

或者，发现自己实现需要之后，并不满足，那就开始观察自己，寻找自己真正需要的满足。

4. 满足与不满足的平衡。

每个人的每个时期的生活都是满足与不满足同时存在的。世上不存在绝对满足或绝对不满足的人。

若一味沉溺在自己的不满足中，就等于自我折磨，自寻烦恼。

而尽量发觉享受自己的满足，就是自寻快乐，知足常乐。

当然，凡事都有其两面性，都有程度，而且满足与不满足都不会停止不动，它们都是永远互相转化着的动态。

自然，自己，世界，自有它们自己的永动机，只是我们无知罢了。

满足一方面给了我们快乐，一方面又容易使我们懈怠；不满足一方面给我们苦恼，一方面也能促使我们去追求满足。而且执著满足或不满足的任何一方都是执著不住的自欺欺人的无用功。因为满足与不满足都是暂时的。快乐会过去，痛苦也会过去。

而完全保持中立，甚至超然其上，就是成道化一，可这极少有人可以做到。

我们这些凡人可以做到的只是——于东倒西歪之间竭力保持平衡。

那么，现实生活中较为适宜的态度就是——享受满足的同

时，不忘积极进取，知足的同时，知不足。

就像青春的积极进取和急躁冲动是共在的一样，中年人的丰富经验和拘谨保守也是同存的。

如果你正青春，那就尽量积极进取，同时学习以平常心抑制自己的急躁冲动；如果你已中年，就好好把握运用自己的经验，重新学习年轻人的积极进取，继续开拓你的事业、生活好了。

我们的遭遇并不是真正的问题。

真正的问题是——我们对待遭遇的态度，这也就是我们灵性的表现之一。

5. 与人沟通。

现代文明使我们的物理距离越来越近的同时，也使我们的心理距离越来越遥远。繁忙的工作、生活也使我们各人之间日益隔膜。

但只要我们有心，就一定可以找到沟通的对象和时间。

与亲人、朋友良好的心理交往，共同分担大家的喜怒哀乐，更易于心理平衡。

6. 安慰与激励。

人总有自卑与失望的时候，此时若能设法安慰自己，如想想比自己差的人，想想自己的所有，就容易把自己的心境调适得平衡起来。

人亦有懈怠、懒惰的时候，此时若能设法激励自己，想想比自己强的人，想想自己的所需，精神自会振奋起来，重新平衡自己的心态。

7. 抓住今天。

人们的普遍的弊病就在于：注意力、精力都放在过去或将来，却把现在的精力、生命统统消磨在回忆、懊悔与幻想、等待中，于是，就在无用功中失去了平衡。

成功者则盯紧目标抓住今天全力奋斗，在奋斗中寻找并保持着动态平衡。

或者，投入现在，体验全然的一切。

8. 动态平衡。

平衡并非静止的，平衡是永远随时、随地、随人、随事而变动的，任何人的心理平衡都是需要不断维持的动态平衡。

平衡是我们终生的工作。

因为一切平衡都只能在——动态中求取与保持。

因为世界是普遍联系、变化发展的世界。

所以，平衡都是相对不平衡而来的时时变化的东西。

所以，平衡度的把握、调整从来都是对各人智慧的考验。

9. 享受生活。

心理不平衡的人的一大毛病就是，总是不自觉地习惯地用生活中的不如意来折磨自己。

若能转移自己的注意力——时常发觉、享受生活中的种种如意，就能使自己的心理经常保持一种愉悦状态。

如：

——享受少有的悠闲。

——与朋友谈心的快乐安慰。

——夏天的游泳。

——听自己喜爱的音乐。

——与亲朋好友郊游。

——欣赏四季的更迭。

——欣赏日出，夕阳，雨，雪，风，雷，闪电，彩虹以及一切我们感受得到的美好与满足。

学会欣赏与享受，将使我们的心灵日益祥和安宁。

我们调适自己以求心理平衡的最终目的，也就是——心平气和，与自己、与环境、与生活和谐相处。

心平气和才有安宁、愉悦、自在、自得其乐。

人生总有不满足与无可奈何，但是，我们尽可以时时处处调整自己，以获取自己的平和心境。

五、能量守衡与转换定律

这不是物理学的定律吗？怎么可以用在人身上呢？

人也是一种物，一种有意识、有灵性的会动的物。只是由于我们对自身的无知，我们并不知道自己的能量是如何守衡及转化的。在此，我们只能就某些事实进行讨论。

我们的能量并不会凭空消失，而是消耗在我们自觉的建设或不自觉的毁灭中。

建设——发挥运用自己的才智建立并维持自己的事业、家庭，服务社会，亦服务自己。

毁灭——多数人以无用功消耗自己的能量、生命，如忧虑、后悔、幻想、烦恼、嫉妒、抱怨、酗酒、吸毒、打架……少数人以才智毁灭自己也毁灭同类，如希特勒。

建设与毁灭是相辅相成的两面一体。

每个生命都是一个建设与毁灭的轮回过程。

能量守衡与转换定律，实质是一种——平衡律，是一种建设能量与毁灭能量的守衡与互相转换的定律。

这就说明了建设与毁灭都不是孤立存在的，而是此中有彼，彼中有此。有时还分得清楚，有时又难辨彼此。

如希特勒，他从一介平民，成为德国元首，这对他个人是一种“建设”，对整个世界则是一种破坏。而最后，他所代表的破坏势力灭亡了，又显示了人类建设力量的胜利。

建设与毁灭也表现在人类的、社会的种种新陈代谢上：人体细胞的生与死，人的生与死，国家、民族、团体的产生、发展、强盛、衰亡，从原始社会一直进化到现代社会的社会更替……我们意识到了或未意识到的种种新陈代谢。

建设与毁灭还表现在社会的两大阵营的构成上：建功立业者与犯罪破坏者群体的形成。熟悉历史的人可以轻易找到一大串名字和故事。

社会中的建设者与破坏者，永远此消彼长，相辅相成，他们随社会的产生而产生，也必将随着社会的解体而消亡。（更确切地说是转换成了另一种方式）

还有许多我们未觉察的和不知道的……

社会的能量守衡及转换自有社会工作者去专注研究，我们且来看能量守衡与转换定律在每一个人身上的表现与运用。

首先，我们要把握运用自己能量、精力的规律。（这属于“精力经济学”的范围，我们在第五章再详谈。）

我们的能量都是有限的，而就是这有限的能量还得受自己的年龄、所处的社会、自然环境、经历、风俗、习惯等等的限制。

这些限制，有些是我们无能为力的，如年龄对人的能量的限制：幼年和老年人的能量低弱，而青壮年的能量相对旺盛。

有些限制是我们可以设法减弱的。如减弱社会、传统、习惯在人的头脑中形成的自我限制，这突出表现在体育界不断刷新的纪录。还有种种非常事件之中的人的超常表现：如一位男子在家中失火时，一个人就将原来由四个人抬进屋的心爱钢琴搬到了屋外。又如现代女人争取学习、工作的机会，争取自主独立，争取表现自己才智的权力。传统的所谓“三从四德”、“女子无才便是德”之类的封建思想正日趋淡弱。

总的来说，人们一直以被动的方式，不自觉地维持社会、传统、习惯所形成的自我限制。

当然，也有少数天才人物能够主动地减弱甚至排除自我限制。于是，他们就有了杰出的成就。

又如减弱各人的习惯对自己能量的限制。最典型的是转移习惯了的注意力方向：从注意自己的短处与缺乏，转向注意自己的长处与所有所需，将更有效地运用自己的能量；从习惯认为自己就这样了，转向认为自己在某些领域可以做得更好，这就打开了自己的思路，也打开了自己原先封闭的能量与才智。这些，你都

可以自己去尝试、实践，然后，你将发现生活还别有洞天。

你还可以将一切大大小小的打击、压力转化成建设性力量。如人们老生常谈地劝导悲痛者“化悲痛为力量”。我们还可以化愤怒为力量，“愤”发图强。

像前文提到的西班牙歌星胡里奥·西格莱西亚斯，就是将灾难转化成动力，促使自己赢得了事业的成功。

《命运交响曲》就传达了贝多芬将灾难性的耳聋转化为音乐的巨大能量。

每个人的能量都是有限的，但怎样将自己有限的能量发挥出更大的作用，就得看各人的信念、毅力、态度、想象和方法了。

运用自己的能量还要注意适度。

每个人都有自己的能量、精力的疲劳极限，长期超出自己的疲劳极限，过度使用自己的能量，必将积劳成疾，甚至早衰、夭折。我国的一些杰出的知识分子英年早逝，正是走了这一极端，把自己一生的宝贵精力、能量在短短的一二十年匆匆挥霍尽净，终于“弦”断人亡。

而另一极端，基本不使用自己的能量、精力，也会使人的能量、精力萎缩。成天一副无精打采、双目无神状，然后，就是四肢乏力，精神空虚，度日如年。

人是不能长期生活在空虚状态中的，如果他不能朝着某一方向成长的话，他就并不仅仅是停滞不前——因为那长期禁锢的潜在能量必将转化为病态与绝望——并终将不可避免地把能量转化到破坏性行为上：自毁，酗酒，吸毒，打架，犯罪……

而准确把握自己的能量使用的上下极限，在自己的能量极限内充分运用自己的精力、能量，同时注重保养自己，劳逸结合，将使人神采奕奕，精力充沛又自在舒适。

怎样使用自己的能量、精力并没有固定的标准答案，而这正为我们每个人提供了极大的自由想象、运作空间，好好使用这一空间，你将可创造你自己的幸福生活甚至奇迹。

六、惯性定律

我们一直自以为崇尚自由，可一旦碰到我们自己的习惯，就完完全全沦为它们的奴隶。

习惯是我们生活的最重要的基础之一。

但是，我们却一直不自觉地习惯地忽略习惯对我们生活的重要性。

习惯一方面给了我们舒适和随意，另一方面也惯性地潜移默化地消磨了我们的意志、能量，麻木了我们的觉知。

我们自己的习惯——已经根深蒂固地牢牢地禁锢了我们的一切！

习惯（各国、各民族的传统、文化、教育、风俗等）对于每一个人、每一个民族、每一个国家在过去和现在乃至将来都一直起着惯性的支配作用。

习惯已经使用我们很久很久了。我们何时才开始——开始使用习惯呢？

《人生五章》如是说：

我走上街，
人行道上有一个深洞。
我掉了进去，
我迷失了……我绝望了。
这不是我的错，
费了好大的劲才爬出来。

我走上同一条路。
人行道上有一个深洞，
我假装没有看到，

还是掉了进去。
我不能相信我居然会掉在同样的地方。
但这不是我的错，
还是花了很长的时间才爬出来。

我走上同一条街。
人行道上有一个深洞，
我看到它在那儿，
但还是掉了进去……
这是一种习惯。
我的眼睛张开着，
我知道我在那儿，
这是我的错。
我立刻爬了出来。

我走上同一条街，
人行道上有一个深洞。
我绕道而过。
我走上另一条街。

这是一个非常简单同时又非常深奥的说法。

它宣示了：

——习惯是如何在一天又一天，一年又一年，一世又一世当中奴役着我们这些号称万物之灵的人类的。

它也宣示了：

——我们的本性、我们的自主权本来就是我们的，问题只在于我们自己能否醒悟而觉知而把握我们自己的本性、我们自己的自主权。

它还宣示了：

——千百年来，经由我们人类自身的习惯所形成的种种制度（社会的、文化的、教育的、政治的、经济的、民俗的、社团的制度）是如何限制束缚我们自己的。

从有历史以来，我们有多少习惯在本质上是作茧自缚的呢？

积习难返！？

习惯的养成可以容易得毫无知觉，但是，每个当下的清醒觉知，整个人类共同的清醒觉知，却是一个积习难返的天路历程！

可悲亦可笑的是——奴役我们自己的，恰恰是我们自己的麻木的不自觉的习惯。

这荒谬得不可理喻的真相已经存在很久很久了。

问题是——我们还想让它继续吗？

它还宣示了……

你自己去思考吧。因为思考不仅是我的问题，我们的问题，也是你自己的问题。

惯性定律表现在政治、经济、文化、教育、传统、科技以及日常生活的衣食住行上的约定俗成的惯例上，这惯例说起来都是人为的习惯，但它的影响力却是超越想象的巨大，这一点自有各行各业的专家去考虑。

而种种惯例的起源、发展、衰亡，以及新惯例的产生又是另一组问题。

我们还是回到每个人自身的问题上来。

世间任何人、事、物，从来都是全方位的、运动的、统一的、普遍联系的、变化发展的。

但是，我们却老是这样：

——习惯了对立。

——习惯了分裂。

——习惯了分离。

——习惯了比较。

——习惯了以自我为中心。

——习惯了专注负面的一切。

——习惯了清点自己缺乏的和失去的。

我们已经根深蒂固地习惯了自己的习惯。

我们一直坚定地认为自己渴望自由，渴望满足。但是，我们自己的思想，我们自己的行为却一直习惯地被自己的习惯奴役着，习惯地被自己的种种欲望奴役着。

荒谬！

不合逻辑！

理论也无法解释。

但这却是真真实实、存在已久并很可能继续存在的真相！

习惯是这样的，熟悉之后就不假思索地顺着惯性行动。

我们都不自觉地被自己的习惯控制着，这些习惯就是惯性定律的表现，它具体表现在我们思想行为的方方面面。

如有人习惯注意并运用自己及别人的长处，习惯地表现着自信、欣赏、支持、尽力而为的人生态度。

有人习惯地注意并运用自己及别人的短处，习惯地表现着自卑、挑剔、嫉妒等自伤情绪。

有人习惯地表现懒惰、拖延的生活态度，习惯地懒洋洋地消磨时日。

有人习惯地表现勤奋、立即行动的生活态度，习惯地日出而作，日落而息。

有人习惯地做有用功，事前先认定做过之后有益有用的事才坚定不移地做下去，这就充分运用了自己的精力、能量。

有人习惯地做无用功，总爱用忧虑、烦恼、琐事、无奈、后悔等等来折磨自己，不自觉地在无益无用的事情上消磨自己的精力、能量、生命，不自觉地折磨着自己。

现在的独生子女多了起来，他们的父母及祖父祖母对自己的宝贝孩子几乎完全没办法，因为长辈们已经习惯了娇宠、溺爱自己的孩子，习惯了在思想上、行动上对孩子千依百顺。

在日复一日年复一年的生活中，我们都已经习惯了已有的思维方式、生活方式、工作方式，然后，我们就在惯性定律的作用下，重复又重复地过着我们的日子。

当有人提出新的思想、新的生活方式、新的工作方式时，欣赏、赞扬与竭力的反对、疯狂的诋毁立时就在创新者四周弥漫。

渐渐地，日子一长，人们又习惯了这些新的东西，开始习惯了新的习惯。

一直以来，我们都不自觉地依从习惯，由着惯性摆布。

但是，习惯是我们自己造成的，我们也可以反过来改变并控制自己的习惯。

选择的权利从来就是我们的。

区别只在——我们自己用与不用。

我们完全可以从不自觉地被动地依从惯性定律转向主动地自觉地运用惯性定律。

那么，怎样运用惯性定律呢？

——把握自己的注意力方向。

——保持清醒的自觉态度。

被动多因——不自觉。

主动都因——自觉。

我们来看商人保罗·格蒂在某个临界点上如何醒悟：

以前有个时期，我的香烟抽得很凶。几年前，我度假开车经过法国。有一天，下着大雨，地面特别泥泞，开了好几个钟头的车子之后，我在一个小城的旅馆停下来过夜。经过长而困难的车程之后，我累了，吃过晚饭我便到自己的房里解衣，上床，很快地便入睡了。

为了某种原因，我清晨两点钟醒过来，清楚地知道我想抽一

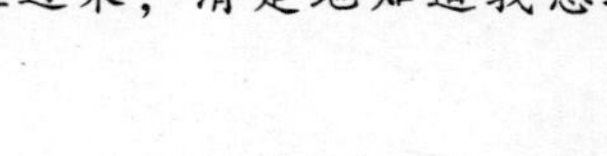

根烟。打开灯，我自然地伸手去抓我睡前放在桌上的那包烟，结果是空的。困扰着——但是仍然想抽烟——我下了床，搜寻我本来穿着的衣服口袋，结果毫无所获。我又搜寻我的行李，希望在其中的一个箱子里能发现我无意地留下的一包烟，结果我又失望了。我知道旅馆的酒吧和餐厅早就打烊了，心想，这个时候要把不耐烦的门房叫过来，太不堪设想了。我唯一希望能得到香烟的办法是，穿上衣服，走到火车站，但它至少在六条街之外。

情景看来并不乐观。外面仍下着雨，我的汽车停在离旅馆尚有一段距离的车房里，而且，不管怎样，他们提醒过我，车房是在午夜关门，第二天早上六点开门。而且能叫到计程车的机会也将等于零。

长话短说，显然地，如果我真的这样迫切地要抽一根烟，我只有在雨里走到——而且走回来——车站，但是要抽烟的欲望不断侵蚀着我，且顽固地。当我想到要获得一根烟是多么困难时，我想抽烟的欲望就越浓厚。于是，我脱下睡衣，开始穿上外衣。我的衣服都穿好了，伸手去拿雨衣。这时我突然停住了，开始大笑——笑我自己。我突然体会到，我的行动多么不合逻辑，甚至荒谬。

我站在那儿自思：一个所谓知识分子，一个所谓负责而且相当成功的商人，并且自认为有足够的理智对别人下命令的人，竟要在三更半夜，离开舒适的旅馆，冒着大雨走过好几条街，仅仅是为了得到一根烟——因为我觉得我必须抽一根。

我生平第一次注意到这个问题，我已经养成了一个深不可拔的习惯，我愿意——自动地、不假思索地——牺牲极大的舒适，去满足这个习惯。这不仅仅是偶尔享受一根烟，而是我已经养成了一种牢不可破的习惯，这种习惯显然没有带来好处，而且跟我最好的利益有冲突。我突然明确地注意到这一点，头脑很快地清醒过来，没片刻就做了决定。我认为这是个相当好的想法——也是好时间和好地点——祛除了一种实在对我没什么好处的习惯。

我下定决心，把那个仍然放在桌上的烟盒，揉成一团，丢进废纸篓里，然后脱下衣服，再度穿上睡衣，回到床上，带着一种解脱——甚至胜利——的感觉，我关上灯，闭上眼，听着打在门窗的雨点。几分钟之内，我进入了一种深沉、满足的睡眠中。自从那天晚上以后，我没抽过一根烟，也没有抽烟的欲望。

保罗·格蒂就这样，由注意力的转变而戒烟了。

除了戒烟，我们还可以运用惯性定律戒除我们的坏习惯。

只要以新的好的意念、习惯更替旧的坏习惯就行了。

困难嘛，也只是在开头的一段时间，能坚持过开头的一段时间，以后，惯性定律就会帮我们了。

我们可以：从注意自己缺乏的和短处转向——注意自己的所有和长处。

我们还可以自己去举一反三地发觉（我们常常因为习惯而对自己的坏习惯没了感觉），然后，开始坚持用新的好习惯取代它。

人们常说：世上不如意事十常居八九。

真的吗？

为什么？

手心，手背，有多少手心就有多少手背。为什么人们不会说手心多过手背？因为人们习惯了把自己的注意力集中在不如意上。而如意事，快乐嘛，一乐，就很快过去了。

我们还可以运用惯性定律来开发运用自己的潜能。

方法还是——把握自己的注意力方向。

具体有四个主要方面：

一是，仔细考虑将要做的事是否适合自己做。

二是，注意并运用人、事、物可用的一切。

三是，遇事只问——怎么做更好。

四是，坚信——办法总比困难多。

只要你能真正相信并坚持下去，你就会发现成功的惯性定律：

开始行动，你就会得到力量。

只要目标明确，方法自然应运而生。

因为——惯性定律是我们更真实、更顽强的潜意识、潜能量的定律。

惯性定律不仅仅适用于个人，也适用于各式集团：人类，国家，民族，集团公司，艺术团，社会……

是继续让惯性定律奴役自己？

还是主动自觉地让惯性定律为自己服务？

选择的自由一直是我们的。问题只在于我们自己能否挣脱惯性，能否对自己的行为思想经常保持——清醒的觉知。

活在当下!?

看上去，说起来非常容易。

实际行动起来却又难上加难!

惯性定律，习惯而已，看起来再简单不过了。

但是，世事人性的玄妙正在于此。

最简单的同时又是最复杂、最深奥的。

习惯，这一平常的、平凡的不被我们重视的东西，恰恰正是我们自己一切幸福与灾祸、成功与失败、痛苦与欢乐的重要源起。

正如法国哲学家伏尔泰所说：“幸福不过是一场梦，不幸才是真实的。”

这句话听来完全不合道理。但在我们真实的日常生活中却是确确实实的真相。

我们的意识和愿望全都渴望并追求幸福、自由，但是，我们的行动中，潜意识里追求的却是痛苦、烦恼和枷锁。

不可能！是吧？

好，如果我们除了身体的某个部位有一伤口疼痛难忍之外，其他均处于良好的健康状态，那么，这一痛处将会吸引我们全部的注意力，使我们失去安宁或幸福感，并破坏我们生活的舒适愉快。

同样，如果我们所做的事情中唯有一件不尽如人意，那么这唯一缺憾将使我们陷入一种无休止的苦恼中，哪怕它只是一件微不足道的小事，我们将会为它忧心忡忡，却无暇顾及另外一些更重要的并取得成功的事情。

我们再来读一遍这似非而是的话："幸福不过是一场梦，不幸才是真实的。"

我们真实的不幸是——我们自己的不自觉的习惯。

法国哲学家让·雅克·卢梭的《社会契约论》的第一章第一行是——"人生而自由，可他无处不在枷锁中。"

究竟为什么我们会坚信自己——自以为是的习惯？

是习惯养懒了、麻木了我们的知觉？

还是我们自己养懒了、麻木了自己的知觉？

是恶性循环吗？

文明、文化究竟是我们引以为荣的进化，还是我们习惯了的牢笼？

自由是什么？

习惯究竟是什么？

习惯究竟是如何形成、发展、转化以及轮回的？

到底是我们形成了习惯，还是习惯形成了我们？

自己是什么？

七、作用力与反作用力

相辅相成还是互相残害是可以选择的。

你怎么样对别人，别人就怎么样对你。

就说“伴君如伴虎”这件事吧。君王身边的大臣理所当然要尽心尽力为君王、为国家效劳。做得好，自然可以论功行赏，一旦犯了错误，就很可能招来杀身之祸。这很正常。

不正常但有许多真实故事的是，“伴君如伴虎”尚有另一方面的意思。

其实，无论过去，现在，将来，君王身边的那些人——大臣，小官，太监，奴仆等个个都可能也可以是虎。中国古代就有太监专权，李世民的谋害亲兄。

因为事实从来都是——物本无主，能者居之。

作用力与反作用力，从道理说简单明了，而在实际生活中却千头万绪让人百口难诉。

安身立命的根基是自己的能力与原则。

一个有着经天纬地的雄才大略的君王自可统领文武百官把国家治理得兴旺发达，他的臣民也会因为他卓越的才智而心甘情愿地辅助他、尊敬他；而一个性格软弱、又只知寻欢作乐的皇帝，他的大臣一定不肯衷心尊敬他，而一些才能杰出的臣子就很容易想自己做皇帝了。因为皇帝至高无上的权利和荣华富贵从来都是巨大的诱惑，于是，朝代的更换或动荡就由此而来。作用力与反作用力就这样互相残害地表现着。

当然，这些都是历史不正常而又正常的例外。

我们还是来关心作用力与反作用力的运用。

最常见的是——老子曰：“将欲取之，必先予之。”

即：自立立人，自达达人。

现代一些精明的老板，非常懂得运用这一点。他们知道笼络人才，单用高薪往往不够，就——察其所需，供其所求：发现他们到了一定地步，就想拥有更大和更自由的空间，想在某种程度上拥有一家公司。好，那就给人才些许股份，让他们做一部分的主人。（当然，具体情况十分复杂，在此我只能这样写。）

从此以后，人才明白了再不是"天生我才被人用"，而是天生我才自己用，自然就会全心全意、尽心竭力地帮自己赚钱，帮自己实现理想。

当然，凡事都有代价，那位人才的代价之一就是：帮自己实现理想的同时，更必须为老板赚更多更多的钱。这就是现代精明老板的双赢策略。

有什么办法呢？

事实从来都是——物本无主，能者居之。

能力强的人，当然必须拥有更多。

作用力与反作用力就这样相辅相成地表现着。

规律都是死东西，而怎么运用这些规律，就要看我们这些大活人的智慧了。

作用力与反作用力其实就是——互动关系。

损人终损己，害人终害己。

作用力与反作用力实质上是——因果循环。

问题是除了我们已知的能知的因果外，尚有更多我们不知道的因果。

老子的《道德经》三十六章说：

"将欲歙之，必固张之。将欲弱之，必固强之。将欲废之，必固兴之。将欲取之，必固予之。"（将要收敛它,必须暂且扩张它。将要削弱它,必须暂且增强它。将要放弃它,必须暂且兴举它。将要夺取它,必须暂且给予它。）

《道德经》五十八章又说：

"祸兮，福之所倚；福兮，祸之所伏。孰知其极？其无正也。

正复为奇，善复为妖。人之迷，其日固久。”（灾祸啊，幸福就依附在它旁边；幸福啊，灾祸就潜伏在它里面。谁能知道究竟是幸福还是灾祸呢？实在没有定准！正忽然转变成邪，善忽然转变成恶。人们的迷惑,由来已久了！)

福与祸，利与害，强与弱，兴与废，是如何相互作用、相互依存、相互对立、相互转化的？有时我们也许明白，但更多的情况下我们只能感叹天意难测！因为我们的已知相对我们的未知实在是太有限了。

八、因果定律

从前种因，果是现在。

现在种因，果见将来。

因果操纵我们已经很久了，我们何时才能了解因果，顺应因果呢？

研究古埃及和希腊炼金术的书《古巴里安》对因果关系有深刻的阐述：“有因必有果，有果必有因，每一件事情都按定律发生，机会只是一种未被承认的定律；因果关系有很多阶段，但没有任何事情能够逃脱因果律。”

《古巴里安》又说：“没有什么能逃脱因果关系的制约。然而，这项定律中又包含许多不同等级，一个人可以运用更高一级的法则去战胜比它低一级的法则的制约。”

因果的等级是什么？

托科姆·萨拉达里安在《精神与精神分析》一书中写道：“人在内心世界与自然界同时并存，这可称作因果律。因果律是一个存在于整个宇宙的能量场。在这个能量场中，任何行动都会产生与这个行动的等级、强度相应的反应，因而，一种愿望、欲望、抱负或思想，可以成为一种祈祷的行为，这种行为当然会引起相应的反应，它即来自于宇宙的能量场，即因果律。”

这个宇宙的能量场是什么？

拉尔夫·瓦尔多·爱默生说：“原因和结果，方法和目的，种子和果实是不能分开的。因为原因中已经萌发了结果，方法中包含着目的，种子中蕴育着果实。”

他是在说一和万的关系，也是说因与果的关系。

也就是一与万的循环，因与果的循环。

但是，因与果是如何开始循环的呢？

因与果又是如何继续循环的呢？

一种因果循环又是如何变成另一种因果循环的呢？这其中我们能够控制的是什么？我们不能控制的又是什么？

中国古人说：“种瓜得瓜，种豆得豆。”

我们一直在身体力行。

有愿方有缘！

只不过，有时我们都还算明白自己的愿望，而玄妙的缘分多数不在我们的控制范围之内。更多的时候，我们都并不明白，或自以为明白自己的愿望。就这样，我们的缘分就完完全全操纵了我们。

可悲的事实是——日日夜夜，月月年年，世世代代我们都在做着那个玄妙的缘分的、因果的奴隶。

因为我们不自觉。

因为我们无知。

我们在发展科学技术的过程和结果中，获取了丰富的物质生活资料，衣食住行日益方便、舒适；同时，我们也不得不接受空气污染、水污染、环境污染，以及水、电、木材、煤气、石油等自然资源的日益短缺。

这其中的因是什么？果又是什么？

而其中的因果又是如何开始循环的？

这因果还将进行怎样的循环？

我们可以做什么？

我们又能够做什么？

九、得与失

凡事有利必有弊，有得必有失。

反之亦然。凡事有弊必有利，有失必有得。

《庄子·山木》曰：

“合则离，成则毁，廉则挫，尊则议，有为则亏，贤则谋，不肖则欺，胡可得而必乎哉！”

（有聚合就有离散，有成功就有毁坏，锐利就会受到挫折，尊贵就会受到非议，有作为就会受到损伤，有贤能就会被人谋算，不贤能又会受人欺凌，世事纷扰怎么能够偏执一方呢？）

《庄子·则阳》曰：

“时有始终，世有变化。祸福淳淳。至有所拂者而有所宜，自徇殊面，有所正者有所差。”

（时间有开始和终结，世界有变化。因为祸福难定，所以有违逆不顺利的一面，就会有适宜顺利的一面，各自追求有所不同，因此有正确的也会有错误的。）

“一将功成万骨枯。”

这是得与失最极端最残酷的案例。

得与失是存在我们生命中的每时每处的不以我们意志为转移的客观存在。

电视在给我们娱乐、丰富我们的阅历的同时，也能损害我们身体健康和精神的健全。（例如一些充满色情、暴力、急功近利的电视节目。）

手机一方面给了我们许多便利，另一方面也使我们的人际关系日益隔膜。手机的产生与发展非常形象地见证了人际关系的亲与疏的转变——人与人的一种表面的亲密与心灵的疏离。

这也就是凡事均有其两面性。

世上任何事都是利弊、得失、好坏相辅相成的两面一体。

知识、经验一方面给了我们指导和满足，另一方面也限制了我们的想象和能力。

电子游戏一方面娱乐了我们，另一方面也使过度沉溺者荒废了学业与工作。

才智出众的人，虽令人敬慕，却一生烦忧不断，心智常劳。

智慧顶尖的人，虽然人人仰慕，又奈何高处不胜寒的孤独、寂寞。

穷人为衣食终日奔忙，却免去了无聊之苦、应酬之劳。

富人不忧衣食，却难免为钱财带来的问题苦恼。

幸福令人陶醉，又令人担心它的短暂，恐惧它的失落。

不幸给人苦痛，烦恼，也给人教训、益处，促使人成熟。

火车、汽车、飞机能缩短两地的距离，亦能缩短生命与死亡的距离。

得到家庭的同时，必须负担责任。

得到朋友的同时，必须付出精力与时间去维系友情。

得到名誉和声望的同时，又必然要接受社会大众的观赏、监督、议论。

人们普遍地习惯地认为有权的、有钱的、有名的人就永远开心永远幸福，没钱没权没名的人就烦恼、苦痛——这其实是一个普遍的错误观念。

“平淡的生活需要有思想的头脑去品味，习以为常的平凡生活里蕴藏着最多的幸福。无论是海盗还是政治家，当他们实现了一切抱负之后，最向往的还是普通人的生活。我们低微，所以我们没有那么多的东西可以失去；我们无名，所以也没有人为我们编织那么多的传闻；我们做的事太普通，所以不用四处奔波，可以妻子相守；我们没得到财宝和盛名，但得到一份完整无缺的生活。”

任何人处在任何环境之中都有其不可能完全为外人所知的苦

乐得失。

两个人一块赏鱼。一人说：“你看鱼多么快乐呀！”另一人反问：“你又不是鱼，你怎么知道鱼是否快乐呢？”

“不识庐山真面目，只缘身在此山中。”

不错，局外人是永远难以了解当事人的苦乐感受。

但是——局内人又是否能够全方位地、运动地了解自己的真相、事实的真相呢？

人们不是不知道凡事有利必有弊有得必有失，但这仅仅是人们知道的一句话而已，并没有被人们理解消化成自己的东西。

于是，规律是规律，自己的习惯依然是自己的习惯，两不相干。

人们依然习惯地不自觉地只想要好的不要坏的，不自觉地做着无用功，不断地把滚下山的大石头使劲往山上推，不自觉地苦累着、折磨着自己。

稍稍留心观察，我们就不难发现，人们的苦乐绝大多数都是自己找来的。

事有利弊得失好坏，对此只注意并运用坏的一面等于自我折磨。只想要好的，拒绝坏的，也等于自我折磨，而接受事实再设法运用它来为自己为社会服务才是明智之举。

那么，我们怎样运用这条规律呢？

许多人从未真正体验或珍惜自己现在拥有的幸福和利益，而仅仅把这些看成理所当然的事情。这是因为它们仅仅以抑制痛苦来消极满足人们，但是，当人们一旦失去曾经拥有的幸福和利益，才渐渐觉察出它的价值。

对大多数人来说，不满足是很容易的，因为他们时时处处都在寻找着、感受着自己的每一丁点的不满足。而满足却非常困难。因为人们已经习惯地认定它在某个很遥远的将来。

其实，满足与不满足是相辅相成的两面一体，它们时时处处

同在。我们只需要改变自己的注意力，从习惯注意感受不满足，转向注意感受每一点满足，就可以充分享受自己的快乐和满足。

我们还可以用这一规律来安慰及提醒自己：

——提醒自己在不利的情况下，要看到有利的因素，才不至于失去胜利的信心；在有利的情况下，要看到不利的因素，才不至于骄傲忘形，而能居安思危。

——提醒自己好事可能变坏事。一个幸福的家，若不注意相互之间的沟通、扶持，就有可能变成不幸的家。

——激励自己坏事可以变好事。“善败者不亡。”失败以后，能汲取教训，重新调整自己再继续努力的，后来往往都成功了。

世上唯一的永恒只有变化。

成败、得失、生死都是暂时的，但却是永远互相转化着的。

《菜根谭》上说：

“衰飒的景象，就在盛满中；发生的机缄，就在零落内，故君子居安宜操一心以虑患，处变当坚百忍以图成。”

“荣宠旁边辱等待，不必扬扬；困穷背后福跟随，何需戚戚。”

“毁人者不美，而受人毁者，遭一番讪谤，便加一番修省，可以释回而增美；欺人者非福，而受人欺者，遇一番横逆，便长一番器宇，可以转祸为福。”

“天欲福人，必先以微祸敬之，所以祸来不必忧，要看你会救；天欲祸人，必先以微福骄之，所以福来不必喜，要看你会受。”

“贪得者身富而心贫，知足者身贫而心富。居高者形逸而神劳，处下者形劳而神逸，孰得孰失，孰幻孰真，达人当自辨之。”

利弊得失时时处处都同时存在于我们每一个人的身边，就看我们自己如何去处理它，运用它，平衡它。

有什么办法呢？我们早就根深蒂固地习惯了把一切都对立起来看，统一早就给我们扔进了我们自己潜意识的最深处！！！

当我们失去的时候，我们才会理解得到的可贵。

同样，只有在我们得到的时候，我们才会——发现自己曾经失去了那么多！

灾祸啊，你是幸福依靠的地方；幸福啊，你是灾祸潜伏的地方。

我们这些凡人啊，只能在东倒西歪之间竭力学习如何保持平衡了！

十、适度

老子的《道德经》第九章曰：

“持而盈之，不如其已。揣而锐之，不可长保。金玉满堂，莫之能守。富贵而骄，自遗其咎。成功身退，天之道也。”（执持盈满，不如适可而止。尖利锋芒，难保长久。金玉满堂，谁能守藏！富贵而骄，自取祸殃。成功身退，符合自然的规律。）

适度是一样玄妙的东西。

适度没有办法私相授受。

因为一朵玫瑰是一朵玫瑰，一个人是一个人。

相似与相同是两个不同的概念。

所以，每个人的适度只能靠自己去尝试，去把握。

凡事均有度，“过度”或“不及”都会产生问题甚至灾祸。

长期以来，人类过度信仰和依赖智力，过度关注物质，直接导致现代人类普遍的精神空虚，尔虞我诈，成王败寇，然后，人人自危，孤独寂寞——这就是过度之祸！

生命在于运动，运动能维持并促进我们身体的健康，但如果不考虑自身的运动承受能力，而进行过量的运动，效果往往适得其反。

做自己喜爱的工作是一种人生享受，但若长期超过自己的疲劳极限而工作，就容易积劳成疾，身心倦怠，且工作效率、效果都会打折扣。而适时适量有规律地工作、休息，才更易于保持健康，维持充沛的精力，享受更多的成就感、满足感，拥有更加丰富的生活。

吃喜爱的食物，吃到将够不够的时候停止，最能享受食物的美好滋味。而吃得过量，肠胃受累，身体发胖不说，滋味也就成了无味。

人说：“花看半开，就饮微醺，月看十四。”是人生妙境，原因就在于——适度。

适度并非中等，而是适合各人的分寸，适合各团体、各事物的分寸。

例如，每个人都有自己的身体，各人与众不同的身体特点，就是各人的度，按照每个人自己的度做出来的衣服，自己穿起来才会舒适，合体。而将一个胖人、一个瘦人的身体尺寸平均后做出来的衣服往往并不合适。

各人的种种适度，各集团、各事物的种种适度均可依此类推。

适度，并不是凭空而来，它往往是人们经验累积的结果。

就说为人处世吧。青少年初入社会，经验极少，而中老年人入世已深，做人做事都圆滑而有分寸，这分寸就是他们各自的经历里磨炼出来的。

不仅为人处世有适度，人的情绪也有适度。

中医就有“喜伤心，怒伤肝，忧伤肺……”以及“忧愁者，气闭塞不行”之说，说明了人的某种情绪过于强烈，都容易引发身体的疾病。

这就提醒我们注意调整自己的情绪，培养平常心。

平常心是——道。就在于它是一种淡然、超然的心境。不会过度看重任何事物，而我们一切情绪的起伏，全都是由于强烈的得失心引起的。

人的每一种度都有其上限和下限，人只有处在度的上限和下限之间，才能够更健康。

就人的欲望而言，过度压抑，会引起心理的郁闷，身体的疾病；过度放纵，同样会引起身体的疾病。

因此，明智的人懂得自我调适。

当发现自己太忙太累时，就挤时间休息，调养自己，并停止做一些可做可不做的事。

忙人易犯的毛病是：什么事都爱揽上身，习惯性地忙碌下去，而往往不自觉地多做了许多本可不必做的事。

当发觉自己太闷、太无聊时，就去找有趣的事来做。

当发觉自己沉溺在忧虑中时，就找出问题的症结，然后，再设法解决。

而忧虑也不是绝对的坏事，适度的忧虑，可以使人防微杜渐，预防灾难。

当发现自己在逃避无法避免的事实时，就果断地面对它，再设法解决它。

同忧虑一样，逃避也不是绝对的坏事，适度的逃避可以使人从讨厌的、无聊的、无可奈何的人与事中解脱出来。

世上没有绝对的坏事，也没有绝对的好事，绝对的只有变化。

坏人坏事可用做反面教材，提醒我们警惕。世间一切事物只要我们能够了解，就都能够加以运用。

智慧的一大表现就是了解、运用。

问题又来了，每个人的知识才能都是有限的，智慧也是有限的。

因此，有智慧的人就懂得学习运用别人的智慧。

说了这么多的适度。度又是什么呢？

度——是个时刻变化着的有一定范围的只可意会而无法言传的东西。

人人、事事、物物，都有各自的度。

度——是事物保持自己的质的数量界限。

即事物的质是与一定的量联系在一起的，量的过和不及都会改变事物的质，只有掌握住适度的规律，才能真正把握住事物，而达到事半功倍的效果。

适度的把握、运用只能从别人那里得到启发，而具体的操作尚待每个人自己去尝试，去把握。

《菜根谭》说："文章做到极处，只是恰好。人品做到极处，只是本然。"

不只是写文章，做任何事情（经商、画画、唱歌、演戏、吃饭、穿着打扮、交朋友等）做到极处都是——恰到好处！

松下幸之助说："经营者必须知道，他好像在高空走钢丝，随时都有摔死的可能，所以他应该确实地评估自己的实力，即使是有载得动五十公斤的实力，也只载四十公斤好了。

《菜根谭》又说："待人而留有余，不尽之恩礼，则可维系无厌之人心；御事而留有余不尽之才智，则可提防不测之事变。"

《菜根谭》还说："害人之心不可有，防人之心不可无，此戒于虑也。宁受人之欺，勿逆人之诈，此警惕于察也。二语并存，精明而浑厚也。"

疑所当疑，信所当信，是极难把握的一种度。

怎样做才适度呢？

这还是个需要我们每个人自己去探索、自己去领悟的问题。可这也值得我们花费精力，因为：

——适度是健康之母！

——适度是幸福之源！

十一、相对论

蝉噪林愈静，
鸟鸣山更幽。

这是诗人笔下美妙的相对论。

老子的《道德经》第二章曰：

“天下皆知美之为美，斯恶矣；皆知善之为善，斯不善矣。

“有无相生，难易相成，长短相形，高下相盈，音声相和，前后相随，恒也。”

(天下都知道美之所以为美，就是因为有丑的存在；都知道善之所以为善，就是因为有恶的存在。

有和无互相对立而产生，难和易互相对立而形成，长和短互相对立而体现，高和下互相对立而存在，音和声互相对立而和谐，前和后互相对立而出现，是永恒的。)

一切事物都是相互对立的，又是相互依存的。在相反的关系中，显现相成的作用。

强弱、尊卑、好坏、得失、利弊、自信自卑、乐观悲观、智慧愚昧等等一切的一切都是相对的。就像硬币的两面，正面与反面是相辅相成的两面一体。

强者不是没有软弱的时候，只是相对于弱者来说，强者不屈不挠的心志令强者在人前极力维护自己的强者地位。

自信者不是没有自卑的时候，只是相对自卑者来说，自信者的注意力习惯地放在自己的长处、自己的所有以及自己可以运用的事物上；自信者习惯了把自卑放在人后，放在自己的心里。

完全没有自卑的自信者是不可能存在的，因为自信与自卑是永恒的两面一体。

至于得失，就拿婚姻来说吧：结婚，可以拥有一个温暖的家，但失去了许多自由，并要承担一个家庭的责任；不结婚，可以拥有自由自在的舒适，不用负担别人的一切，但失去了一份持久的关爱、温情。结不结婚，各有各的得失，就看你自己需要什么。

有人说得妙：

有偶能享双飞乐，
无伴亦获自由身。

各有各的好处，你尽可以自己去举一反三。

事情有好坏两面，单看任何一方都容易走极端出问题，又容易迷惑，能同时看到两面，自然就明朗清晰，选择也就相对容易了。

《菜根谭》上说："延促由于一念，宽窄系于寸心；故机闲者，一日遥于千古，意广者，斗室宽若两间。"

"有一乐的境界，就有一不乐的相对待；有一好的光景，就有一不好的相乘除，只是寻常的家饭，素位的风光，才是安乐的窝巢。"

你自己生活的苦乐全在于你自己的选择。

相对论，相对，有与无的相对、转化。

无如何变作有，有又如何变作无？

看似羚羊挂角，无迹可循。其实还是有迹可循的。

如一个国家，由孕育——建立——强盛——衰亡的过程中，我们就可以见到有与无、无与有的转化。

又如，从一个新观念的发现到广泛运用，再到渐渐淡化、被人遗忘也能见到有与无的转化。

最基本的，从人的生死也可见证有无的转化：父母相识相爱——生孩子（人的出生）——成长——强壮——衰老——死亡，然后子又生子，孙又生孙……

但这其中：

我们无可奈何的是什么？

我们能够控制的又是什么？

相对论的后面的真相是——对立统一。

能量守恒与转换的真相也是——对立统一。

但是，我们不知道而又想知道的是：一切自信与自卑，高尚与卑鄙，强大与弱小，乐观与悲观，幸福与灾祸是如何对立的？又是如何统一的？

我们要怎样想怎样做才能活得安乐？

十二、苦乐的根源

苦与乐的根源之一都是——执著。

其中苦的根源是两头——过度执著或过度不执著。

过度执著于名、利、权、情、欲等等，容易迷失本性，容易用心用力过度。

得了，狂喜。

失了，丧魂落魄。

不得不失之时，又患得患失。

习惯地把自己的执著的事物看得高于一切，习惯地跪拜下去，双手奉上自己的自主权，心甘情愿地做了奴隶，仍然不自知不自觉。

人往往根深蒂固地习惯地认为自己非常清楚自己在做什么。

但是，存在很久的并且很可能继续存在的事实是：很多人很多时候都是——盲目的，不自觉的。

习惯了不自觉——这就是我们的问题。

而过度不执著，其实也是另一种执著——执著于无所事事。人一旦无所事事，自然就容易空虚、彷徨、无所适从。而身体中的能量又不知趣，拼命地要找寻出处。那好吧，就放纵自己吧，用酗酒、吸毒、打麻将、赌博、声色犬马等等消耗自己生命的方式来损害自己的生命。还自以为是享受。（又是不自觉）

那么，乐的根源又是什么呢？

——是适度地执著。

——是不即不离，若即若离。

这些都是只可意会，难以言传的。

因为世上许多事情都不讲道理，只讲体验——你自己的体验。

林语堂说："中国文化的最高理想人物，是一个对人生有一

种建于明慧悟性上的达观者，这种达观产生宽宏的怀抱，能使人带着温和的讥评心理度过一生，丢开功名利禄，乐天知命地过生活。这种达观也产生自由意识、放荡不羁的爱好，傲骨和漠然的态度。一个人有了这种自由意识及漠然的态度，才能深切热烈地享受快乐的人生。”

这是林语堂的感受。

你自己的生命的欢乐，终究得靠你自己去尝试，去体验。

十三、普遍联系

表面看起来，世上的人人、事事、物物，都各自独立，毫不相干。

但实际上，一切的一切都是普遍联系变化发展的。

就像本书的五章，看似各自独立，其实内在都存有或亲或疏、时缓时急的联系。

注意力中有规律，规律中又有注意力。

认识自己中有注意力的重头戏；在注意力中，认识自己又是主要内容。

而你的需要又隐隐约约出没各章。

至于方法嘛，那更是哪一章也少不了它。

规律？只一个惯性定律（或适度）就可以贯穿人生的、全书的方方面面。

说来好似复杂繁乱。

实则都是个全方位、运动的过程。

或者，干脆就抽离成——普遍联系，变化发展。

十四、唯一的永恒

唯一的永恒是——变化。

因为世界是普遍联系、变化发展的世界，也是全方位、运动的世界。

问题只在于我们自己能否感觉——万事万物每一个人时时处处的变化。

每一个人都和自己所处的时代、潮流、服饰、饮食习惯、政治、经济、工作、父母、夫妻、子女、朋友、亲戚、自己所做的事、自己父母所做的事、朋友的交往、自己的经历、国家的历史……有着各式各样的联系。

每一个人都是变化发展的。

就从最直观的外在来说，从初始的父精母血——婴儿——儿童——少年——青年——中年——老年，这是人的自然年龄的变化；从生活在父母家——离开父母家学习独立生活——组建自己的家庭——生儿育女——看到儿女婚嫁，这是人的家庭的变化；个人思想的启蒙——成长——成熟——僵化——随肉身消亡，这是人的思想的变化。这些都是人人必须经历的人生最直观的变化。

当然，人生的复杂自有其微妙难言的变化，如爱情。

爱情是什么？

我相信爱情是一回只可意会而难以言传的事，是可遇而不可求的事。我更相信爱情中的永恒，唯有变化，不变的变化。

因为任何人的自我需要都是在随时间的运动而变化着的，青年时期的需要，中年时期的需要，老年时期的需要都不一样，就连此一时与彼一时的需要都不一样。爱情是附属于人的需要的变化而变化的东西，只是个中情绪的喜怒哀乐，环境的好坏变迁，就是最棒的小说家也难以尽述。

行为像流水。那是超凡脱俗的人的作为。

我们这些凡夫俗子只能无可奈何地在自己无力改变的变化中彷徨!

何去何从费思量!

十五、无题

本章前文的各项规律之间并不是孤立存在的，而是时常互相纠缠的。你中有我，我中有你。

度中有平衡，平衡中有度；能量守恒与转换中又有度，又有平衡；在局限内求最大值是有所不为有所必为，亦是有所能必有所不能；还有……

你自己去想吧。

但是，我所说的规律仅仅是所有规律之中的一小部分。

老子在《道德经》第十六章说：

“致虚极，守静乌。万物并作，吾以观复。夫物芸芸，各复归其根。归根曰静，静曰复命。复命曰常，知常曰明。不知常，妄作凶。知常容，容乃公，公乃全，全乃天，天乃道，道乃久，没身不殆。”（竭力使心灵虚寂达到极点，切实坚守清静达到顶点。万物蓬勃生长，我看出循环往复的道理。万物尽管生长得纷繁茂盛，最后还是各自返回根本——无。返回根本，叫做虚静，虚静中又重新孕育着新的生命。重新孕育新的生命是有规律的，认识了规律就叫做“明”。不认识规律，盲目乱干就会有“凶”的结果。认识了规律才能一切包容，一切包容才能坦然大公，坦然大公才能无不周到，无不周到才能符合自然，符合自然才符合道，符合道才能长久，终身不会遭受危险。）

常是什么？

道又是什么？

那包容一切规律的规律是什么？

那涵盖一切有与无的又是什么？

数学中的零与一、零与千万的关系又是什么呢？

智慧有极限吗？

智慧和愚昧的关系怎样？

智慧和愚昧也是相辅相成的对立统一吗？
千百年来，究竟是人类在运用规律还是规律在操纵人类？
人类与自然的真实关系是什么？

第五章　方法

有位画家曾就绘画技法说：

法无定法，
法由我生。
无法之法，
方为至法。

不论我们是画画、写作、经商、做家务、唱歌、舞蹈，还是干别的，我们都是从模仿开始的，渐渐地懂得的方法越来越多，甚至学会了自己设计方法。

问题来了，任何方法都有利有弊，都是有迹可循的，容易授人以柄。别人很容易就能把我们的方法化解掉。这在竞争当中就被动了。

另一方面，有利就有弊，就有漏洞。这就说明它不完善。

那什么样的方法才算完善？

无法之法。

它随心所欲，无迹可循，似有法又似无法，让人抓不住，更无从理解。

无法之法，就是现代社会中各行各业工作的最高境界。

无法之法，绝不是瞎做，而是对自己，对自己所从事的事业，对规律，对常识，甚至对种种类类的方法都有了充分的透彻的理解之后所产生的一种自由发挥。

无法之法，完全从方法的束缚中解脱出来，获得了自由，它能更加充分地发挥、运用自己的潜能。

但是，绝大多数人看不到或不愿意看到的一个事实是——无法之法，终究也还是一种方法，它也逃脱不了自身的毛病——它执著于心，执著于自我，执著于意念。同时，执著于无法，也还是一种执著。

当然，从有用的角度来说，它是最好的，因为人们生存其中的社会提倡有用，鼓励建功立业。

而没了一切执著，没了对自我的执著，甚至没了对空无的执著，人们才真正达到了方法的最高境界——无为，成道成仙了。

但是，社会坚决反对无为，因为社会必须依赖建功立业来生存。

人人都懂：顺势者昌，逆势者亡。

于是，社会中的卓越者、成功者、领导者便极聪明地以无法之法为方法的最高境界。

一、无法之法

韩非子曰：“下君尽己之能，中君尽人之力，上君尽人之智。”

他说的是古代皇帝治国的三种层次。

其实，这也就是智慧的三个层次，同样适用于现代人。

第一层次的人，懂得运用自己现有的能力来做事，凡事只靠自己，任劳任怨。

第二层次的人，发现自己的能力有限，开始借用别人的力量来为自己做事。

第三层次的人，明白了自己的能力智慧是有限的，于是开始运用他人的智慧能力来为自己做事。尽量用别人的长处来弥补自己的不足。

现代各行各业愈来愈激烈的竞争，使人们在这三个层次之间爬升得越来越快。

但是，几乎人人都是从第一层次开始的。因为不论是用人之力，还是用人之智，都是要付出代价的，都必须是——欲取先予——才行得通。

总的来说，这三个智慧的层次都是有法可依的有法之法，尚有超乎其上的无法之法。

人与人之间的互相操纵无非两个字——利害。

因利而趋，因害而避，是人之常性。

无法之法也就是抓住利害二字做文章。

因势利导，顺势进退。

而欲知人我（别人和我）之利害，就必须——知己知彼。深入透彻地了解人我的喜恶、需要、实力、发展趋势、生活规律，乃至家庭的一切，然后，相机而动。

至此，方法是没准的。时而用利，时而用害，时而害先利后，时而利先害后，时而用人之长，时而用人之短，时而先后用人长短，时而用己之能，时而用己之短，虚虚实实，真真假假，而目标只有一个——自己的“大利”。这也就是无法之法的命脉（死门）自我。

至此，方法的准则是合适，当时当境，用什么方法最合适，这个合适度关乎方法的成败，却只能由当事人自己摸索。只为招招新，则只能招招都苦心劳智，这也就是强者为常人所看不见的苦累处。

强者外表风光，内心却操劳紧张；弱者外表劳碌紧张，内心则轻松安逸。

想深一层，上天还是很公平的，各人时时处处的满足与不满足它都调配得很均匀，只可惜人们自己无心无眼，既看不见又感觉不到而已。

二、精力经济学

为什么同样是一辈子，有的人总是精力充沛，成就卓著？有的人总是无精打采，失败缠身？

原因之一是：

前者——善于运用自己的才智、精力在自己喜爱的领域内建功立业，服务社会，从而满足自己的需要。

后者——或者以自己的短处、别人的长处习惯地不自觉地折磨自己做无用功；或者无所事事，成天以无聊消磨自己的精力时光；或者扰乱社会，以犯罪来谋求自己的生存、享乐。

当然，社会、人性的复杂根本不是三言两语所能说清的，在此，我们只能说些例如。

前者的精力都用于建设，建设自己，建设事业；后者的精力用于破坏，破坏自己，破坏社会。

两者是构成社会的相辅相成的两面一体，社会及社会中人能做的只有：扩大前者的阵营，缩小后者的人数。若想彻底消灭后者，只能是违反客观规律的无用功。或者所有人都成道了，人类大同了，方才可能——这是人类最大的不可能的理想。

原因之二就在于：

前者能够认识运用自己的精力、能力、智力、体力等规律，事半功倍地做事；而后者根本不知道自己还会有什么规律，只知半推半就地做事。

这就引发了另一个问题。

人类早就建立了经济学来研究物质的生产与再生产，不是更应该建立——精力经济学，来研究人类自身精力的产生和运用吗？

毕竟，人类社会终究是以人为中心的，而不是以物质为中心的。（当然，客观存在的事实更可能是：人类社会是以物质为中心的。或者说，我们的愿望是：人类社会以人为中心，而我们的日复一日的实际行为却是以物质为中心的。)

言归正传，下面，我们就来大致谈谈精力经济学的研究目的和研究内容。

目的：帮助人们掌握自己精力，即能力、智力、体力的规律，以便更充分地运用自己有限的精力去获取更好的生活。

内容：

1. 人的规律的种类，以及各种类规律的内容各是什么？

2. 男女在各个不同的年龄区内规律的种类，以及各种类规律的内容有何异同点？

3. 人的精力与自己与宇宙各事物的联系怎样？

4. 人的精力的使用极限及男女精力极限的差别。

5. 如何引导人们认识自己的规律及自己精力的使用极限？

6. 如何培养、爱护自己的精力？

7. 高效运用自己精力的方法。

当然，这是一项非常庞大的工作，根本不是一个人、几个人一下子就可以做好的。在此，我只能非常粗略地分析一下而已。

1. 人的规律的种类大致有：

精力规律、思维规律、体力规律、能力规律、记忆规律、情绪规律、感觉规律、饮食规律、工作规律、起居规律、穿着规律……

例如人的精力规律：

即一年、一月、一日之中，何时精力旺盛，又何时精力涣散。如，人一般在老年及幼年时期精力较弱，而在青壮年时期则精力旺盛；有人在上午精力充沛；有人则在晚上精力充沛……

又如人的能力规律：

即个人种种能力的强弱规律，个人最强的能力随年龄、环境、季节、气候等的变化规律。这在运动员的身体技能上表现

最为突出，如体操运动员，20岁左右是黄金时代，一过30岁，甚至二十七八就必须考虑退休了。

再如人的感觉规律：

如人们对行业的感觉，自己有天赋的行业就喜爱、就感觉容易；而自己没有天赋的行业就没兴趣、就感觉困难。由此感觉规律，我们可以发现、培养、运用自己的天赋，进而感觉在自己有天赋的行业内能事半功倍地使用自己的精力。

人的规律种种，均有其共性和个性。

规律的共性是专门研究者分内的事，至于各人自己的规律，就只能依靠自己去发掘运用了。

为什么精力经济学要研究人的一切规律？

因为人的精力决不是孤立存在的，而是普遍联系、变化发展的。至于具体的联系情况，可参考第3点，人的精力与自己与宇宙内各事物的联系。

2. 男女在各个相同的年龄区——婴儿期、儿童期、少年期、青年期、中年期、老年期的规律的种类基本相同。只是各种类规律的内容有所差异。

例如：女性在精力的强度上不如男性，而在精力的韧性上强过男性。

3. 人的精力与自己与宇宙内各事物的联系。

人的精力与季节、气候、潮汐、经济、政治、风俗、社会、人际关系、服装、饮食、情绪、性欲、体力、智力、心理、生理、天赋、人生态度、交通、通讯、住宅、空气、环境、性格、志趣、目标、职业、习惯、传统、父母、夫妻、子女、朋友、亲戚、婚姻、爱情、个人经历、修养、家庭教养、艺术、宗教、科学、教育、见识、生活方式、工作方式、战争、天文、地理、历史、工业、农业、化学、物理、电脑、音乐……都有联系。

总之，人与什么事物有联系，那么这些与人有联系的事物，必然会对人的精力产生或好或坏的影响。

联系和影响并不重要，重要的是——如何运用这些联系和影响，来更充分地运用自己的精力。

时光、色彩、樱桃、芭蕉、人的情绪的伤感与失落和无奈，一切的变化，燕子、花、花园这些原本风马牛不相及的事物，我们的可敬的词人、诗人就是能够把它们美妙地联系起来。

“流光容易把人抛，红了樱桃，绿了芭蕉……”

“无可奈何花落去，似曾相识燕归来。小园香径独徘徊。”

又如，人的情绪对人的精力的影响：

当人的情绪特别高昂时，人的思维就会特别活跃，注意力也随之东蹿西跳，联想能力也特别丰富。这样一来注意力的分散就导致了精力的分散，人就必然无法专心做事，不专心做事，哪里会有什么高效率、好结果呢？

当人的情绪太低落太消沉时，人的精力亦会随之低弱起来。

只有在冷静、平稳的情绪状态下专心工作，才能有更好的工作效率与效果。

在合适的情况下做合适的事情，才是明智之举。

如在情绪高昂时，做需要高昂情绪的事情；在情绪低落时，处理一些日常杂务或出去户外运动身体；在情绪平稳时，做需要集中注意力的事情，这样才会有好的效果。

当然，如果能够学会调整自己的情绪就更好了。

问题在于：我们不能够被动地由情绪，由生活摆布，而应该主动设法去控制自己的情绪，安排自己的生活。

再来看人的兴趣对精力的影响。

玛丽·凯曾说：

我认识一名26岁的商人，这位小伙子经常把身体保养到最佳状态，然后，在办公室里，他似乎只是东磨菇西磨菇，从来没

有做完一天的工作，到了下午4点钟，他已经睁不开眼，拖沓到家，未等他太太开口，他就先说："我累惨了，太太，今天晚上可不能有任何节目，我想早点上床休息！"但是有人一邀他去打网球，他马上精神抖擞，清醒万分，准备在球场上做好几小时的剧烈运动。

我也认识一位85岁的房地产商人，他一天工作整整10个小时，任何时候看到他，他都有许多计划在同时进行，他因工作而精神奕奕，更是认识他的人的灵感激励泉源。大家都为他有用不完的精力而惊讶，人们会问："他是从哪里来的精力呢？""我希望到了他的年龄也有同样的精力。"事实上，许多人只有他一半的年龄，却没有他的精力呢！

我们拿一个生理上完全健全，却没有精力做完办公室里一天工作的年轻小伙子，来和一个比我们任何人做得更多的85岁老人相比，是一件令人懊恼的矛盾。

很明显，其间的差别在于态度问题，在我的经验里，一个人若能享受工作的乐趣，他就能愈做愈起劲，而且，一般说来，我们要是懂得享受工作的乐趣，通常会做得更好。

人们生活与工作的品质的高低，更多地取决于自己的处理态度。

普遍的错误习惯是——人们往往被动地习惯地由着惰性，由着习惯，由着命运，由着生活摆布。

再如：人际关系对人的影响。

若自己的人际关系处理得当，自己的心情就会较为愉快、舒畅，也容易获得别人的帮助。这样一来，不仅自己的精力可以集中起来做事，还可以在需要时，借助别人的精力。

反之，若是自己的人际关系处理不好，如过度沉溺应酬，就会得不偿失，时常要分散自己的精力去应付烦心的人际关系，且恶劣的人际关系往往使人情绪低落，心神烦躁。

当然，这些与人的精力有联系的事物，对不同的人，在不同的时间、空间的影响各有大小。如个性坚强的人，遇到自己情绪消沉时，常能振作自己，很少对自己的消极情绪妥协，他们善于控制自己，把握自己，当个强者。

所以，重要的不是外在境遇，而是我们自己对境遇的处理态度。

4. 人的精力的使用极限及男女精力极限的差别。

人的精力的使用极限，分为最上使用极限与最下使用极限两种。

各人的性别、年龄、体质、遗传、智力、态度、经历、想象力、信念、学养、习惯等确定了各人不同的精力的最上使用极限和最下使用极限。

超出人的精力的最上使用极限来使用自己的精力，即指过于劳累，人的身心都容易疲乏倦怠。长期超出自己的精力的最上使用极限运用自己的精力，必然积劳成疾，甚至过早衰老，过早夭折。

若超出人的精力的最下使用极限来处理自己的精力，即基本上不用自己的精力，这容易导致精力的萎缩。而且无所事事，或半推半就地做事，人就会长期处于疲劳状态，而这种疲劳更多的是心理上的厌倦、空虚导致的。

人是不能长久生活在空虚状态中的，如果他不能朝着某一方向成长的话，他并不仅仅是停滞不前，因为那长期禁锢的能量必将转化为病态和绝望。最终将不可避免地转化为破坏性行为，如酗酒，吸毒，犯罪……

人的精力、能量并不会凭空消失，它只能消耗在人的种种行为中。不是建设就是破坏，不论自己自觉不自觉，人总得做些什么来消耗自己的精力、能量。

5. 引导人们认识自己的规律及精力的使用极限。

怎样判别自己精力的使用极限呢？

凭各人自己的疲倦感来判别。

若时常感到疲倦，就说明自己过劳或过逸，超出了自己精力的最上使用极限或最下使用极限。

人的规律种种，都是人的共同规律，每个人的个性导演出每个人的自我规律。

认识自我规律的方法有：观察、分析、比较、总结。即观察、分析、比较自我的种种思想、行为，从中总结出自己的种种规律来。

6. 如何爱护自己的精力。

每个人的精力都是有限的。

因此，有人就拼命工作，不自觉地习惯地长期超出自己的疲劳极限工作，以至积劳成疾，甚至英年早逝。

细想之下，这完全不值得。

人的一生只有这么多精力，本来可以用上个八九十年的，结果却在三四十年内就急着赶着消耗光了；本来可以有八九十年的光阴，尽情享受人生的种种乐趣，结果只在短促的三四十年中疲倦地病痛地忙忙碌碌地过了，简直就是谋杀自己！

那么，怎么才能爱护自己的精力、自己的生命呢？

学习自我调适，养成适度地使用自己的精力的习惯。

发觉自己太累，太忙，就调整自己的工作计划，适当加入休息时间；发觉自己太闲，太无聊，就开始寻找自己感兴趣的事来做，开始学习有趣、有益的知识，开始确立自己的人生目标及实施计划。

事在人为。生活的乐趣与无聊，都是我们自己思想、行为的结果。因此，任何人都可以凭借自己的努力，使自己的生活丰富充实起来。

7. 高效运用自己精力的基本方法。

对于无所事事、半推半就的过于安逸的人来说，不存在这个问题。

他们的问题是——怎样找一件事来花费自己的时间。

如何高效运用自己的精力，只是全力以赴追求自己目标的人的问题。

那么，怎样解决这个问题呢？

第一，有为有不为。

即有所不为有所必为。学会辨别：

——什么事自己必须做。

——什么事自己可以不必做。

——什么才是自己的真正需要。

——自己真正擅长的是什么。

弄清楚这些，将会把自己从无用功中解脱出来，避免不必要的精力浪费。

第二，目标。

设立一个自己能力范围内的有趣目标。

有这样的目标，才能充分调动、运用自己的兴趣、才智、精力、能量。

因为做自己喜爱的工作，是一种人生享受和乐趣，就像前文提到的那位85岁依然精力充沛的房地产商人一样。

热爱——是人生最好的伴侣！

而对于别人强加的，或自己不感兴趣的目标，谁都会敷衍了事。至于追求自己能力之外的目标，则是——在用虚荣心折磨自己，浪费自己的精力、生命。

第三，专注。

即把自己的精力、注意力全部都集中在所做的事情上。

美国钢铁商人安德鲁·卡内基说："失败的企业是那些分散了资力，因而意味着分散了精力的企业。他们向这件事投资，

又向那件事投资，在这里投资，又在那里投资，方方面面都有投资，‘别把所有的鸡蛋放在一个篮子里’之说是大错特错。我要告诉你们，要把所有的鸡蛋放入一个篮子，然后，照管好那个篮子。注视四周并留点神，能这样做的人往往不会失败。

“管好并提好那个篮子很容易，在我们这个国家，想多提篮子打碎的鸡蛋也多。有三个篮子的人就得把一个篮子顶在头上，这样就很容易摔倒，企业家的一个错误就是缺少集中。”

当然，生搬硬套别人的经验，而不理自己的实际情况是否适用的人，则无异于——刻舟求剑！

集中也是相对而言的。尽自己的最大努力做好一件事，并不等于说，集中就只许做一件事，我们只是说，量力而行——把自己的精力集中在自己的主要目标上，而不在自己的能力范围之外——期望“蛇吞象”。

此外，人在打基础的时候，当然得充分专一，一旦基础打牢之后，就必然要适度分散、扩大以巩固基础。

第四，主次条理。

穿衣服，提领提袖就容易穿上。

同理，人做事分清主次，就会条理分明，程序清晰，这样才能胸有成竹，忙而有序。

若无程序，常会丢三落四，重三倒四，这样一来就会浪费精力，也容易错过时机。

第五，自我调整。

适度地使用自己的精力也就是——忙里偷闲会调养自己，太闲找事做就行了。

经济是效率问题。

人的精力同样存在效率问题。

但是，人的精力更重要的问题是：

——生命的价值。

——生命的情趣。

三、做事的程序

为什么要写如此一目了然的做事程序？

因为我们每个人的做事程序乃是——我们一切成败得失的重要源起！

亦因为我发现人们在做事的基本程序中，普遍存在一些习惯性错误，你可以从下文的反面去思考。

做事的程序可分为三：

第一，做事之前。

第二，做事的过程。

第三，做完之后。

做事之前

《中庸》问政章之三曰：

“凡事豫则立，不豫则废，言前定则不跲，事前定则不困，行前定则不疚，道前定则不穷。”（凡是做事情，事先有准备，就有可能取得成功；事先没有准备，就有可能失败。说话事先有准备，就不会失言；做事事先有准备，就不会有困难；行动事先有准备，就不会出问题；事先掌握了道，就会无所不通。）

但是，如何豫？又如何定呢？

事前想清楚：

——这件事自己该不该做？

——自己的目标是什么？

——自己真正需要的是什么？

——自己真正擅长的是什么？

——自己做这件事有多少成功的把握？

——自己要做哪些事前的准备工作？

——自己将如何做这件事？

——需要具体分析的问题有哪些？

……

如果人们在做事之前都能够想清楚这些问题，就能够避免做许多无用、无聊的事，从而节省自己宝贵的精力，去做那些有趣、有用的事情。

决定做了，就开始做——充分的准备工作。

先弄明白事情的目的、内容、有利条件、不利条件、范围、自己的长处、自己的短处、自己可以运用的资源等等与这件事情有关的所有实际情况。

再确定——怎么做。

尽可能从多个角度去围绕目标思考，寻找各种达到目标的方法，并推断出可能的结果，之后，从中挑选出或综合出一种最有效、最可行的方法，再尽量预测及解决这一方法在实施过程当中可能遇到的各种问题。

最后，就是明确事情的主次条理：

——主要的是什么？次要的是什么？

——先做什么？后做什么？

如此，方能胸有成竹。

关于事前的准备，我们来看一个案例。

1989年，柏林爱乐乐团的首席指挥赫伯特·冯·卡拉扬突然逝世。柏林爱乐乐团素有“世界第一交响乐团”之称，而它的首席指挥也素有“世界第一指挥”之称。团不可一日无主，柏林爱乐乐团很快决定聘请英国著名指挥家西蒙·拉特尔担任首席指挥。当拉特尔接到柏林爱乐乐团的聘请书时，感到很兴奋，也很惊讶。指挥家们都知道，柏林爱乐乐团首席指挥的位置几乎是所有指挥家所向往的。

但是，在短暂的兴奋之后，拉特尔却拒绝了柏林爱乐乐团的邀请。他对前来送聘书的负责人说："柏林爱乐乐团是以演奏古典音乐而闻名于世的，而我对于古典音乐这门神圣的艺术的理解还不够透彻，如果我接受你们的邀请，恐怕不能带领柏林爱乐乐团迈上一个台阶，反而会起到阻碍作用。"由于拉特尔的执意拒绝，柏林爱乐乐团只好请了另一位著名的指挥家克劳迪奥·拉巴多做了首席指挥。

拉特尔的拒绝令许多人不解，有些英国人认为拉特尔不敢接受挑战，丢了英国人的脸。英国的《太阳报》上发表了一篇文章，标题是《拉特尔没能为英国人民带来荣誉》。对此拉特尔并不介意。他说："再好的机会，如果你没有能力把握，那么还是放弃为好。"这之后，他默默地去学习去研究古典音乐。经过十年的努力，拉特尔以对古典音乐不懈的追求和透彻的理解及自己精湛的指挥和表演一次次取得了成功，令观众倾倒。当然，他也再一次得到了柏林爱乐乐团的青睐。当卡拉扬的继任者拉巴多光荣退休之后，拉特尔再一次被柏林爱乐乐团邀请。这一次，拉特尔没有丝毫的惊讶，也没有丝毫犹豫，毅然接受了邀请。他说："我现在准备好了，我有信心把柏林爱乐乐团带到一个新的高度。"拉特尔登上了"世界第一指挥"的宝座，他以自己出色的指挥带领柏林爱乐乐团创造了音乐史上一个又一个奇迹，带领柏林爱乐乐团迎来了一次又一次辉煌。他成为柏林爱乐乐团的骄傲，也成为全英国人的骄傲。2002年6月，在一次演出之后，在场的英国首相布莱尔对拉特尔说："你的两次选择都是无比正确的，你是英国人的骄傲。"

当然，做事之前的准备工作尚有许多方面的内容，这个故事仅仅是做事之前的准备工作的一部分而已。

做事的过程

1. 按部就班，照程序做。

若在做事的过程中发现更好的方法，就果断采用新的方法。

毕竟，是程序为人服务，而非人为程序服务。

2. 集中全部精力投入行动中，排除一切与行动无关的意念。

就是关于成败的意念亦不例外。若是在做事的过程中患得患失，自然会引发情绪的起伏，分散注意力，进而分散精力。精力一分散，效率、效果自然就差了。

失败的最大的一个原因就是——在做事的过程中患得患失，三心二意。

3. 在做事的过程中出现差错或挫折时，最重要的是冷静，客观地处理问题。

急躁只能错上加错。

懊悔更于事无补。

当此时，最好只考虑以下问题：

现在能否补救？怎样补救？不能挽救的话，还有什么方法可以解决问题？

4. 如果接二连三地遇到挫折，就有必要做些比较容易的事以培养成就感，增加自信心，并积极通过各种渠道，一点一滴地积蓄力量，以便更好地坚持做下去。毕竟百折不挠的人总是少数。

5. 张弛有度。

人也和琴弦一样，太紧或太松都会出问题。因此，每个人都有必要把握好自己的松紧度——适度地使用自己的精力。

6. 坚持。

当遇到挫折时，当灰心泄气时，当再也无法做下去时，只有坚持坚持再坚持，才能使自己渡过难关。

有利的情况和主动的恢复，都产生于再坚持一下之中。

放弃，乃是成功最大的敌人。

在目标正确的情况下——坚持就是胜利！

做完之后

成功了，总结经验。

失败了，吸取教训。

这些都是人生的一种无形财富。

（以上所述只是粗略的分析，具体细节尚待有志趣者深入研究。如做事之前如何豫？又如何定？还是些需深入详细研究的问题。）

就这些，我们可以从上述种种的反面，找出那些普遍存在的习惯性错误。至于用什么，怎么用，就是每个人自己的事了。

普遍存在的习惯性错误是：

做事之前——

大多数人极少或根本不做准备工作。

只是——为生活，为习惯所迫半推半就地做。

做事的过程中——

大多数人三心二意。

或者半推半就，拖拖拉拉。

或者恐惧失败，幻想成功。

或者放弃。

做完之后——

失败了，垂头丧气，想着自己“全完了”。

成功了，或者欢天喜地，然后就想保持永恒的欢天喜地。或者欢天喜地，然后幻灭地发现成功并不如自己当初所想。

由上述做事的程序，我们可以找到我们自己一些行为的起因。

我们许多的成败得失都是从这里发源的。

所以明智者——从起源上、从原因上、在自己的起心动念上就审慎，就明白清晰。然后明智者都会尽自己的最大努力去消灭错误的原因。

我们可用“二八原则”来分析做事的程序。

世上80%的财富掌握在20%的人手中。（这20%中的20%又掌握了80%的80%）

而世上80%的人手中只有20%的财富。

为什么？

我们可以大略分析一下20%的人与80%的人不同的做事程序：

20%与80%的人不同的做事程序

20%的人	80%的人
（1）做事之前做充分的准备工作。	（1）做事之前完全不做准备工作，或者对准备工作马虎了事。
（2）做事的过程中全心全意、全力以赴，不达目的不罢休。	（2）做事的过程中或者三心二意；或者患得患失，拖拖拉拉；或者干脆放弃。
（3）做完之后，成功了总结经验，以便从胜利走向胜利。失败了，吸取教训，引以为戒。	（3）做完之后，成功了欢天喜地忘乎所以；失败了垂头丧气、怨天尤人。

其中，掌握世上80%财富的20%的人在做事之前，会做充分的准备工作。而这20%之中的20%的人会做更加详尽的准备工作。并且在事情做完之后，这20%之中的20%人会仔仔细细地研究成功或者失败的每一个细微的原因、过程、结果。因为好与坏一样都是无穷尽的。

事出有因！

成功者之中的成功者较充分地掌握了事物的成因、规律。因此，他们的不断成功也就顺理成章、实至名归了。

事出有因。

明智者善于找出并消灭错误的、灾祸的原因，而播种正确的、幸福的原因——这就是智慧的作用了。

综合上述，我们可以非常容易地得出成功的做事程序和失败的做事程序——这就是规律。

至于用什么不用什么怎么用是主动地运用还是被动地随波逐流，就是每个人自己的选择了。

做事的程序，看似简单，其实复杂。

它涉及每个人的习惯、所受的教育、学习的能力、所处的环境、工作岗位、品德、性格、天赋、文化、传统、家庭、经济、见识、父母的教养、个人的经历……认真客观地研究需要很多有志趣的人长时间的艰苦努力，才有可能完成条分缕析的庞大工作。

但是，每个人都可以反省自己及周围人的做事程序，然后自觉地优化自己的做事程序。

我们还是来看一下法国摄影家亨利·卡迪埃·布勒松如何专注地做事的故事。

每次遇到重大事件，布勒松总是做好研究、计划，寻找最佳拍摄位置，然后拼命工作。摄影师乔尔·梅耶洛维奇曾在纽约一次狂欢游行中目睹了工作中的布勒松：他在人群中忽里忽外地穿梭，从未停止把相机贴在眼前对焦。而在1968年巴黎五月风暴那样混乱的环境中，他居然能如此冷静，每4个小时才拍一张照片。

几年前，布勒松去巴黎蓬皮杜中心画一幅马蒂斯的肖像速写。他埋头画着，丝毫没有注意周围用相机、摄像机拍他绘画场景的游客。他们似乎并不知道他是谁，只是觉得这个老人绘画的姿势很迷人。

当他站起身准备离开时，他注意到一张长椅上肩并肩坐着一对夫妇，一个小孩坐在那个男人的肩上。“如果把女的切掉，

就是一个完美的构图。”布勒松说着，朝女人飞快地做了一个切割的手势。“怎么没带相机呢?”（此时，他早已结束了职业摄影师的生涯而热衷于自己喜爱的绘画了。）老头自言自语，凌空按了一下快门，走了。

再来看彼得·德鲁克的故事：

我的书《经济人的末日》是在1939年春天出版的，之后我收到鲁斯（美国报阀）写给我的亲笔信。他说，他读了以后，非常欣赏，希望和我讨论书中的理念。所以，他和他夫人就带我到纽约一家高级餐厅用餐。关于那本书，鲁斯提出的问题相当有深度，显然他细读过了……

其实，鲁斯是“醉翁之意不在酒”，他真正感兴趣的不是那本书，而是我。

“我们想撤换几个《时代》的国外新闻编辑。”

我并不惊讶他这么说。在新闻界，大家都知道《时代》的国外新闻编辑戈德伯勒有病缠身，而且多年来因为大力赞扬佛朗哥并提倡对纳粹的姑息，已经名誉扫地。

“你是继任他最好的人选，”鲁斯继续说，“过几个星期可否来公司，看看这个工作适不适合？如果那个职位不合意，你还可以为我们做些别的。”

“但是，鲁斯先生，除了这本书，你对我可说是一无所知啊。”

“这么说就错了，我可是很用功的人。”

于是他从公文包里拿出两个档案夹，一厚一薄。

“这里面……”他指着厚的那一沓，“是你抵达美国前在英国报纸上发表的东西，还有你每个月为银行客户写的经济通讯。而那个……”他指着薄薄的档案夹，“是你来到这儿后，在美国杂志上写的文章。”他把所有资料交给我。我一翻，发现每一篇文章、报告，他都读得相当仔细，在边缘加上不少注解和评论，这些眉批显然是他本人的手笔。

这真是一大引诱。那时，成为《时代》的国际新闻编辑，是每个年轻作家的美梦。待遇更是出奇的优厚，鲁斯手下的资深人员，在经济萧条的当年还拿到天文数字的薪水，几乎是骇人听闻的事情。而那时的我，还没有什么地位可言。所得更是非常非常的微薄。不过，我心中存有疑虑。我研究过《时代》的行事方式，并不觉得可取。那种“团队新闻作业”，也就是所谓的“鲁斯风格”，并不合我的脾胃。

（彼得·德鲁克《旁观者》）

所以，德鲁克还是没去。

台上一分钟，台下十年功。

社会大众都只习惯观看、欣赏、羡慕那些成功者的辉煌成就与高高的地位，只有作为过来人的成功者才明白：自己为了追求事业的成功所付出的是什么。

那些真正有成就的人都是在自己的专业领域内踏踏实实、勤勤恳恳、百折不挠直到成功的人。

彼得·德鲁克还有个故事。

1943年晚秋，我接到一个电话：

“我是保罗·加勒特，通用汽车的公关主任，代表敝公司副总裁唐纳森·布朗先生向您请教，不知您是否有兴趣为我们的高层主管研究分析敝公司的政策和结构？”

……

一两天后，我就跟着加勒特去见他们的副总裁布朗。

“我已经拜读了你的大作《工业人的未来》，”布朗说，“你在书中谈到的，我们通用汽车已经在进行了，比方说‘大型组织及结构的管理’、‘大企业在社会中的地位’、‘工业次序的原则’等。当然，我们不用这样的词汇，我们不是政治科学方

面的专家，都是工程师和经商理财的。不过，我们这一代了解到自己做的是前所未有的事——即使这种了悟只是懵懵懂懂……但我们不久即将离开通用了。在1920年把濒临破产边缘的通用汽车接手过来，并为我们描绘出组织架构的杜邦先生，早就不在了。杜邦先生的接班人斯隆二十年来一直是最高执行主管，为通用的建设鞠躬尽瘁，早就过了退休年龄，由于战争的关系，暂时还留在公司。我的年龄虽比斯隆小得多，但也计划在战后和斯隆同时退休。对于我们企图完成的，下一代认为是理所当然的。我们现在的政策和结构都已经是四分之一世纪前的东西了，的确需要改头换面一番。我明白你对汽车工业所知无几，对企业界也没有深入的了解，但看完你的书之后，我想你应该愿意以一个政治和社会科学专家的角度来探讨本公司的结构、政策，对内和对外关系，之后向我们主管阶层报告，他们就是两三年后大战结束时，即将接掌公司的青年才俊。这项研究工作，每星期做个几天，大约需要两年的时间来完成。如果比照大学教授的薪资，你是否觉得适当？”

我表示同意，布朗又继续说道：“我建议你一开始先跟公司中十几个核心干部谈谈，好得到一点印象，计划拟定好后，我会把你介绍给斯隆先生。他是这项计划的灵魂人物，也就是我们口中的‘通用先生’，其他人都只是配角。不过，等你有了腹稿再去见他会比较好，否则再怎么谈也是白谈。”

我请教布朗，首先我应该见谁，他建议我去找布来德利。

“他是我们的最高财务主管，将继我之后，担任通用的执行副总。往后，将成为我们通用的总裁。和其他年轻人相比，他是斯隆先生和我身边最不可或缺的人。公关部门会给你有关他这个人的资料。”

……

（彼得·德鲁克《旁观者》）

由上述故事，我们不难想见布朗先生在做事之前所做的充分的准备工作。

他对通用公司和彼德·德鲁克的各自的现在的需要与将来的需要、长处和短处、双方合作的空间、合作的方式等都有较为精准的把握。这也就是所有的成功者在做事之前必须进行的工作程序。

慢着，我突然领悟到这个故事尚有更深的意义。

任何事、物、人都不是孤立存在的。

所有的当下都同时包含了——过去、现在、将来三态。

这个故事（只是一个案例）既有对过去的总结（做完之后），亦有当下工作的展开（做事的过程），还有对今后工作的安排（做事之前）。

当然，实情比较复杂，这里的做事之前、做事的过程、做完之后，既是同一件事，又同时是几件事。这还真不是语言可以说得清楚的。我总是弄不明白简单与深奥的关系！说到这就晕。

我们还是来说我不晕的事。

所有的当下都同时包含了过去、现在、将来三态。

当然，这只是我这只聪明猪在语言上、文字上的领悟而已，与真正的了悟相去霄壤矣！我真的是一个座家！座位的座！

但是我已经习惯了贼船了，还得习惯地继续发挥……

其实，做事的程序的实质就是:

——轮回。

——因果。

所以才有：

——普遍联系，变化发展。

——全方位，运动。

——千里之行，始于足下。

——千里之堤，溃于蚁穴。

——种瓜得瓜，种豆得豆。

——慎终如始。

——善始善终。

但是，那个轮回的中心是什么？

那个因果的中心又是什么？

轮回与因果是否有同一个中心？

思想是什么？

行为又是什么？

人的思想与行为是如何统一的？

人的思想与行为又是如何分裂的？

到底人的思想与行为是如何互相作用的？

四、成功

成功是什么？

成功就是自己的满足感、成就感。

滑稽的是——很多时候我们都并不知道什么可以让自己满足。更多的时候我们都是习惯地自以为知道自己需要什么。

这太复杂了，我们还是言归正传。

我们追求成功的最终目的，都是为了满足自己的种种需要。

因此，成功表面是目的与手段两者，而实质是自己的满足。

其实，现实生活中人人都有不少成功经验、成功感受。如求职的成功；购物，做菜，做家务的得心应手——持家的成功；衣着的舒适得体——穿着的成功；可口营养的食物——吃的成功；良好的人际关系——交际的成功；以及最容易被我们忽视的又最具普遍性的，在追求成功的过程中大小问题的解决，大小挫折的克服，不都是成功的经验和满足吗？

这些本来都可以从我们各自的日常生活、工作中体验到。

但是，真相是：这些时刻发生在自己身上的成功经验、成功满足，我们自己并未察觉，只是被认做平常的理所当然，然后——习惯地熟视无睹！

本来，我们的成功拥有无限的可能，而现在，不，很久以来，我们的成功，我们的满足就已经完全限定在社会、传统所倡导的某些有限的形式之中。我们已经习惯地认定：得奖、出名、获得某一职位、权利、有许多钱等社会承认的、旁人羡慕的一切才算成功，借此证明自己的不凡与重要。

我们已经根深蒂固地习惯了——依靠别人，依靠身外之物来证明自己。

这就阻碍了我们去享受时时处处都产生着的满足感、成就感，却形成了我们去注意自己的不满足及挫败感的习惯。

同时，我们自己认定的成功的条条框框也间接地封闭了我们本来拥有的潜能。

由于承继了传统所遗留下来的习惯，更由于我们自己对成功的认识，我们习惯地不自觉地——作茧自缚！画地自限！

是自己的感觉重要？

还是旁人的评论重要？

对此，大多数人都习惯地不自觉地选择了后者，因过度重视自己在旁人心目中的地位而成了众人的提线木偶。

当然，极端地只重视自己的感觉我行我素又容易孤立自己。智者则善于在为己与为人之间保持一种适度的平衡。

法国哲学家让·保罗·萨特是一个对人类心理有很深洞见的人，在他晚年时拒绝了诺贝尔奖。他当时的感想是："当我在创作我的作品时，我已经得到了足够的奖赏，诺贝尔奖并不能够为它增加什么，相反的，它反而把我往下压，它对那些找寻被人承认的业余作家是好的，我已经够老了，我已经享受够了，我喜欢任何我所做的，它就是它本身的奖赏，因为没有什么东西能够比我已经得到的来得更好。"

成功实质上更多的是自己内心的满足感。

聪明人都从事自己喜爱的事业，或者喜爱自己从事的事业。这样一来，不仅最终的成功是满足，而且整个做事的过程都是满足，都是享受。

人各有所好。于是就有了形形色色不同的价值取向。

有人以虚荣心为满足，只在乎自己在众人眼中的地位，他成功的标志就是社会的表扬：得奖、出名。有人以权利为满足，他成功的标志就是升官。有人以金钱为满足，他成功的标志就是发财。有人以事业为满足，他成功的标志就是事业成就。有人以情感为满足，他成功的标志就是爱情亲情的归宿——美满的家庭。有人以探险为满足，他成功的标志就是征服一个个危险的目标。有人以绘画为满足，他成功的标志就是以自己的画法表现一种艺术美……几乎有多少种人，就有多少种成功，这也证明了人性的复杂。

如果你只以自认为的成功标准为成功，那么，你只能拥有很少的成功感、满足感。

如果你认为成功只是自己的成就感、满足感，那成功就时常在你身边。

所谓成功、快乐、幸福、财富、如意等等，都只不过是满足的代名词，只不过我们已经习惯了过于执著文字，以至于自己弄昏了自己。

如果你能保持知道满足的这种满足，或者如果你能自觉消除自己认识上的限制与错误，那么，成功、快乐、幸福、财富、如意就会时常在你身边——还是那句老生常谈。

问题的关键是——我们自己的处事态度，而不是我们的环境、遭遇。

社会一直需要建功立业的人来维持，那么，支持人们建功立业的原因是什么呢？

一是，扎实的基础。

二是，动态的愿望。

三是，专注。

四是，毅力。

五是，领先一步。

扎实的基础

毛竹是一种生长在中国等亚洲国家的竹子。在它的一生中的最初五年里，你几乎观察不到它的生长，即使生存环境十分理想也是如此。

但是，只要五年一过，它就会像被施了魔法一样，开始以每

天两英尺（一英尺约合零点三米）的速度急速地生长，并在六个星期之内长到90英尺的高度。

当然，这个世界上是没有魔法的，毛竹的快速生长所依赖的是它那长达几英里的根系。其实，早先看上去默默无闻的它一直都在壮大它的根系，它用五年的时间武装了自己，最终创造了自己的神话。

这就是：

——台上一分钟，台下十年功！

——宝剑锋从磨砺出，梅花香自苦寒来！

世界上各行各业的杰出人物全部都拥有自己的扎实基础。

关于基础有三个每个人都必须自己面对的问题：

什么是你过去的基础？

什么是你现在的基础？

什么是你将来的基础？

我发现基础也可以是一个变数。

然后，我终于明白了画家石涛为什么会说——“搜尽奇峰打草稿。”

我还发现基础不是可以一劳永逸的事。

我们中国的古人就说：“时异，事移，法亦移。”

西班牙的天才画家帕布罗·毕加索说：“果子成熟之后，就必然要腐烂了。”

所以，基础也是一件需要自己不断去调整的事情。

动态愿望

愿望可分为两种：

一种是静态愿望。

一种是动态愿望。

拥有静态愿望的人，就像企鹅一样静静地立在海边，翘首企盼等待自己幻想的那些促使成功的机会来临。

拥有动态愿望的人，则像鹰一样在空中盘旋，主动、积极地寻找实现自己愿望的机会，自信自己期待的机会就在那里，只要坚持寻找就能得到。

拥有静态愿望的人注定一生都要在等待中彷徨、无奈。

而拥有动态愿望的人或早或迟都能实现自己的愿望。

静态愿望产生于依赖心理。动态愿望则产生于自立心理，一种自立自强的坚定信念导致的炽热愿望，促使他们不断地去寻找，甚至创造可实现自己愿望的机会，最终他们都能准确地把握、运用找到的机会获得成功。

专注

全心全意投入做事，绝对是种享受。

我们将从中体验一种巨大的满足感、充实感。而这种身心舒畅的感觉又会促使我们更加全然地去投入去专注。

这就是一种极少有人进入的快乐的良性循环。由于注意力集中，人的精力、能力、智力都将极有效地运用在做事上，成功率自然就高了。

而许多人只是带着对成功的盼望，日复一日地时时处处地感受着自己的种种不如意不满足，在自设的地狱里挣扎着、煎熬着。他们做事三心二意，半推半就，把现在的精力、时间都耗费在懊悔过去、顾虑将来上，一味习惯地不自觉地用自己的不满足来折磨自己，越来越深地陷入不知足常苦的恶性循环中。

只要了解这一切，就很容易抛弃坏习惯，开始专注做事，专注现在，感受更多的成功和快乐。

毅力

有利的情况和主动的恢复，产生于再坚持一下之中。

许多成功的人都只有平常的智慧和能力，可是他们在完成一项工作时，在遭遇重大的困难时，在工作极其繁重时，却有着超越常人的恒心与毅力，全都不达目的不罢休。

柯立兹说："世界上没有任何东西可以取代毅力。才干不行，世上多的是有才干的失败者；天才也不行，得不到回报的天才，都快成为笑柄了；教育也不行，到处都是受过教育却被忽视的人。唯有毅力和决心才是万能的。"

爱迪生说："全世界的失败，有75%只要坚持下去，原都可以成功，成功的最大阻碍，就在于放弃。"

领先一步

各行各业的杰出者，均有其独创性。

这就是——比别人看得深远。

美国曾于1919年通过了一项"沃尔斯岛法案"，规定不许酿造和销售酒精含量超过千分之五的饮料，限制酒业的发展。而罗斯福为了挽救危机，度过大萧条时期，便提倡"新政"。

商人哈默分析，既然提倡"新政"，就是为了增加财政收入，增加就业，就会开放禁酒令。他想到经营酒业有利可图，又由于对酒的需求和酒业的发展，预测到对酒桶的需求会大增，于是，立即从俄国采购了大批木材，随即建立了两个酒桶加工厂。

禁酒令废除之时，果然对酒桶的需求量猛增，哈默公司所生产的酒桶供不应求。

第二次世界大战爆发后，由于战时不许用谷物酿酒，威士忌奇缺，哈默又经营威士忌。

他从政府手中买下一家无力还债的酒厂，又雇佣了一名善于把马铃薯变成烈性酒精的化学工程师制造酒精，将酒精掺入威士忌中，配成一种名叫"金印"的威士忌，十分抢手，由他人代销。

他又预测到谷物酿酒将可能开放，便先后购买了9家闲置的谷物制酒厂。后来果然政府开放了谷物制酒的禁令，他及时生产谷物威士忌，甚为畅销，他一跃成为美国威士忌酒业的二号巨头。

事物都是普遍联系、变化发展的。能够在立足本行的基础上，兼顾与本行有联系的事物的发展变化的人，才更能捕捉——成功的先机！

为多次机会做好充分的准备，甚至为自己创造机会的人，才容易——左右逢源。

比别人看得深远，能够尽量收集一切有用的资料以预测未来，方能比别人领先一步。

比别人看得深远只是一种表象，它背后的事实是——扎实深厚的准备功夫。

冰心说："成功的花儿，人们只惊慕它的绚烂，可它当初的芽儿浸满了辛勤的汗水，浸透了牺牲的血雨。"

成功是人人所盼望的，如果你想美梦成真，那就得把成功看成一个人生的过程，一种生活方式，一种心灵的嗜好，一种生存策略去力行实践！

你自己的成功是什么？

你自己的真正的需要是什么？

你愿意为了成功付出什么？

什么才是你自己真心喜爱的事业？

谁才是你自己真心喜爱的人？

你自己的爱是什么？

五、成功的悲哀失败的好处

先说成功的悲哀。

达到了预期的目的，满足了自己的心愿，当然值得高兴。但是，一次的成功并不等于永远的成功。最好能总结经验以备今后参考，并尽快投入到新的追求中去。

生命随时间流逝，成功的欢悦满足终会被无情的时光冲淡。

虽然我们不自觉地期望成功的欢悦满足能够永恒，但是，现实却往往粉碎了我们的妄想，让我们明白成功只能是暂时的满足。这就是成功者的一种悲哀与无奈。

我们往往习惯于为没能实现的梦想而悲哀，却从未想象——达到了目标也会给我们带来痛苦。

为什么?

实现了目标也就做完了事。如果接下来无事可为，就会空虚愁闷烦躁。

所以，从这一角度来说人是追求目标的动物就一点也没有错。

一事完了，还有另一事。无论成功还是失败都只是暂时的现象，只有追求是永恒的。停滞只会带给人空虚和烦愁。对于俗世的人们来说，人生的意义和乐趣，只能在做自己感兴趣的事的过程中觉察到。

成功的悲哀就在于：

——当一个人把成功当成唯一的生活目的，而认为成功就是万事如意的代名词或终极理想。

那么，此人成功之后，狂喜和满足之余却是失望和幻灭。

现实永远是现实，依然存在的苦乐、祸福、希望、恐惧破灭了他天真的梦想。

我们往往习惯于一心想着自己将要得到什么，却极少会去想自己将会失去什么。

但是，凡事有利必有弊，有得必有失却是我们的愿望、我们的意志永远也无法逆转的客观规律。

于是，在成功的狂喜和满足之后，我们才会突然发现：

——原来，我们已经失去了那么多。

——原来，成功并不是自己曾经想象的样子。

——原来，成功仅仅只是一个新的开始而已。

或者，成功者过度看重别人的褒贬，这就不自觉地把社会、旁人对自己的过高期望变成了自己的强大压力和枷锁。于是，战战兢兢地戴着一顶沉重的名誉帽子，任由舆论牵制、操控自己而不自觉。

结果，表面风光自信，内心恐惧自卑。这就容易导致人格分裂、精神分裂。

现代人不仅恐惧失败，更恐惧成功。

因为成功往往是一个人才智表现的巅峰，巅峰过后，人们往往难以为继，更难超越。

有上坡、顶峰，必然有下坡、谷底。

只想要上坡、达顶峰，而拒绝下坡、留谷底，就只好把大石头往山上推了。

人性往往不自觉地习惯地希望客观规律顺自己的意——这又是一种无用功。

严格来说，成功只是人追求自我满足的手段。毕竟，人生的最终目的是快乐和幸福。

那么，在此大目标下，如果自己尚有余力余智，尽可以继续超越自己。若是自己心有余而力不足，又何必强求自己而令自己苦痛不安呢？

调适一下自己不好吗？

成功的时侯、失败的时候、顺利的时候、处于逆境的时候都是自己，都有自己可以享受可以体验的不同滋味、趣味。

问题在于：

大多数人都只是下意识地习惯于发现、感觉自己生活中的无聊和苦恼；而总是忘记，苦与乐，无聊和乐趣在任何时候、任何环境都是同时存在的两面一体。

在任何时间、任何环境都去发觉、感受生活的乐趣的人，才是真正有福的人，快乐的人。

成功并不表示——万事如意。

成功只是表示，成功者可以满足一阵子，休息一回，如果从此凡事不做，就会日渐空虚烦恼起来。

做事做事再做事，做就充实，停就空虚，还得想方设法做自己喜爱的事，这就是凡人的幸福和无奈。

人只要活着，就有顺心事，麻烦事；好事，坏事。如果处理不好，定然日坐愁城。处理得当，才可以舒畅快乐。

一个人心境的好坏，就看自己是否懂得自我调适。

关于什么是成功的悲哀，我们还是来看克里希那穆提如何实事求是的：

“成功就是达到某种特定的目标，而我们都崇拜成就，不是吗？一个穷孩子长大以后变成了百万富翁，或是一个平凡的学生变成了政府首长，大家都为他们鼓掌喝彩，每个男孩和女孩都希望得到某种成就。

“然而，到底有没有成就这种东西？还是它只是人类追求的一个观念而已？因为你即使达到了目标，永远还有一个更远的目标在前面等待你去完成。只要你追求任何方面的成就，你就不可避免地会陷入奋斗和冲突之中，不是吗？即使你达到了自己预定的目标，你还是得不到休息，因为你想要爬得更高，得到更多。你明白吗？追求成功是一种求取‘更多’的欲望，而一个不停地要求‘更多’的心，就是没有智慧的心，它是平庸的、愚笨的，因为这种要求更多的欲望，暗示着你已经落入了社会的模式，落入了不断的挣扎中。”

所以我们中国的老子早在几千年前就已经说过了：“知足不辱，知止不殆，可以长久。”（知道满足就不会遭到屈辱，知道适可而止就不会遇到危险，这样才可以拥有长久平安。）（《道德经》四十四章）

老子和克里希那穆提这两位智者真的是殊途同归、语重心长、言近旨远……

再说失败的好处。

失败以后，最重要的是面对现实，冷静地处理问题。

如果事情还可以挽救，就尽量去挽救。如果事情已经无法挽回了，那就只需静心总结一下失败的教训。

问问自己为什么失败？

清代诗人龚自珍说：“落红不是无情物，化作春泥更护花。”

能够从失败中吸取教训的人，总能获益。之后，最好能果断地走出失败，把自己的注意力、精力转移到其他有益的事情上去。

沉溺失败是愚蠢的，懊悔、怨天尤人不仅于事无补，反而会烦人害己。

往者已矣，来者可追。

谁都无法改变已成历史的过去，但是，谁都可以塑造自己的现在和将来。与其用失败的烦躁、忧愁来折磨自己，不如好好运用现在的精力来做些有益的事。

失败的原因大致可分为两类：

一是，方法错误。

二是，方向错误。

若是做事的方法错了，只需重新考虑，然后采用新的有效的方法即可。

若是方向错误，自己入错行了，即自己缺乏相应才能，不适合做该类事情。这就必须重新调整一下自己的努力方向。如没

有烹饪才能的人，努力再多也成不了一流厨师。那就不如改做别的适合自己的工作。

方向错误，往往——差之毫厘，谬之千里。

更不用说南辕北辙了。

不仅行路如此，关于自己做哪一行才能取得成就更是如此。

有成就的人都懂得顺应自己的天赋才智来选择自己的职业，也就是在自己的能力局限内追求自己的最大价值。

因此，我们在确定自己的职业取向时，最好能够谨慎从事。

不是只有成功才有意义和价值，有时失败亦有其作用和意义。比如在攻克癌症的问题上，证明一种方法失败，等于相应提高了后来者的成功率。尽管这样看来比较消极。这类失败对于失败者本人来说是件坏事，可对于其他探索者来说未尝不是一件好事。

另外，失败往往可以教会我们更多的东西。因为失败可以暴露我们自己心理上、性格上、方向上、能力上、方法上的种种缺陷、弱点和错误，这样一来就可以帮助我们更清楚地认识自己、塑造自己、完善自己。

这就是——反省的好处。

如此，失败才能成为成功之母。

因为——善败者不亡！

做事除了成功与失败之外，还有一种结果——了犹未了。

世事无穷。一事完结，另一事又产生，人的精力终归是有限的，况且世上很多事情都是长期累积的结果，根本不是一个人、几个人一下子就可以解决得了的。

因此，我们，特别是年轻人，得学会凡事不可过度勉强自己或者过度好强，否则，只能自苦自累，自寻烦恼。

能够做到——量力而行，尽力而为，就足以无怨无悔，自在安详。

六、凝聚力

凝聚力就是：

——众人的某一目标或利害一致。

——求同存异的技术。

世上任何类型的集团，如家庭、企业、国家、民族等都需要凝聚力来团结。否则，集团也就不成其为集团，只能是有形无神的躯壳，一盘散沙。

凝聚力要求一致的，只可能是集团的各个成员的某一目标，某一利害的一致，而不可能所有目标、所有利害都一致。

人各有志，各人不同的志趣导致了各人不同的目标及得失标准，世上绝对没有完全相同的人，只有基本相似的人。

这就要求集团的组织者能够对本集团中，以及集团之外愿意合作的人——求同存异。

发现并且强调合作者之间的共同利益。也就是人们的共同需要。（双赢的基础）

合作（双赢）的基础只能是合作者之间的某一目标，或利害的一致。

世上没有永恒的合作、友谊，只有相对永恒的利害。

所有人际关系其实都是什么呢？

都是供求关系。

目标、利害一致，众人的才智、能量、财物方能凝聚合一，一致追求共同的目标。双赢或多方共赢的合作才可能友好长久。

如在一家企业中，企业首脑若欲使自己的集团兴旺发达，就必须在满足社会需求的同时，关心、满足集团各级成员的切身利益，设法使集团各级成员的切身利益与集团的利益融为一体。

因为人性最关心自己，只习惯对自己的事尽心尽力，全力施为。而对旁人的事，能花上个50%的精力就已经很不错了。

只有把集团利益与全体职员的切身利益融为一体，才能较为充分地调动全体职员的主动性、积极性。

我们来看商人保罗·格蒂的故事。

有一次，他聘用了一名叫乔治·米勒的人，管理洛杉矶郊外的一些油田。

米勒是个优秀的管理人才，对石油业很内行，而且勤奋、诚实。可是，保罗·格蒂每次去察看油田，总会发现一些浪费或错误的情形——员工有闲散浪费的现象，若干工作进度太慢，有的又太快，有些机具太多，有些又太少。此外，他还发现米勒待在办公室的时间太多，而在油田现场的时间太少了。

上述这些因素，使得油田的费用上升，利润减少。他确信米勒的才干，但对他的表现不太满意，于是找他来谈话。

格蒂说："妙极了！我只不过在油田待了一个小时，就发现了许多地方可以减少浪费，提高产量，增加利润，而你竟然看不出来。"

米勒回答："因为那是你的油田，油田上的一切，都跟你有切身的关系，那使你眼光锐利，看出一切问题。"

米勒的回答令格蒂心头一震，他连续好几天都在想米勒所说的话，最后他决定做一项大胆的尝试。

他告诉米勒："我打算把这片油田交给你，从今天起我不付你薪水，而付你油田利润的百分比，油田愈有效率，利润当然愈高，那么你赚的钱也越多，你看怎么样？"

米勒考虑了一下，就欣然接受了。从那一天起，一切改观了。由于油田的盈亏与米勒的收入有切身关系，他遣散了多余的工人，把机具的数量控制得恰到好处，另外又想出更好的作业方法，使工作进度适宜，减少了人力与物力的浪费。而且，以往他每周至少要花两天在办公室，如今他一个月才去一两次。

六十天后，格蒂又去察看油田。他详细检查了作业的情况，已经找不出任何毛病。结果，油田的生产费用减少了，产量和利润都大增。

世间万物，人的所有优缺点，只要你懂得运用，就都可以成为你的财富。

保罗·格蒂就是运用了人性的自私来提高自己企业的凝聚力和利润。

如今，股份制已经广泛运用。

影响凝聚力的，除了主要的利害、目标之外，尚有一些不可忽视的次要因素。

如各尽所能。

人性最喜爱表现自己的才能智慧。

因为每个人都会在表现自己的才能智慧的过程中得到满足感、成就感，找到自身价值，发现生命意义。有才华的人则更为重视自己能否在工作中发挥运用自己的才智。

人们只有在能一展自己才智的工作中，才能自觉自愿，主动积极。

若集团能充分发掘运用各人的才智，就能增强集团的凝聚力，使集团得以发展壮大。

按劳取酬。

如果做好做坏、做多做少报酬都一样，大多数人都愿意顺应人性的懒惰。

按劳取酬运用得当就是一种动力，促使人们克服懒惰，勤奋工作。

酬劳不一定就是金钱，金钱也有失效的时候，酬劳也可以是一种心理或精神方面的满足。如尊重、欣赏、肯定以及在工作中发挥运用自己才能、智慧后所获得的成就感、满足感等。

如前文中，格蒂在发现米勒工作表现不佳时，并未直接训斥，而是坦诚、尊重地提出自己的看法，结果，顺利地找到并

解决了问题的症结。这也就是所谓的公司政治的表现之一。

1912年，美国钢铁商人安德鲁·卡耐基以100万年薪，聘请查理·斯瓦伯任公司第一任总裁时，全美企业界为之议论纷纷。

因为在当时，百万年薪已是全美最高，斯瓦伯对钢铁并不十分内行，卡耐基为何要付给他那么高的薪水呢？

斯瓦伯上任不久，他管辖下的一家钢铁厂产量落后，他问该厂厂长："这是怎么一回事？为什么你们的产量老是落后呢？"

厂长回答："说来惭愧，我好话与丑话都说尽了，甚至拿免职来恐吓他们，没想到工人软硬不吃，依然懒懒散散。"

那时正是日班快下班，即将要夜班接班之时，斯瓦伯向厂长要了一支粉笔，问日班的领班："你们今日炼了几吨钢？"

领班回答："6吨。"

斯瓦伯用粉笔在地上写了一个很大的"6"字后，默不作声地离去。

夜班工人接班后，看到地上的"6"字，好奇地问是什么意思。日班工人说："总裁今天来过，问我们今天炼了几吨钢，领班告诉他是6吨，他便在地上写了一个'6'字。"

次日早上，斯瓦伯又来到工厂，他看到昨天地上的"6"已经被夜班工人改写为"7"字。

日班工人看到地上的7字，知道输给了夜班工人，内心很不是滋味，大家加倍努力，结果那一天炼出了10吨钢。

在日夜班工人的不断竞赛下，这座工厂的情况逐渐改善。不久之后，其产量跃居公司里所有钢铁厂之冠。

人性总爱自己比别人强，比别人能干。

斯瓦伯正是运用了这一点，激发并满足了工人的好强心理，进而提高了产量。

而卡耐基正是看中了他激励员工积极性的特殊才干。

其实，人们工作的最终目的，不是为了钱，而是为了满足自己的需要。

因此，集团若能满足员工的需要，员工自会尽心尽力为企业服务。这也就是作用力与反作用力的互动关系。

志趣相投。

俗话说，物以类聚，人以群分。

志向、趣味较为接近的人，才容易互相信任、尊重、愉快合作。

凝聚力的实质，只是众人某一目标、利害的一致。但是，它的内容则形形色色。

有些人只为了钱财走到一起，那么最终也会因为钱财的纠纷而分道扬镳。

有些人只为权利走到一起，结果则因一山不容二虎而分个成王败寇。

有些人是为了互相利用走到一起，然后又会因利用价值的过期而互相离弃。

有些人是为了共同的志趣走到一起，这种结合一般较为长久、稳定。

还有些人是为了对抗共同的强敌走到一起，一旦打倒了强敌，原来亲密无间的合作伙伴，又可能因新的利害关系成了仇人，或成了对面不相识的陌生人。

……

类似的故事，相信你也见过听过许多，古今中外，自己身边，一直在此起彼伏的上演着。

凝聚力——也就是一种求同存异的技术。

把一群各怀心事、各有所需的人组合在一起，真是件劳心劳智的苦差事。

但是，世上总有人乐于此道。

集名、利、权于一身就是它巨大的魅力所在。

七、适合自己

60年代初，当吉恩·基利刚跻身法国滑雪队的时候，他下决心要做全队里训练最刻苦的人，以争取拿第一。

天刚蒙蒙亮，他就穿上滑雪鞋朝山上爬去，每天训练下来都觉得筋疲力尽。然而，其他队员的训练时间也就是同他一样长，也同样刻苦，他本能地感到，单靠训练刻苦是不够的。

于是，吉恩·基利向滑雪技巧的某项基本理论提出挑战，每个星期，他都尝试练一些不同的技巧，看自己是否能找出某些更好的方法滑下山坡。

经过反复试验，他终于总结出一种新的滑雪方式，这种新的方式几乎与当时传统的滑雪方式完全相反。它包括滑雪时把两腿分开（而不是合上）以保持身体的平衡，而在转弯时，身体下蹲（而不是前倾），他还以非传统的方式使用滑雪杖以推动自己，这种充满动力的新方法大大地提高了他的滑雪速度。

1966年和1967年，他基本上囊括了滑雪大赛的各项冠军，在1968年举行的冬季奥运会上，基利荣获了3枚金牌——他当年创下的纪录至今尚未有人打破。

他从中学到了一个十分重要的秘诀，同时也是许多有创见的人的共识，那就是——创新并不需要天才，它只需要对传统的做法提出质疑，重新寻找、尝试适合自己的方法。

任何一种成功的方法都有其鲜明的个性。

因为一朵玫瑰是一朵玫瑰。

因为一个人是一个人。

每个人都是独一无二的。

每个人都有自己的与众不同的长处与短处。每个人都有属于自己的能力局限，自己的经历，自己的环境，自己的个性与习惯。

成功者都擅长运用适合自己的方法来表现自己的才智。

同样是画家，齐白石有齐白石的绘画方法，张大千有张大千的绘画方法，他们都擅长运用适合自己的绘画技法来表现一份独特的艺术美。

这适合自己的独特画法，都是他们自己在长期的绘画实践中逐渐形成，完善的。

当然，别人的方法他们都曾经借鉴过，但是最终形成的那个适合他们自己的方法，却只能依靠他们自己老老实实地勤勤恳恳地探索、实践。张桐瑀这样介绍画家齐白石的衰年变法：

> 齐白石在长期的笔墨探索中，渐渐悟出若要得到属于自己的画风，就必须先找到属于自己的笔墨，变我就笔墨为笔墨就我。他变八大山人用笔绞转曲折为用笔平易直率，变冷逸为平和；他变徐渭用笔疾速为用笔徐缓，变用墨渗化浑沦为用墨醒透朗然，变墨中求笔为笔中求墨；他变吴昌硕用笔刚猛劲利为轻松恬淡，变追求整体的书法气势为追求局部行笔中的韵味。齐白石画中非常强调“飞白”的效果，他在行笔中着意留出浓淡“飞白”，以“飞白”丰富用笔变化，在“飞白”中求苍润，他在强调“飞白”的同时，特别注意“破墨法”的运用，在湿淡墨上用干浓墨破之，以求墨韵的丰富性。
>
> 齐白石是在“飞白”中取气，在“破墨”中取韵。
>
> 齐白石经过几十年的不懈努力，终于在文人画和民间艺术中间找到了契合点，完成了从笔墨到审美情趣的转换，使他的绘画在“衰年变法”中焕发了青春活力。齐白石的艺术是他自己人生经历的折射，是他生命的状态……

各行各业的杰出者莫不如是。他们每一个人全都拥有一套不断完善的适合自己的方法来成就自己的杰出。

每个人都是独一无二的，不仅各人的天赋不同，就是后天的

经历、志趣、个性、环境、学识等也都是不同的。

只有适合自己特点的方法，才最适合自己做事。

因此，明智的人总有一套根据自己的实际情况形成的适合自己的做事方法，对于别人的成功方法，绝不会生搬硬套，只是在参考之后融会贯通成适合自己的东西加以运用。

用适合自己的方法来做自己的事，对于个人如是，对于集团亦如是。

成功的集团都有一套适合本集团特点的与众不同的经营方式。

不仅工作需要适合自己的方法来运作，生活亦然。

有位女演员，婚后息影，生活优越，成天打麻将，闲聊，购物，在舒适的无聊中过了一年。她觉得难受，于是，复出影坛，又开始演起戏来，在演戏的过程中重新找回了属于自己的满足感、充实感。她这才开始明白自己真实的需要是什么了。

工作方法、生活方式都完全可以通过自我调适达到自己满意的程度。

我们都应该主动去安排自己的生活、工作，而不应任由生活，工作摆布自己。

此外，每个人的饮食方法、穿衣方式、养生方法、交际方法、居住方法都各自不同，但又都以适合自己的方法为最好方法。

例如穿衣服，不是价钱贵的衣服就是适合自己的衣服，也不是别人穿得好看的衣服自己穿起来就漂亮，而是只有适合自己的身材、气质、环境、经济能力、经常出入的场合、年龄、身份、季节、职业……的衣服才是适合自己的衣服。

又例如，现在有许多人都喜欢喝红酒，许多人都以为价钱贵的红酒就是好的红酒，而其实红酒好不好各人自有各人的标准，至于品酒专家自有其固定的专家标准。有人则认为适合自己口味的红酒就是好的红酒。

不适合自己的方法有两大误区。

一是，自己的愿望是否适合自己的能力。

生活中的许多人都是——自己的能力远远小于自己的愿望。愿望大于能力作为一种心理失衡的现象早就已经成了人们的习惯。关于这一点，我们在《平衡》一节中已经谈论过。

二是，自己的天赋是否适合自己的职业。

法国人巴尔扎克是个世界著名的作家，但是，许多人都不知道的是——巴尔扎克同时还是一个失败的商人。

他的天赋用于写作非常成功，用于经商却是完全彻底的失败。他最后债台高筑就是因为经商。

类似的错误一直并将继续在我们的现实生活中发生，问题是每个人自己能否醒悟而有所改变。

就方法本身来说，重要的不是先例、传统，而是：

——现在怎么做更好？

——怎么做更合适？

可是，合适与好一样是没有顶的。正所谓："山外青山楼外楼。"

所以，一流的艺术家以及各行各业的杰出人物总是不断创新自己——不断寻求更适合自己的方法来表现自己的才能智慧，追求属于自己的成功和幸福。

生活从来就不会亦永远都不会有标准答案，有的只是一个问题——怎么做更好？更合适？

"雨巷诗人"戴望舒说：

"韵和整齐的字句会妨碍诗情，或使诗情成为畸形的，倘把诗情去适应呆滞的、表面的旧规律，就和把自己的足去穿别人的鞋子一样。愚劣的人们削足适履，比较聪明的人选择合脚的鞋子，但是智者却为自己制最合自己脚的鞋子。"

彼得·德鲁克曾经谈到自己的一段经历：

我能遇到施纳贝尔真是三生有幸。当然，我没有资格当他的学生，他只教一些可望崭露头角的年轻钢琴家。我只见过他一次，而且只有短短的的两小时。那天，由于他的课程表有点混乱，在阴差阳错之下，使我得以旁听他的课。真正上课的是一个同学的姐姐，她的天赋非凡，而且已经开始其职业演奏生涯了。在20世纪20年代的时候，施纳贝尔并不像后来名气那么大。事实上，他是维也纳人，因为认为维也纳太过“单调”才跑到柏林。在希特勒掌控德国时，他又远走美国，之后才大大出名。

那回上课的头一个小时，实在是再平常不过了。施纳贝尔先要同学的姐姐弹上次指定的作业，也就是一个月前在这儿学过的。我还记得是莫扎特和舒伯特的奏鸣曲。即使我只有12岁，听她一弹，也知道这样的技巧已是非常高深，而她大概只有14岁(那时的她，已经以技巧娴熟闻名维也纳)。施纳贝尔称许她的技巧，请她把某一个乐章再弹一次。然后再针对另一个乐章问问题。他说，某一小节或许可以弹得慢一点，或者再强调一下。这和教过我的那些平凡的钢琴老师可谓无大不同。

然后，施纳贝尔给她留下一回的作业，也就是一个月后要上的，要她先读谱。我再一次发现她的技巧实在是非比寻常。施纳贝尔也说到这一点。之后，他回到前一个月的课程。

他说：“利齐，你知道吗？这两首曲子，你都弹得好极了。但是，你并没有把自己的耳朵真正听到的弹出来。你弹的是你——自以为——听到的。但是，那是假的。对这一点我听得出来，听众也会。”利齐一脸困惑地看着他。

“我告诉你，我会怎么做。我会把我自己亲耳听到的舒伯特慢板弹出来。我无法弹你听到的东西，我不会照你的方式弹，因为没有人听到你所听到的。你听听我所听到的舒伯特吧，或许你能听出其中的奥妙！”

他随即坐在钢琴前，弹他听到的舒伯特。利齐突然开窍了，露出恍然大悟的微笑，正如我在苏菲小姐的学生的脸庞上看到的。就在此时，施纳贝尔停了下来，说道："现在换你弹了。"

这次她表现的技巧并不像以前那样令人眩目，就像一个14岁的孩子弹的那般，有天真的味道，而且更令人动容。我也听出来了，我的脸上必定也露出一样的微笑，因为施纳贝尔转过身来对我说："你听到了吧！这次好极了。只要你能弹出自己耳朵听到的，就是把音乐弹出来了。"

然而，我对音乐的鉴赏能力还是不够好，因此不足以成为一个音乐家。但是，我突然发觉，我可以从成功的表现学习。我恍然大悟，至少对我而言，所谓正确的方法就是去找出有效的方法，并寻求可以做到的人，我了解到——至少我自己不是在错误中才能有所体认，我必须从成功的范例中学习。

但是，多年后，我才明白自己当年无意中已经发现了一个方法。大概在我阅读德国犹太哲学家布伯一本早期著作时才恍然大悟。书中提到一位1世纪犹太智者所言："上帝造出来的人都会犯各式各样的错误，不要从别人的错误中学习，看看别人是怎么做对的。"

(彼得·德鲁克《旁观者》)

看看别人是怎么做对的！

每个人的成功，每件事的成功，对于拥有——学习能力的人而言都是一次良好的教育。

每个人都是独一无二的。

每个人的本性、气质、天赋、性情、修养、环境、经历……都是独一无二的。

人性都习惯都酷爱追求标新立异，却忘记了也忽略了：

——每个人生来就是独一无二的。

——独一无二本来就是每个人都拥有的东西。

奈何！人性早就已经根深蒂固地习惯了：

“昨夜西风凋碧树，独上高楼，望尽天涯路。”

还坚持：“衣带渐宽终不悔，为伊消得人憔悴。”

最后，历尽千辛万苦，踏破铁鞋才惊奇地发现：“众里寻她千百度，蓦然回首，那人却在灯火阑珊处。”

我们早就已经根深蒂固地习惯了——去高处，去远处，去困难处追名逐利，标新立异，以此来标榜自己的杰出、自己的与众不同！

但事实是——一切都在当下！

一沙一世界。

一人亦一世界。

独一无二本来就是我们拥有的。

那就是每个人早就拥有并且一直都拥有的——自己的本性！

“文章做到极处只是恰好，人品做到极处只是本然。”

不单写文章，艺术、生活、娱乐、交朋友、运动、喝茶、饮酒、建房子、写作、唱歌、经商、时装设计等等一切的一切做到极处，都只是——恰好而已！

一位法国时装设计大师说：“高贵的秘密，就是看起来像自己。”

不仅高贵，自在、从容、优雅、幸福、快乐、满足的秘密都是：

——是自己。

是自己。

是自己的本性。

自己的本性——那就是我们每个人真正的永恒的归宿！

八、知识的学习运用

知识是前人智慧与经验的结晶。

如同所有事物一样，知识也有其两面性。它一方面给我们指导帮助，另一方面也限制了我们的能力。

为什么？

横看成岭侧成峰，
远近高低各不同。

因为物体都有无数的观察角度，世间的人、事、物也莫不如是。而任何人都难免因自己的志趣、经历、个性、学历等的限制而有自己的片面性、主观性，这也就使得人们所获的知识、经验不可避免地印上了前人的片面性、主观性。

对于已有的知识，多数人全部接纳，照信照做，自己的能力尽可以束之脑海。只有一代又一代的创新者在不断地更新着、完善着旧有的知识。

当然，是好是坏主要取决于我们自己对待知识的态度。

尽信书不如无书。

如前文的吉恩·基利就懂得知识的运用在于：

——在选择的基础上继承。

——在继承的基础上创新。

知识的学习应该避免两种极端：

一是，过于专门。

一是，过于广泛。

世界是普遍联系变化发展的，若只执著于某一专门领域，那达到一定程度之后，必然无法继续，或者越学越狭隘。

人的精力都是有限的，如果一个人掌握的知识过于广泛，又必然无法深入详尽。

只有在专与博之间取得适度的平衡——为专而博，方是较为合适的方法。

为专而博——即对自己专业领域内的知识，尽可能深入详尽地了解，而对自己专业以外的其他知识，则需要根据它与自己专业的联系的大小来决定自己学习的深浅。

数学家苏步青认为：活跃的思维对研究高深的数学很有益处，封闭和僵硬的思考方式只能是故步自封，不会有大作为。因此，他在数学研究之外，多方面培养自己的兴趣，他在少年时，就喜爱文学，写诗填词样样得心应手。

“功夫在诗外。”各行各业都大同小异。

为专而博，才有活跃、开阔的思路，也才容易左右逢源，触类旁通。

更好的方法是——运用全方位、运动的思维方式，以自己的专业、事业为中心来逐步建立并且时时调整完善自己的知识网络。

如此，既能跟上现代知识快速的更新换代，亦能较为全面地把握、运用自己学到的知识。

学习的动力有两种。

一是，自发的动力。

即由自己的兴趣引发的动力，促使自己迫切地想了解某类知识。

因为是自己喜爱的，就会自觉自愿、全心全意去学习，而且更易于持久。

原因只为——学习成了乐趣。

二是，外来的动力。

由家长、老师、社会环境、经济、生活需求所激发的动力，迫使人不情不愿地学习。结果，只能是被动的，如算盘珠儿，拨一下，动一下。三心二意，半推半就，磨磨蹭蹭。

原因就在于——学习成了任务甚至刑罚，不愿学，又无可奈何。

由此，我们得知：为兴趣而学习，不仅效率高，效果好，而且乐趣尽在其中。

学习的态度也有两种。

一是，学而知之。

对于知识，只求知道。某某知识是这样，至于为什么是这样，就不关他的事了。

结果，变成了书架子。

说起来，一套又一套，头头是道。

做起来，左不行右不是，样样不通。

为什么？

因为他们并没有把学到的知识理解、消化吸收成自己的东西。所以，一知半解，大而化之。一碰到问题，立时手足无措。这就是——知其然，而不知其所以然。

即只知道某件事是这样，却不知道某件事为什么是这样。

二是，学而时习之。

把学到的知识理解消化成自己的思想行为。

这说起来非常容易，但却是大多数人都不愿意下工夫去力行实践的十分辛苦的事情。这就是为什么古人会说“宝剑锋从磨砺出，梅花香自苦寒来”。

他们对于知识，不仅要求知道是这样，更要求自己知道为什么是这样，并且勤于在自己的生活实践中运用所学的知识。

如此，他们学到的知识才会因为自己的领悟、运用，逐渐转化为自己的才能、智慧。

如学到凡事都有两面，就领悟到生活有不如意，就会有如意。

于是，就学会了发觉、享受自己生活的种种如意，真正做到了知足常乐。

又如学到在局限内求最大值，就知道了自己的局限，从而有所不为，有所必为。开始执行量力而行、尽力而为了。

重要的不是知识的数量，而是知识的质量。

有些人知道许多许多，但却不知道如何运用它们——这就是为什么那么多的人有怀才不遇的情结！

他们一味强调自己的高学历，高才华，却不知道自己的——眼高手低。

知识的运用也有两种方式。

一是，被动地等待。

许多有能力有才华的人都只会被动地等待：

——别人来提拔自己。

——那不常有的伯乐来发现自己。

——等待从天而降的好机会来成就自己。

结果，他们都无奈地发现自己等到的只有——失望、无奈、沮丧、消沉、彷徨、烦躁、焦虑。

然后仰天长叹，低头自语——怀才不遇，怀才不遇，怀才不遇啊！

二是，主动地运用自己的知识、技能去寻找、争取，甚至为自己创造机会以获取成功。

如前文的哈默，就是主动地运用自己的知识，以及过人的分析预测能力，为自己争取，甚至创造了一个又一个成功的机会。

现代人忙碌忙碌再忙碌，谁也没有闲心闲情专门提拔某人。

只有自己上进的人，才会有人帮助。

人必先自助，而后人助，才有天助。

人性的善良，可遇不可求。

一味强求的人，只能自苦自累。

你要什么，就自己去寻找、去争取吧！

寻找、争取之后，你总会有所收获！

这就是：

——自求多福！

九、自我教育

在第一次世界大战期间，芝加哥的一家报纸连续发表了一些社论。在这些社论中，他们称亨利·福特为“无知的和平主义者”，福特反对这种说法，于是控告该报诽谤。这件诉讼案在法庭开庭时，报社所传的律师请求辩护，而且使福特本人走上证人席，以向陪审团证明福特的无知。

这位律师问了福特许多各种各样的问题，所有这些问题的目的，都是要让福特自己来证明，福特对制造汽车也许有相当专门的知识，但就大体而论，他还是一个无知者。

他向福特提出了下列问题：

“谁是班尼迪克·亚洛德?”

“英国为了镇压1776年的叛乱，派出了多少军队?”

福特在回答后面的一个问题时说：“我不知道英国派兵的确切数字，但是我听说过，派出的兵远比活着回去的多。”

到后来，福特对于回答这一类的问题感到厌烦，他在回答一个特别无理的问题时，向前倾了一下他的身子，手指指着发问的律师说：“如果我真的希望回答你刚才问的这个愚蠢的问题，或者回答你所问的任何问题，那么让我提醒你，在我的桌上有一排电钮，只要按下某个电钮，我便可将我的助理人员招来，只要我开口，他们对于我花费最大心血所建立的企业中的所有问题都能回答。现在请你告诉我，既然在我周围有人提供我所需要的任何知识，难道只为了能够答复这些问题，我就应当在心里都塞满这些东西吗?”

这的确是一个颇有逻辑意味的答复。

律师无词以对，庭上的每个人都认为这便是有知识，而非无知识的人的答复。

如果福特当时问律师，受过教育的人是否就无所不知，不知律师作何答复？

人们受教育的目的是为了运用，而非为了在自己脑中塞满知识。

受过教育的人，知道自己需要的知识从何处取得，并知道如何运用这些知识，福特在他的全体员工的协助下，成为美国最杰出的人士之一，他掌握了他所需要的专门知识，而且可以取用自如，至于他是否能把自己需要的知识倒背如流，那并不重要。

人们受教育的最终目的，都是为了掌握运用知识，提高自己的种种能力，提升自己的生活质量。

学校教育只是阶段性的，暂时的，而自我教育则是每个人终生的事业。因为学无止境。

自我教育的教师和学生都是自己，只是这种教师从不按现成的教材照本宣科，而是根据自己的真实需要和兴趣选择相关的知识来主动地学习。

自我教育的动机只是——自己的需要和兴趣，而非家庭、学校、经济、生活的要求与逼迫。

自我教育多采用“反求法”。

即根据自己的目标（需要）来组织自己的知识结构。如此，不仅避免了盲目，且减少了精力与时间的浪费。

当然，凡事都有其两面性，反求法的一个负效应就是知识不够全面，可学习的目的是运用，而不是变成百科全书。

有趣的是，自我教育正好体现了正规的学校所无法实现的——因需施教，因材施教。

因需施教：即根据自己的天赋兴趣决定学习的内容，根据自己的个性、特点确定学习方法。

此外，自我教育者更重视学习——无字书。

通过生活中人们的成功经验，失败教训，自己的生活经验，自己对生活的思索、领悟，以及自己周围人的建设性的批评意见来学习，更重要的是主动运用自然界和生活中的事物来启发、开阔自己的思想、智慧。

其实，任何时候任何人的言行都是一场教育。

各人或成功或失败的生活经历、工作经历都是有心人眼里的学之不尽的知识、经验。

这就是区别。

无心人一定要看见书本，或有旁人指点方始知道学习，而有心人则随时随地都在自我教育，他们习惯了吸收一切可以滋养、丰富自己的经验、知识、智慧。

学校教育注重全面。

自我教育注重实用。

以对方的缺点来互相攻击是愚蠢的。

明智的人都懂得运用每一事物的长处。把二者有机地结合起来，将更能丰富自己的知识，启发自己的智慧。

十、人人事事物物皆可师

清金兰生先生编述的《格言联璧》有“宽厚之人，吾师以养量；慎密之人，吾师以练胆；慈惠之人，吾师以御下；俭约之人，吾师以居家；明通之人，吾师以生慧；质朴之人，吾师以藏拙；才智之人，吾师以应变；缄默之人，吾师以存神；谦恭善下之人，吾师以亲师友；博闻强识之人，吾师以广见闻。”

孔子曰：“三人行，必有吾师。”

其实，只要有心，人人事事物物皆可师。

别人的长处才智我们可以学，别人的短处错误，我们也可以引以为戒。

老子的《道德经》第二十七章中曰：“故善人者，不善人之师；不善人者，善人之资。不患其师，不爱其资，虽智大迷。”(所以善人是恶人的老师，恶人也是善人的借鉴。不尊重他的老师，不爱惜他的借鉴，虽自以为明智，其实是个大糊涂者。)

失败乃成功之母。

因为“善败者不亡。”

这里的失败，并不仅仅限于自己的、别人失败的原因、过程、结果，也可以引为我们的教训，化为我们自己的成功经验。

问题在于：我们一直习惯于不自觉地封闭自己的思想、认识、感受，因而所知、所觉只限于自设的狭小范围。

只要我们能够自觉地开放自己的感觉、思想、认识，我们就能够感受到更加丰富的生活，更多的满足和快乐。

“细雨绵绵，暴雨不长。”这句富含哲理的话，就是雨给我们的启示。

身经百事的老人，有许多的经验、智慧都是从过去发生的事情中学到的。

松下幸之助曾谈到看乡下人洗甘薯的感悟：“木制的特大号

大水桶里，装满了要洗的甘薯，乡下人站在水桶边，用一根扁平的木棍不停地搅拌着。在木桶里，大小不一的甘薯，随着木棍的搅动，忽沉忽现，浮在上面的甘薯，不会永远在上面，沉在下面的，也不会永远在下面，总是浮浮沉沉，互有轮替。”

他说：“这种浮浮沉沉、互有轮替的景象，正是人生的写照。每个人的一生，好像那些甘薯一样，总是浮浮沉沉，不会永远春风得意，也不会永远穷困潦倒，这持续不停的一浮一沉，就是对每个人最好的磨炼。”

人生如山，有山峰，也有山谷。

但是，人们往往习惯地不自觉地认定：站在山峰才是一帆风顺，才幸福快乐。而在山谷则是灾难，只有苦痛烦恼。

其实人生的任何境遇，成功时，失败时，灿烂时，平淡时，都有其自身的两面性，苦乐祸福满足不满足都是时时处处同时存在着的两面一体。处山峰的人有山峰人的隐忧，处谷底的人亦有谷底人的安慰。

只是由于人们自己的错误观念、习惯，使人们轻易放过了自己的快乐、满足，却把——自己的苦痛烦恼紧紧抓在手里，系在心上。

人们总是不自觉地习惯地跟自己过不去。

坏习惯都是在自己不自觉的情况下形成的，但人们也可以自觉地改正它。

把自己的注意力更多地用于感受如意、满足，就能够时常拥有快乐、幸福。

人生时时处处都有学问，只要细心观察，静心领悟，世上每一个人、每一件事、每一样物，都可以启发我们的智慧。

有人说：“真正的学问不一定来自书本，任何生活中的点滴，只要能够带来正面的启发或负面的反省，都是货真价实的智慧。

天地间的一切，都是善于学习的人的学之不尽的无字书。

青年时代的周恩来就曾说过：“与有肝胆者共事，从无字处读书”。

为什么有人会向人人事事物物学习？

因为热爱。

他们都热爱生命，热爱生活。

因为热爱才会了解学无止境，才会拥有良好的学习能力、旺盛的学习热情。

从树叶的飘落，鸟儿的歌唱，花儿的开放，水的波澜，云的流动，到人的表情，动作，行为，气质，姿态……都是有心人可以学习的。

只要你乐于观察，静心领悟，就会拥有丰富的学习资源，无穷的学习乐趣，以及多姿多彩的生活情趣。

十一、学习的能力

某一年，我忘了具体的时间，中国画家张大千在好友的陪同下去探访毕加索，发现毕加索正拿着齐白石的画在学习他的画法，后面的故事又忘了。

当时我看到这个故事就觉得奇怪：毕加索那时已经是非常有成就的著名画家了，为什么还要学习齐白石呢？

后来，自己年岁渐长，思虑渐多，然后才慢慢地明白了：天才的天赋在旁人眼里是值得羡慕的东西，可对天才本身来说却是一种终生的压力或动力，激励天才终身努力进取精益求精，好让自己的艺术更上层楼。这就是天才的盛名背后不为人知的苦痛和欢乐。

或者，从另一角度也可以这样说：凡是拥有自己热爱事业的人，全都具有很好的学习能力，他们因为热爱自己的事业，所以时时处处都能学到有益于自己进步的知识与技能。

学习也是一种能力。一种可以随着个人的兴趣和需要或增加或萎缩的能力。

大多数人都是文凭一到手，学习就丢过一边。

而学习能力强的人，终其一生时时处处都在留心观察、学习。只为学习是他们满足自己强烈好奇心的——兴趣，是他们生命中的一大——享受！

看过了人人事事物物皆可师，我们就很容易理解学习能力是怎么一回事了。

学问是什么？

学问就是——勤学、多问。

学习又是什么？

学习就是时时处处留心观察、静心思考、细心揣摩、然后反复地练习。

多问不仅仅是向优秀的人请教，更大程度上是对自己提问，然后自己亲自去寻找答案。这也就是——从无字处读书。

学习的能力是什么？

我们如何才能拥有并保持学习的能力？

十二、门外人

老子说：无为，无所为而为。

克里希那穆提讲了个故事：

有位师傅每天早晨都会给门徒一番开示。某天，他步上讲台，正打算开讲时，一只小鸟飞到窗台上，开始唱起歌来，唱得那么自得其乐。唱完以后，拍拍翅膀就飞走了。于是师傅接着说道："早晨的开示到此结束。"

老子和克里希那穆提和这段美丽的开示所指的就是我苦苦求索多年而未得的无始无终无边无际的既浅白又深奥的真相！

老子说无为。我真的是不懂怎么样才能做到。

克里希那穆提说，我们的第一课就是放下追寻。

开什么玩笑！我怎么舍得放下我苦心多年积累的东西！为什么？为什么我要放下？

但是，我真的是想追寻真相吗？

还是，我只想做一只追逐成就、荣誉的聪明猪？

是否？我这本书所说的一切在人生的某一层次是知识，而在无为的境界，我的所谓知识只不过是一堆文字障碍？

果真如此，我又该如何去面对？

直行是道？我几乎习惯了许多艰难曲折的路，叫我怎么个直行法？

无为？放下？

说起来，无法说。

想做嘛又无方向无头绪无指引。

我连那只小鸟都不如。

那只小鸟做到的，正是我想做却做不到的。

我追寻追寻再追寻，几乎以为自己近了近了更近了……

奈何！

我始终是——门外人！

我是门外人。

我是一个头重脚轻根底浅的——门外人！

这就是我的事实。

也是我必须自己去面对的问题。

(后来，我终于明白了我自己的本分，我只是一介凡夫，那么，就尽力做好我自己的本分就行了。)

但是，这仅仅是我个人的问题吗？

成与败真的非常重要吗？

还是生命本身、生活本身更重要？（我还是在坚持分辨的习惯成自然的习惯。)

那只小鸟为什么如此自在？如此自由？

为什么？

后记

为什么？

为什么？

为什么？

为什么？

为什么？

为什么？

为什么？

为什么？

为什么？

本书从问号起，又到问号止；从寻找答案，到呈现问题的真相；再到寻找真相背后的真相……最后又回到问题本身。其中的自信、自疑、绝望、希望、厌倦、新奇、沮丧、狂喜、苦痛、欢乐、坚定、彷徨、无奈、倔强、挣扎挣扎挣扎再挣扎……无数次力不从心地放下，又无数次心甘情愿地重新坚持，真是甘苦自知的数重宝贵的人生经历。

这本书我写了20年，从我19岁起到今年的39岁止，20年的生命，20年的孤独，20年的苦苦挣扎……到今天结稿，并不是我满意，实在是因为我已经到了一个难以进步的临界点——原地踏步非我所愿，继续前进又有心无力。

结局就只能是，就只能是——画上个句号！

至今，我方才明白，自己错过了读书的机会，我当初应该好好读书，那么在后来的日子里自己就不会如此疲累、如此孤独、如此无助……

但是，世事难料，如果我循正常途径好好读书，那么这本书就不是这样，我自己也不会是今天这个样子。

往者已矣。

然后……

我这一生难道只为一本书活着吗？

这本书的为什么虽然是我心爱的，也是我天赋之内的主要长处，虽说我已经和我的为什么一起经历，一起成长，但走到今天，我才开始懂得——适时起止，亦学会了爱惜自己，也开始了新的学习生活。

工作，决不是生命的全部，我需要适度地放松自己。我已经明白了自己真正需要的是什么，再不会妄想。

我终于学会了要脚踏实地地生活，学会了——量力而行，尽力而为。

我终于明白：任何成功都绝不是一个人的能力智力可以成就的。我知道的仅仅是——常识（关于人自身的一些常识）而已。但我并不知道我为什么知道这些常识。

感谢一位远方的女友赠我——慧音这个笔名。

慧音这两个字让我醒悟：我只是一个全神聆听智慧之音的人，我只不过是尽自己的全部能力来收集、归纳自己认为有价值的东西而已。至于对与错，我已在《什么是对的》中表述过了。

同时，我更领悟了放下的解脱和自在安逸。

我从来就不是一个有所谓大志愿的人。能够全心全意做我自己

真心喜爱的事，就是我最大的享受！

我只是一个痴迷于问号的人。

正如一位雕塑家所说——“对未知的好奇是我的主人。”

在此，我衷心感谢上苍的恩赐及所有成全我的人与事！

衷心感谢！！！

就这样结束了吗？

想起泰戈尔的一句诗：“天空不留下飞鸟的痕迹，但我已飞过。”

慧 音

2007年1月20日

（由于本书的写作时间过长，书中的多处引文的作者、出处都难以再查找，在此我对众位帮助过我的作者表示衷心的感谢！衷心感谢你们对我的启发和教导！我是第一次出书，而且我只有高中学历，经验和知识都欠缺，希望各位被我引用作品的作者谅解、包涵。多谢诸位！）